생활과 통계

김동건 지음

KM 경문사

머리말

이 책을 확률과 통계를 공부하는 학생들을 위한 한 학기 과정의 교재용으로 만들었다. 자연과학이나 특히 사회과학을 전공하는 학생들에게 적합한 교재라고 생각되며 그래서 복잡한 수학적 증명은 생략하였고 쉽게 접근할 수 있도록 하였다. 통계학이 어렵다고 생각하는 학생들을 위해서 기초적이면서 기본개념을 충분히 익힐 수 있도록 나름대로 노력하였다. 통계학에 사용되는 많은 기호들은 일반적인 표현방법을 채택하였으며 약간은 다른 방법으로 기호를 표현한 것도 있다.

이 책의 구성 내용은 크게 세 부분으로 분류된다. 처음 부분은 기술 통계학이라고 하는데 자료의 수집, 정리, 요약 등을 그림이나 표를 이용하여 체계적으로 조직화하는 방법을 다루고 있고, 둘째 부분은 이산형 확률분포(베르누이시행, 이항분포, 푸아송분포, 초기하분포 등)와 연속형 확률분포(정규분포, 지수분포 등)에 필요한 확률이론과 조합 및 순열을 간단히 소개하였다. 마지막으로 통계적 추정으로 표본의 특성을 이용하여 모집단의 특성을 추정하는 내용을 담고 있다.

우리는 이 책을 통하여 공부하는 독자들에게 조금이나마 통계학에 대한 이해와 흥미를 가질 수 있도록 계속해서 개정해 나갈 것이며 앞으로 더 많은 예제와 쉽고 풍부한 내용으로 독자들과 다시 만날 것을 약속한다. 마지막으로 이 책의 출판을 위해 수고해주신 경문사 편집부와 사장님을 비롯한 임직원 여러분께 감사의 마음을 전한다.

2015년 1월 28일

저자 김동건

차례

제1장

통계학의 개요

1.1 통계학
1.2 표본표집 방법
1.3 통계적 의사결정

사회현상이나 자연현상에 내재한 불확실성을 수치로 요약 표현한 학문이며 불확실성하에서 인간의 판단을 객관화시키는 학문이다. 즉, 불확실한 결과를 예측하는 학문이라 말할 수 있다.

1.1 통계학

통계학(statistics)이란 불확실한 현상을 대상으로 자료를 수집, 정리, 그리고 요약하는 것과 자료의 부분만 관찰하여 자료 전체의 특성에 관하여 추론, 검정 및 예측하는 학문이다. 즉, 불확실한 현상을 분석하여 합리적인 의사결정을 할 수 있도록 돕는 학문이다.

이와 같이 불확실한 현상에 대한 적절한 추론을 내기 위하여 객관적이며 신뢰할 수 있는 분석방법이 필요하다.

통계학은 크게 **기술통계학**(descriptive statistics)과 **추측통계학**(inferential statistics)으로 나눌 수 있다.

기술통계학은 자료를 단순히 수집, 정리, 요약, 분석하는 학문 분야이고 추측통계학은 부분적인 정보를 가지고 전체에 대한 특성을 추론하는 분야이다.

정의 1 **모집단**(population)이란 통계적 의사결정 문제에서 의사결정자가 관심을 가지고 있는 대상 집단을 말한다.

모집단의 크기(수)에 따라 유한모집단과 무한모집단으로 분류한다. 유한모집단은 모집단을 구성하는 개체들이 한정되어 있을 때를 말하며, 무한모집단은 개체가 나타날 수 있는 값들이 무한한 경우이다.

예를 들어, 2014년도 대학 신입생 수는 유한모집단이 되고, 전구의 수명은 실수값이므로 그 수가 무한하다. 그러므로 전구의 수명은 무한모집단이 된다.

정의 2 **모수**(population parameter)란 모집단의 특성을 나타내는 값이며 조사자가 모집단으로부터 알고자 하는 정보를 말한다. 대표적인 모수로는 중심경향의 척도를 나타내주는 평균(μ)과, 산포도를 나타내 주는 표준편차(σ), 분산(σ^2) 등이 있다.

일반적으로 모집단의 모수들은 알려져 있지 않다. 그래서 모집단으로부터 여러 가지 방법을 통하여 표본을 추출하고 이 표본으로부터 모집단의 평균과 분산을 예측하게 된다.
모집단의 평균과 분산을 예측하는데 사용된 표본의 평균과 분산을 각각 표본평균($\bar{x}$), 표본분산(s^2)이라고 한다.

<table>
<tr><th>모집단</th><th colspan="4">모수</th></tr>
<tr><td>선거권을 갖고 있는 대학생</td><td colspan="2">선거명부에 등록된 대학생 비율</td><td colspan="2">대학생의 투표율</td></tr>
<tr><td>대한민국 국민</td><td colspan="2">남녀 비율</td><td colspan="2">세대별 비율</td></tr>
<tr><td>지하철 이용객</td><td>이용객의 만족도</td><td colspan="2">시간대별 이용비율</td><td>노선별 이용객수</td></tr>
<tr><td>한 은행의 통장 보유자</td><td colspan="2">실명 확인한 고객 수</td><td colspan="2">평균 통장 보유액</td></tr>
<tr><td>한 달 동안 복권 구입자</td><td colspan="2">한 달 동안 1인당 평균 복권 구입량(액수)</td><td colspan="2">당첨되었을 때 제일 먼저 사용하고 싶은 것</td></tr>
</table>

| 정의 3 | **표본**(sample)이란 통계적 추측을 위하여 모집단으로부터 임의로 추출된 자료의 집합을 말한다.
이때 추출된 표본은 모집단의 특성을 잘 반영해야 한다. 이와 같이 모집단의 특성을 표본으로부터 얻어 추정하게 되는데, 이 값을 표본통계량(sample statistic) 또는 간단히 통계량(statistic)이라고 한다. 즉 통계량은 표본의 특성이며 표본평균 또는 표본분산 등이 여기에 해당된다.

| 정의 4 | (1) **전수조사**(census)는 모집단의 특성을 조사하기 위하여 모집단 전체에 대하여 모든 자료를 조사하는 방법이다.
(2) **표본조사**(sampling survey)는 모집단 전체를 조사할 때 발생하는 시간과 비용의 부담을 줄이기 위해서 모집단의 일부를 추출하여 조사하는 방법이다.

표본조사는 모집단의 일부를 관측하여 모집단의 모수를 추정하는 것이므로 모집단을 잘 대표하는 표본을 추출해야 한다. 표본이 한쪽에 편향되게 추출된다면 모집단에 대한 정확한 추정을 할 수 없게 된다. 또한 표본조사의 결과에 대한 신뢰도를 분명히 하기 위하여 모집단의 정의, 표본의 크기, 조사방법, 조사기간, 표본표집방법 등을 명시하는 것이 좋다.

1.2 표본표집 방법

표본을 추출하는 과정을 표집이라고 한다. 즉 모집단으로부터 표본이 추출되는 과정이다. 표본이란 모집단의 한 부분을 떼어낸 것으로, 일차적으로 기술적 통계분석의 대상이 되지만, 표본조사의 궁극적인 관심은 표본을 통해 모집단을 설명하려는 것이다. 표집은 관찰대상을 선정하는 과정이다. 추출된 요소들이 모집단을 정확하게 묘사하는 방식이 되게, 일련의 요소를 추출하는 것이다.

표집은 무작위 추출을 기본으로 하는 확률표집과 비확률표집으로 나눌 수 있다. 확률표집은 사회연구의 중심이며, 비확률표집은 일부 사회연구 목적에 유용한 표본을 제공한다. 확률표집은 정치여론조사를 포함해 대규모의 대표적 표본에서 사용한다.

1) 비확률표집

(1) 판단표집(judgement sampling)

전문가의 의견에 따라 표본을 표집하는 방법이다. 그래서 객관성이 떨어진다. 객관적 분석과 모집단의 특성을 추정할 수 없다.

(2) 편의표집(convenient sampling)

표본을 연구자의 편의성에 따라 임의로 선택하는 방법이다. 모집단에 대한 정보가 전혀 없는 경우나 모집단의 구성 요소들 간의 차이가 별로 없다고 판단될 때 표본 선정의 편리성에 기준을 두고 조사자가 마음대로 표본을 선정하는 방법이다. 우연적(accidental) 표본표집방법이라고도 하며 가까이 있어 손쉽게 접근할 수 있는 사람들을 표본으로 선택하는 방법이다.

장점은 경제성(시간과 비용의 절감)과 표본표집의 용이성 그리고 신속한 조사결과의 획득이다. 단점으로는 접근이 용이한 조사 대상의 선정으로 표본이 편중되기 쉬어 일반화가 어렵다. 그리고 오차의 개입을 방지하거나 평가하는 방법이 없다는 어려움을 가지고 있다.

(3) 눈덩이표집(snowball sampling)

연구자가 판단하기에 연구대상이 되는 특정 집단에 관해 가장 잘 알고 있다고 생각되는 사람들을 표본으로 삼아 제보자의 목록을 만들어가면서 그들로부터 다른 후보 제보자들의 명단을 받는 방식으로 표본을 늘려 나가는 방법이다. 모집단 파악이 극히 힘든 경우, 예를 들어 매춘, 마약, 동성연애자를 대상으로 하는 연구에 사용하는 방법이다.

(4) 할당표집(quota sampling)

사전에 결정되어 있는 백분율과 일치하도록 표본을 표집하는 방법이다. 확률적 표집처럼 보이나 무작위 추출이 아니기 때문에 표본의 대표성은 떨어진다.

2) 확률표집

(1) 단순무작위표집(simple random sampling)

표집오차를 가장 최소화할 수 있는 표집방법이다. 예를 들어, 난수표 이용이 대표적인 방법이다. 모집단에 대한 사전 지식이 불필요하다는 것과 외적 타당성을 통계적으로 추론할 수 있고, 대표집단을 쉽게 얻을 수 있다는 장점이 있다. 그리고 분류에 따른 오류 가능성을 제거할 수 있다는 특징을 가진다. 그러나 모집단의 명단이 필요하다는 단점을 가진다.

(2) 층화표집(stratified sampling)

특정 하부그룹의 대표성이 요구될 때 이용하는 방법이다. 모집단 내의 동질적인 하위 집단, 즉 유사한 특성을 지닌 모집단으로부터 표본을 표집하는 방식으로 동질성은 표본오차를 감소시키는데 도움이 된다. 각 층화의 요소들은 동질하고, 각 층화 간 평균은 이질적일 때 좋다. 하부그룹을 대표하는 변인들로는 성별, 나이, 종교, 수입정도 등 매우 다양하다. 층화하고자 하는 변인이 많을수록 그러한 특성을 지닌 집단이나 개체를 찾기 어렵고 모집단에 대한 사전 지식이 필요하며, 비용과 시간이 많이 소요된다는 단점이 있다. 반면에 관련된 변인의 대표성이 보장되며, 표집오차를 감소시킨다는 장점을 가진다.

예를 들면, 서울의 땅값을 조사하려고 할 때 서울에서 성격이 비슷한 몇 개의 지역으로 나눈 뒤 각 지역별로 땅값을 조사하는 방법이 여기에 해당된다.

층화표집방법은 소집단 내에서 추출되는 표본의 수가 소집단의 크기에 비례하는 비례층화표집과 그렇지 않은 불비례층화표집으로 구분된다.

층화표본의 배분은 다음 다섯 가지 방법으로 나눌 수 있다. 여기서 표본의 배분이란 전체 모집단에서 추출하고자 하는 표본의 크기가 n개라고 할 때, 이 표본을 각 층에서 몇 개씩 표집할 것인가를 결정하는 것을 말한다.

(가) 균등배분은 표집 하고자 하는 표본을 각 층에 동일하게 배분하는 방법으로 모집단 전체에서 표집하고자 하는 표본의 크기를 층의 수로 나누어 배분하는 방법이다.

(나) 비례배분은 각 층의 크기에 비례하여 표본을 각 층에 배분하는 방법이다.

(다) 최적배분은 각층에서 표본을 표집하는 단위당 비용과 총비용을 고려하고, 추정값의 분산을 최소로 하도록 하는 방법이다.

(라) 네이만배분은 각 층에서 표집하는 표본단위당 추출비용이 모두 동일하다는 가정 하에서 주어진 총비용을 조건으로 하고, 추정값의 분산을 최소화하는 방법으로 최적배분의 특수한 경우이다.

(마) 데밍배분은 총비용이 일정하게 주어지고 조사단위당 조사비용이 층에 따라 크게 다를 경우에 분산이 최소가 되도록 표본크기를 결정하는 방법이다.

(3) 군집표집(cluster sampling)

특정집단, 마을을 표본단위로 무작위 표집하고 표집된 군집 내에서 대상을 표본으로 표집하는 방법이다. 즉 모집단을 몇 개의 군으로 나누고 그 군에서 표본을 표집하고 다시 그 속에서 표본을 표집해 나간다. 각 군집 간 요소들이 이질적이고, 군집 간 평균은 동질적일 때 사용한다.

(4) 체계적 표집(systematic sampling)

체계적인 방법으로 일정한 간격을 가지고 표본을 표집한다.

N : 모집단 크기, n : 표본의 크기, $k=\mathrm{N}/n$: 표본추출 간격

모집단의 기본단위를 1부터 N까지 번호를 매기고 k개만큼의 그룹을 순서대로 놓고 첫 그룹에서 a번째 표본을 표집했을 때 그 다음으로 계속해서 $a+k$, $a+2k$, $a+3k$, …인 기본단위를 표집한다(단점은 집단의 순서에 따른 주기성이 표본표집 간격과 일치하는 경우 동일한 유형만 나타난다).

1.3 통계적 의사결정

부분적인 정보를 근거로 예측이나 의사결정을 내리는 과정을 말한다. 예를 들어, 어떤 회사에서 생산하는 식용유의 산가가 높다 낮다 하는 것은 회사제품 전체를 검사해서 내리는 결론이 아니고 극히 일부분의 제품만을 검사해서 내리는 결론이다. 이와 같은 결론에 도달하기 위해서는 먼저 우리가 당면하고 있는 문제를 정확하게 파악하고 있어야 하고 또 그렇게 해야만 어떤 정보가 유용한 것인지 알 수 있다. 일단 문제의 본질을 파악하여 목표가 설정되면 관련 자료를 수집하게 된다. 수집한 자료가 모집단 전체에 관한 것일 경우에는 수집한 자료를 정리·요약하여 모집단 특성에 대한 결론을 내릴 수도 있다. 보통은 표본을 관찰한 자료인 경우가 대부분이므로 표본자료를 분석한 결과를 바탕으로 모집단의 특성을 추측하게 된다.

〈절차〉

1. 문제 파악 → 목표 설정 2. 자료 수집, 정리, 요약 분석 → 표본의 특성 파악	기술통계학
3. 표본을 기초 → 모집단 특성에 대해 추측 4. 불확실한 미래에 대한 예측과 의사결정을 수행 (추정, 검정 등)	추측통계학

연습문제

1. 다음 용어를 설명해보시오.

① 모집단과 표본 ② 모수와 통계량

③ 기술통계와 추측통계 ④ 전수조사와 표본조사

2. 단순무작위표집이란 무엇이며, 추측통계에서 왜 확률표집이 중요한지를 설명해보시오.

3. 모집단과 모수를 설명해보시오.

① 40대 주부의 주당 여가시간 ② 중학생의 한 달 용돈

③ 대학생의 TV시청시간 ④ 중소기업의 종업원 수

⑤ 중소기업의 월 전산 비용

4. A대학의 모든 학과 장학생을 모집단으로 했을 때 모수에 해당될 수 있는 것을 찾아보시오.

5. 어떤 여론 조사기관에서 대통령의 경제정책 수행 능력에 대해 조사하였다. 긍정적으로 생각하는 성인의 비율을 추정하고자 할 때 모집단과 그 모집단을 대표할 수 있는 표본에 대해 정의해보시오.

6. 휴대폰을 생산하는 A전자에서는 매일 생산되는 휴대폰의 1% 이하가 불량이면 해당 조립라인에 문제가 없다고 판단한다. 만일 조립된 휴대폰의 불량률이 1%를 초과하면 조립라인에 대한 점검을 하게 된다. 회사 측은 하루의 생산량으로부터 무작위로 10대의 휴대폰을 선정하여 불량인지 아닌지를 점검한다. 모집단, 표본, 및 회사 측 입장에서 통계적 추론을 설명해보시오.

7. 서울지역의 가구당 평균 월 수입액을 조사하기 위하여 다음 보기 중 어떤 방법으로 표본을 선택하는 것이 좋은지 고르시오.

① 단순무작위표집 ② 할당표집

③ 군집표집 ④ 편의표집

⑤ 층화표집

8. 전국의 초등학생의 평균신장을 조사하기 위해 전국의 초등학생 중에서 각 지역별로 하나의 학교를 선택해서 그 학교 학생의 신장을 조사하는 방법을 아래 보기에서 고르시오.

① 단순무작위표집
② 할당표집
③ 군집표집
④ 체계적 표집
⑤ 층화표집

9. 공장의 제품에 대한 품질을 검사하기 위해 전체 1%의 제품을 선택하려고 한다. 공장에서 생산되는 제품 100개마다 첫 번째 제품을 선택하는 방법을 아래 보기에서 고르시오.

① 단순무작위표집
② 할당표집
③ 군집표집
④ 체계적 표집
⑤ 층화표집

제2장

자료의 정리

2.1 자료
2.2 척도의 분류
2.3 측정 척도와 자료 분석과의 연관성
2.4 도수분포표
2.5 그래프

때때로 정보의 수집은, 그것이 이해되기 쉽거나 효율적으로 제공된다던, 어떤 방법으로든 정리되고 요약되어져야 하는 대량자료들로 만들어진다. 분명하고 효과적인 정리는 그런 자료들을 올바르게 이해하는 데 매우 큰 도움을 준다.

양적인 자료를 정리하는 데 보통 두 가지 방법이 사용된다. 첫 번째 방법은 자료의 수만큼을 요약해서 정리하는 방법으로 보통 표를 이용한 형태이다. 두 번째 방법은 그림 형태로 양적인 자료를 정리하는 방법이다. 예를 들어, 그라프나 도표 등의 표현방법이 이것에 속한다. 이러한 방법들을 이용한 대형자료의 정리는 전체적으로 자료를 더 잘 이해하기 쉽게 정리해야 하는 통계분석의 역할 중 하나이다.

2.1 자료

정의 1 자료(data)란 연구나 조사에서 관찰한 결과로서 모든 종류의 자료는 표, 그래프 또는 그림으로 표현할 수 있다.

자료의 예로써 시험점수, 키, 몸무게, 직업, 취미 등이 있다. 자료는 수치로 나타나는 **수량자료**(quantitative data)와 몇 개의 범주로 나타나는 범주형 자료(categorical data)로 나눌 수 있다. 예를 들어, 무게, 시간, 거리, 점수 등은 수량자료에 속하고 직업, 전공, 성별, 결혼유무 등 몇 개의 그룹이나 범주로 나타나는 것은 범주형 자료에 속한다.

다시 수량자료는 **이산형 자료**(discrete data)와 **연속형 자료**(continuous data)로 분류되는데 이산형 자료는 나이, 자녀수 등과 같이 정수로 자료를 나타낼 수 있는 것을 말하며 연속형 자료는 키, 몸무게, 온도 등과 같이 실수로 나타나는 자료를 말한다.

예를 들어, 요즘 대부분의 시계가 디지털 방식으로 작동되지만 과거에는 아날로그 방식의 시계가 주류를 이루었다. 디지털시계와 아날로그시계 가운데 디지털 방식의 시계가 이산형이 될 것이고, 아날로그 방식의 시계는 연속형이 된다. 이산형과 연속형을 쉽게 구분하는 방법은 그 자료가 정수로만 나타낼 수 있다면 이산형 자료가 되며, 자료가 실수로 표현된다면 그 자료는 연속형이 될 것이다.

2.2 척도의 분류

측정(measurement)은 정해진 규칙에 따라 개체나 사물 등과 같은 대상의 속성에 값을 부여하는 것이다. 따라서 서로 다른 속성을 표현하기 위해서는 속성에 대한 값을 부여하는 서로 다른 규칙이 필요하게 된다. 속성들에 값을 부여하는 방법이 **척도**(scale)이다.

척도는 조사 대상을 측정하기 위해 임의로 부여한 숫자 간의 관계를 말한다. 즉 우리가 어떠한 가치판단을 할 수 있는 근거가 될 수 있는 것을 **자료**(data)라고 한다. 가공되지 않은 상태의 자료를 **원 자료**(raw data)라고 한다. 일반적으로 통계분석에서는 수량자료를 주로 사용한다. 객관적 사실을 수량으로 만들 때 어떤 척도를 기준으로 수량화했는가에 따라 **명목척도**(nominal scale), **서열척도**(ordinal scale), **구간척도**(interval scale) 또는 등간척도, **비율척도**(ratio scale) 등 네 종류로 구분하고 명목척도와 서열척도를 **범주형 척도**(categorical scale), 구간척도와 비율척도를 **연속형 척도**(continuous scale)라고 한다.

구간척도와 비율척도를 여러 가지로 분류하는 목적은 척도에 따라 분석하는 방법이 다르기 때문이다. 예를 들어, 명목척도와 서열척도는 교차분석에 의해 자료를 분석한다.

등간척도와 비율척도를 구분하는 방법은 제로(zero)개념의 유무로 나눌 수 있다. 온도의 0도는 온도가 전혀 없다는 것이 아니다. 그러므로 온도의 0도가 제로개념을 가지고 있지 않기 때문에 비율척도가 아니다.

명목척도에서 비율척도로 갈수록 정보량이 더 많다. 그 하나의 예로 구간척도나 비율척도의 경우 손쉽게 명목척도나 서열척도로의 변환이 가능하다는 것이다. 가령, 비율척도로 만들어진 월 소득의 경우, 연구자가 임의대로 100만 원 이하는 저소득, 100만 원~200만 원 이하는 중간 소득, 200만 원 이상은 고소득으로 변경한다면 명목(서열)척도가 된다. 그러나 일반적으로 명목척도에서 구간척도나 서열척도로의 변환은 불가능하다. 어떤 척도를 사용하였는가는 나중에 어떤 분석을 사용할 것인가를 제한하기도 한다.

1) 명목척도

명목척도는 개체나 사물이 다르다는 것을 구분하기 위하여 그 범주에 숫자를 부여하여 분류한다. 이 척도는 측정대상을 상호배타적인 집단으로 분류하는데 사용된다. 또한 빈도나 백분율을 계산하므로 평균은 의미가 없다.

예로써 남자에 1번을, 여자에 2번을 부여했다면 숫자 1, 2는 명목척도이며, 1과 2 사이에 어떤 비율이나 순서의 의미가 없다.

2) 서열척도

서열척도는 수의 서열만 있고 거리나 영점(natural zero point)의 개념이 없다. 서열척도는 빈도나 중앙값, 백분율 등 다양한 통계량에 사용된다. 이 척도의 예를 들면, 품질 수준에 따라서 1번은 고급, 2번은 중급, 3번은 저급 순으로 숫자를 붙일 수 있다. 성적을 나타날 때 사용하는 수, 우, 미, 양, 가의 표기도 서열척도의 예이다.

3) 구간척도

구간척도는 속성에 대한 각 수준 간의 간격이 동일한 경우에 사용된다. 순서와 거리의 개념은 있지만 영점의 개념은 존재하지 않는다. 예를 들면, 0°C는 온도가 없다는 의미가 아닌 물이 어는 시점을 의미한다. 20°C는 10°C보다 온도가 두 배 높다는 말이 아니다. 이와 같이 비율의 개념이 존재하지 않는 척도이다. 주가지수, 불쾌지수, 상표선호도 등이 여기에 속한다.

4) 비율척도

비율척도에 순서, 거리 그리고 영점의 개념도 존재한다. 이 척도는 절대적 크기를 비교할 수 있고 비율의 개념도 있다.

예를 들면, 자녀수, 거리, 매출액, 시장점유율 등 우리의 일상생활에 나타나는 수량자료가 비율척도로 측정된다.

척도	특징	예	자료형
명목척도	측정대상의 분류	우편번호, 선수의 등번호, 성별, 주거형태	범주형 이산형
서열척도	명목 + 측정대상을 크기에 따라 순서적으로 배열	학점, 품질등급, 석차, 사회계층, 만족도	
구간척도	명목 + 서열 + 등 간격	온도, 불쾌지수, 주가지수, IQ	이산형 연속형
비율척도	명목 + 서열 + 등 간격 + zero 개념 + 비율	무게, 길이, 거리 월 소득, 매출액, 나이	

예제 1 인간이 탄생한 해를 1년이라고 한다면 생년월일은 어떤 척도로 측정될 수 있는가?

풀이 인류의 역사는 인간의 연속적인 출생과 죽음의 파노라마이다. 인류가 존재하는 한 항상 그 해에 태어난 사람이 존재할 것이고 그것은 어떤 의미에서 '나이'라고 말할 수 있다. 물론 인간의 삶이 길어야 120년 정도이기에 모든 사람의 나이를 계산할 수는 없다. 그러나 얼마나 먼저 태어났는지를 생각한다면, 시대를 막론하고 측정이 가능해진다. 그러므로 서기 1,000년에 태어난 사람은 서기 2,000년에 태어난 사람보다 천년 먼저 태어난 것이며 또한 2배 일찍 태어났다고 말할 수 있다. 따라서 기원전과 기원후를 통합하고 인류의 시작 전을 0년이라고 한다면 생년월일은 비율척도가 된다. ■

2.3 측정 척도와 자료 분석과의 연관성

분석을 하면서 종종 곤란한 경우를 경험하게 된다. 다음과 같은 예를 생각해보자.

[문 1] 귀하의 성별은?

① 남자 ② 여자

[문 2] 자녀에 대한 수용 정도는 어떻습니까?

① 전혀 그렇지 않다 ② 그렇지 않다 ③ 보통이다
④ 그렇다 ⑤ 매우 그렇다

보기의 문항을 통해 우리는 성별과 자녀에 대한 수용도 사이의 상관관계를 알 수 있을까? 한마디로 불가능하다. 그렇다면 그 이유는 무엇인가? 그것은 바로 척도의 수준 때문이다. 문1)은 명목척도에 해당하며, 문2)는 구간척도에 해당한다. 그러나 상관관계를 분석하기 위해서는 두 변수가 구간척도 이상이어야만 분석이 가능하다. 따라서 두 문항 간의 상관관계를 분석한다는 것은 불가능하다.

또 다른 예를 살펴보자.

[문 1] 귀하의 성별은?

① 남자 ② 여자

[문 2] 가장 갖고 싶은 자동차는 어떤 차입니까?

① 그랜저 ② K7 ③ SM7
④ 말리부 ⑤ 푸조 508

보기에서와 같이 가장 갖고 싶은 자동차가 성별에 따라 어떻게 다른지를 알아보기 위한 t-검정(t-test, ANOVA)을 생각해보자. 그러나 t-검정을 하기 위해서는 종속변수(가장 갖고 싶은 자동차)가 구간척도 이상이어야 한다. 그러나 여기서 문 2)는 명목척도의 성질을 가지기 때문에 t-검증을 할 수 없다.

이 문항을 이용해 차이를 알아보기 위해서는 교차분석(cross-tabulation)을 통한 Chi-square test를 실시해야 한다. 그러나 Chi-square test는 수준에서의 차이가 아니라 분포에서의 차이를 알기 위한 것이라는 데 주의해야 한다.

결론적으로, 측정의 척도가 중요한 이유는 측정의 척도가 자료의 성질을 규정할 뿐만 아니라 어떤 자료 분석방법을 선택해야 할지를 결정하기 때문이다.

2.4 도수분포표

도수분포표(frequency table)는 숫자로 관찰된 연속형 자료를 일정한 구간(계급 구간)으로 나눈 후에 각 구간에 속한 개수들의 수를 도수로 나타낸 표이다.

이 표를 작성하는데 있어서 필요한 용어들을 몇 가지 소개하겠다.

| 정의 2 |

(1) **계급**(class) : 수량을 일정한 간격으로 나눈 구간을 말한다.
(2) **계급구간**(class interval) : 구간의 폭을 말한다.
(3) **계급값**(class mark) : 각 계급의 평균이다. 즉 계급의 상한과 하한의 평균이다.
(4) **도수**(frequency) : 각 계급에 속하는 수량이다.
(5) **상대도수**(relative frequency) : 계급의 도수를 총 도수로 나눈 값이다.

$$\text{상대도수} \times 100 = \text{전체에서 이 계급이 차지하는 비율.}$$

$$\text{상대도수} = \frac{\text{계급의 도수}}{\text{총 도수}}$$

(6) **누적상대도수**(cumulative relative frequency) : 이 계급의 상대도수와 이전 계급들의 상대도수를 합한 값이다.

도수분포표를 작성할 때 몇 가지 주의해야 할 것들을 살펴보겠다.

(1) 계급의 수는 자료의 수에 따라 5개 10개 등 5의 배수로 한다.
(2) 계급은 자료의 모든 값을 다 포함해야 하며 한 개의 자료는 두 개의 계급에 중복되어서는 안 된다.
(3) 계급구간은 다음과 같은 방법으로 얻는다.

$$\text{계급구간} = \frac{\text{최댓값} - \text{최솟값}}{\text{계급의 수}} = \frac{\text{범위}}{\text{계급의 수}}$$

(4) 계급구간의 끝 값이 ~미만이나 ~이상과 같이 열린 계급을 가급적 피하도록 한다.

(5) 계급구간의 끝 값을 결정할 때 자료의 최소 자릿수보다 작게 설정하면 한 자료에 대해 중복되는 경우가 없게 된다.

예를 들어, 자료가 모두 두 자리의 값이라면 끝 값을 모두 소수 첫째자리까지로 설정하는 방법이다. 12이상이면 11.5이상으로, 50이하이면 50.5이하로 하는 것이다.

다음 자료는 어느 지역의 강수량을 120년 동안 수집한 것이다. 이 자료를 이용하여 도수분포표를 작성해보자.

(단위 : 인치)

14.8	10.4	15.0	16.0	22.1	16.2	36.1	11.6	7.8	22.6
17.0	25.3	32.8	16.6	13.6	8.5	23.7	14.2	22.9	17.7
25.8	9.2	24.9	17.9	26.5	26.6	16.5	18.1	24.9	16.7
32.4	14.1	11.5	20.3	33.2	15.4	15.0	24.9	16.1	24.9
23.5	16.9	11.5	15.0	21.2	20.4	18.3	16.9	16.8	21.5
23.1	24.0	11.2	22.1	12.3	21.0	9.5	8.9	21.4	18.2
18.0	12.0	10.8	17.6	9.5	17.8	13.6	15.2	9.0	17.3
15.1	17.7	11.0	10.0	14.6	9.4	11.6	8.8	12.6	22.4
21.5	19.7	23.8	8.7	24.1	32.8	23.7	20.1	18.5	17.2
13.7	8.6	15.1	14.2	11.6	18.1	24.7	16.4	13.7	16.0
26.5	18.1	29.5	12.1	12.8	13.0	18.2	24.8	13.7	19.0
11.5	25.7	12.1	23.0	16.9	14.5	8.4	24.3	20.6	18.2

위의 자료에 대한 도수분포표는 다음과 같다.

총 도수가 120개이므로 계급의 수를 10으로 한다. 계급구간은 범위를 계급의 수로 나누는 것이므로 한 계급의 구간은 약 3이 된다.

$$\text{계급구간} = \frac{36.1 - 7.8}{10} \approx \frac{37 - 7}{10} = 3$$

계급	계급값	도수	상대도수	누적도수	누적상대도수
7.05 - 10.05	8.55	13	13/120	13	13/120
10.05 - 13.05	11.55	17	17/120	30	30/120
13.05 - 16.05	14.55	20	20/120	50	50/120
16.05 - 19.05	17.55	28	28/120	78	78/120
19.05 - 22.05	20.55	10	10/120	88	88/120
22.05 - 25.05	23.55	20	20/120	108	108/120
25.05 - 28.05	26.55	6	6/120	114	114/120
28.05 - 31.05	29.55	1	1/120	115	115/120
31.05 - 34.05	32.55	4	4/120	119	119/120
34.05 - 37.05	35.55	1	1/120	120	1

예제 2 다음 자료는 20명의 경영학과 학생들의 통계학 시험점수 결과이다. 도수분포표로 자료를 정리하시오(계급의 수는 5개).

84	59	91	77	81	60	78	53	73	70
98	64	45	85	79	36	85	75	66	71

풀이 계급구간을 결정하기 위해 범위를 계급의 수 5로 나누면 다음을 얻는다.

$$\text{계급구간} = \frac{98-36}{5} \approx \frac{100-35}{5} = 13$$

계급	계급값	도수	누적도수	상대도수	누적상대도수
35.5 - 47.5	41	2	0.1	2	0.1
47.5 - 60.5	54	3	0.15	5	0.25
60.5 - 73.5	67	5	0.25	10	0.5
73.5 - 86.5	80	8	0.4	18	0.9
86.5 - 100	93	2	0.1	20	1

■

예제 3 다음 자료를 이용하여 도수분포표를 작성하시오.

자료			
12	14	19	18
15	21	18	17
20	27	22	23
22	21	34	28
14	18	32	16

풀이 계급의 수를 5로 했을 때 계급구간은 다음과 같다.

$$\text{계급구간} = \frac{34-12}{5} \approx \frac{35-10}{5} = 5$$

계급	계급값	도수	누적도수	상대도수	누적상대도수
10 - 14	12	3	3	3/20	3/20
15 - 19	17	7	10	7/20	10/20
20 - 24	22	6	16	6/20	16/20
25 - 29	27	2	18	2/20	18/20
30 - 34	32	2	20	2/20	1

또는

계급	계급값	도수	누적도수	상대도수	누적상대도수
10.5 - 15.5	13	4	4	4/20	4/20
15.5 - 20.5	18	7	11	7/20	11/20
20.5 - 25.5	23	5	16	5/20	16/20
25.5 - 30.5	28	2	18	2/20	18/20
30.5 - 35.5	33	2	20	2/20	1

■

2.5 그래프

도수분포표로 정리된 자료의 가시적 효과를 위하여 그래프(그림이나 도표)로 표현할 수 있다. 자료에 따라서는 그래프를 이용하면 변화나 차이를 쉽게 비교할 수 있는 장점이 있다.

1) 히스토그램

히스토그램(histogram)은 연속형 자료의 분포를 나타내는 그래프로서 가로축은 자료를 나타내며, 세로축은 도수나 상대도수를 나타낸다. 이때 그래프에 표현되는 모양은 직사각형이다. 직사각형의 가로는 자료의 계급이고 직사각형의 높이는 각 계급에 해당하는 도수나 상대도수이다. 막대그래프와 달리 히스토그램은 직사각형의 막대들이 서로 붙어 있는 것이 특징이다.

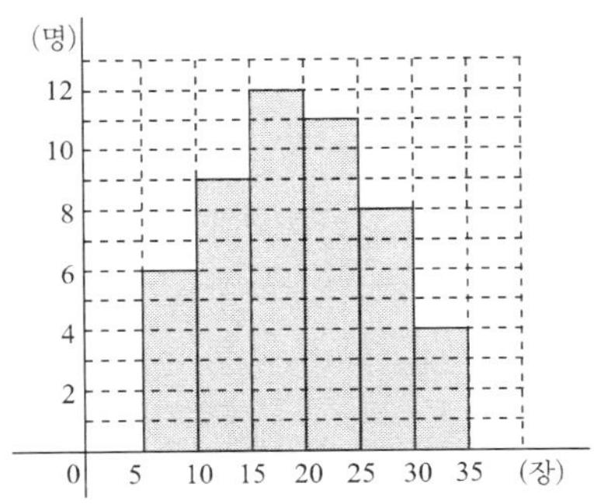

2) 막대그래프

막대그래프(bar chart)는 범주형 자료에 사용하며 각 범주의 상대도수나 도수를 막대의 길이로 타나낸다.

범주형 자료를 막대그래프로 표현할 때는 각 막대의 굵기를 일정하게 하고 원점을 항상 0으로 지정한다. 각 범주에 막대를 하나씩 그리게 되므로 막대와 막대사이가 서로 떨어지도록 주의해서 그려야 한다.

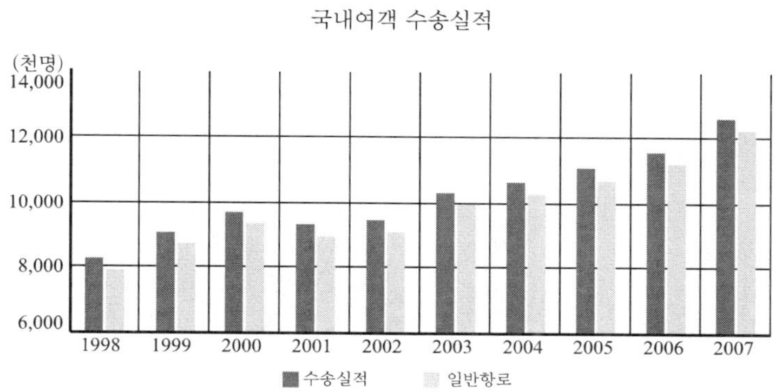

3) 도수다각형

도수다각형(frequency polygon)은 각 계급구간의 계급값과 도수가 만나는 점을 직선으로 연결한 모양을 한다. 도수다각형은 자료의 수를 늘리고 계급구간의 크기를 줄이면 좌우대칭인 종모양의 분포에 가깝게 된다. 또한 도수다각형은 두 자료를 비교할 때 유용하다.

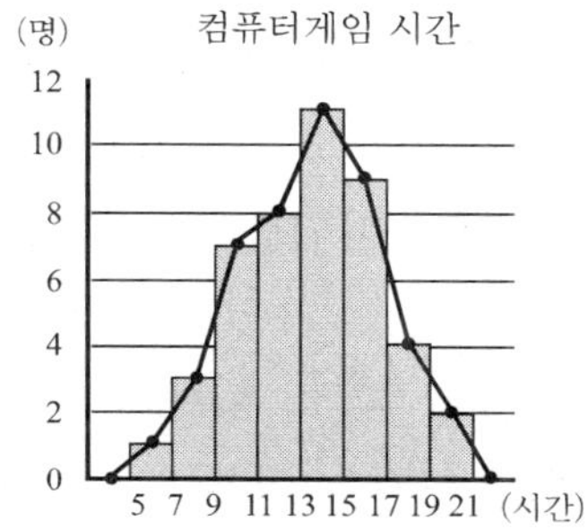

4) 원그래프

원그래프(pie chart)는 막대그래프와 같이 범주형 자료에 사용된다. 각 범주의 도수나 상대도수에 비례하게 원을 파이조각으로 나눈다. 이때 범주의 수가 많다보면, 즉 원이 여러 조각으로 나누어지게 되므로 그 크기를 비교하는데 어려울 수 있다. 만일 필요하다면 범주의 백분율을 적어주면 크기를 비교하는 데 도움이 될 것이다.

종류별 쓰레기 발생률

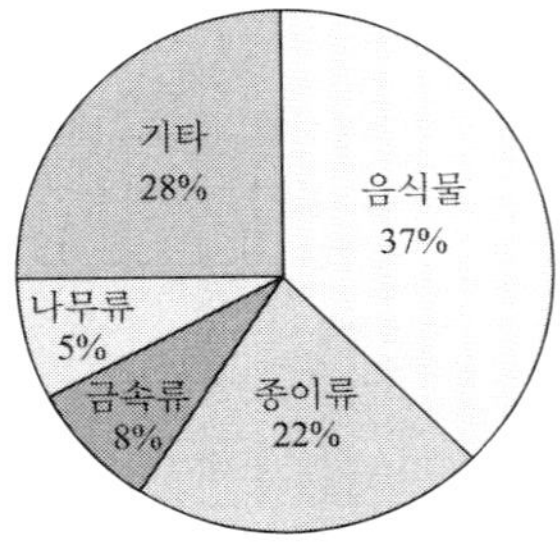

5) 줄기-잎 그림

줄기-잎 그림(stem-and-leaf display)은 수량자료를 나타날 때 사용되며 구체적인 자료가 그림에 포함되어서 히스토그램보다 더 자세한 정보를 얻을 수 있다. 그러나 자료가 4자리 이상인 경우 첫 번째 세 자리까지만 줄기와 잎으로 표시되므로 나머지 자료의 손실이 있게 된다. 줄기-잎 그림을 그리는 방법은 다음과 같다.

(1) 각 자료의 마지막 자릿수는 잎으로 하고, 나머지 모든 자릿수는 줄기로 나타낸다. 즉 줄기는 때로는 많은 자릿수를 가질 수도 있지만 잎은 단 하나의 자릿수를 갖는다. 다만 자료의 자릿수가 커서 잎의 단위를 표시해야 할 때는 그림의 왼쪽이나 오른쪽 위에 표시한다. 그러나 잎의 단위에 대한 표시가 없을 경우, 잎의 단위를 한 자리로 이해한다.

(2) 왼쪽에는 줄기를, 가운데는 잎을, 오른쪽에는 도수를 각각 수직선으로 긋고 줄기는 작은 수부터 차례대로 아래쪽 방향으로 내려쓴다.

(3) 각 줄기의 잎들은 왼쪽에서 오른쪽 방향으로 오름차순에 따라 나열한다.

다음 20개의 자료를 이용하여 줄기-잎 그림을 완성해보자.

169	168	170	177	168	173	180	163	165	173
181	172	176	170	165	173	175	182	177	174

줄기-잎 그림

줄기	잎	도수
16	3	1
16	5 5 8 8 9	5
17	0 0 2 3 3 3 4	7
17	5 6 7 7	4
18	0 1 2	3

또는

줄기	잎	도수
16	3 5 5 8 8 9	6
17	0 0 2 3 3 3 4 5 6 7 7	11
18	0 1 2	3

예제 4 다음 자료를 이용하여 줄기-잎 그림을 작성하시오.

1172 1203 1547 1335 1604 1695 1361 1420
1281 1388 1643 1426 1513 1730 1706 1689

풀이

(잎의 단위=10)

줄기	잎	도수
11	7	1
12	0 8	2
13	3 6 8	3
14	2 2	2
15	1 4	2
16	0 4 8 9	4
17	0 2 3	3

■

예제 5 다음 표는 통계학을 수강한 경영학과 학생의 혈액형과 학교생활의 만족도를 조사한 것이다. 이 자료를 바탕으로 막대그래프와 원그래프를 그려보시오.

혈액형 \ 만족도	만족	보통	불만족	계
A	3	2	4	9
B	1	2	2	5
AB	0	1	1	2
O	0	2	3	5
계	4	7	10	21

풀이 (1) 막대그래프

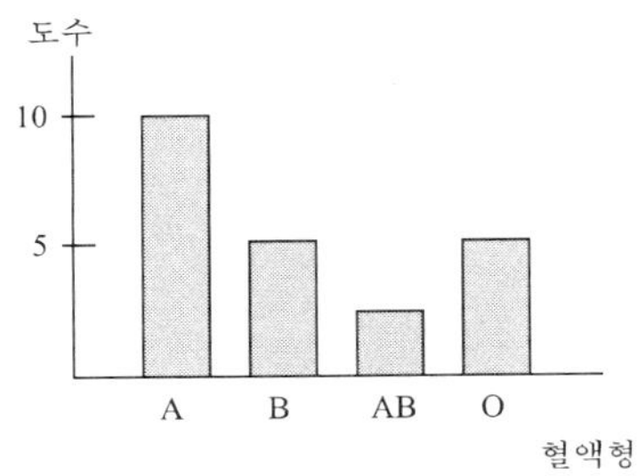

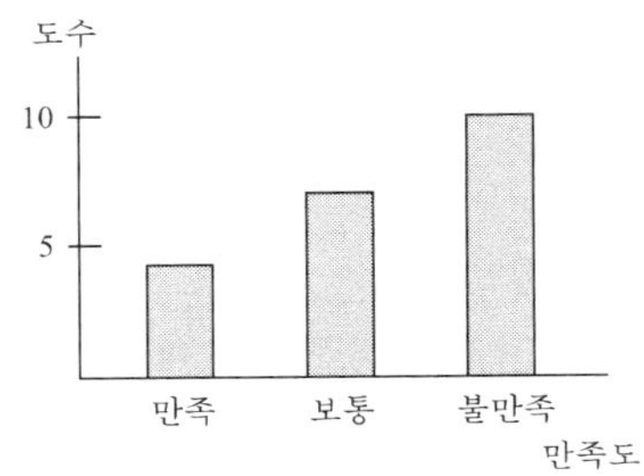

(2) 원그래프(%)

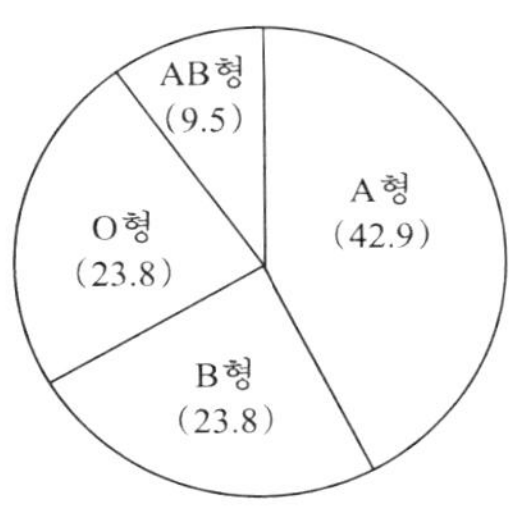

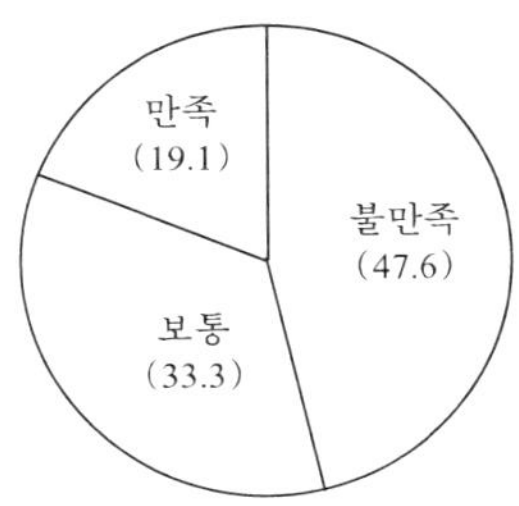

■

연습문제

1. 자료란 무엇을 의미하며, 측정과 척도를 구분하여 설명해보시오.

2. 이산형 자료와 연속형 자료를 구분하시오.

① 온도　　② 수능성적
③ 대학생의 용돈　　④ 가전제품의 수명
⑤ 제품의 무게　　⑥ 자동차의 판매량

3. 명목척도, 서열척도, 구간척도, 비율척도를 구분하시오.

① 우편번호　　② 온도
③ 나이　　④ 성별
⑤ 출생년도　　⑥ 운동선수의 등번호
⑦ 소득액　　⑧ 주민등록번호의 뒤 7자리
⑨ 종교　　⑩ 제품의 선호도

4. 2015년도 경영학과 학생의 아버지 직업을 조사해보니 다음과 같았다. 사무직 8명, 생산직 16명, 자영업 12명, 기타 4명으로 조사되었다. 이를 막대그래프로 나타내시오.

5. 다음 주어진 표를 이용하여 원 그래프로 나타내시오.

음료수	상대도수	도수
코카콜라	0.38	19
다이어트 콜라	0.16	8
환타	0.10	5
펩시	0.26	13
사이다	0.10	5
계	1.00	50

6. 어느 중소기업에 근무하는 종업원들의 형제자매수를 조사했더니 다음과 같은 자료를 얻었다.

1 2 3 2 5 1 4 3 6 2 1 5 1 3 2 5 6 2 4 7

① 이 자료를 이용해서 도수분포표를 작성하시오.
② 형제자매수가 3명인 종업원은 전체의 몇 %인가?
③ 형제자매수가 4명 이상인 종업원은 전체의 몇 %인가?

7. 다음은 어떤 자료를 부분적으로 나타낸 도수분포표이다.

계급	상대도수
가	0.24
나	0.16
다	
라	0.2

① 계급 '다'의 상대도수를 구하시오.
② 전체 표본의 크기가 100이라고 할 때, 계급 '다'의 도수를 구하시오.
③ 도수분포표를 완성하시오.

8. 다음은 C 대학생들의 월간 휴대전화 사용시간을 조사한 자료이다.

40	35	38	42	21	35	25	23	34	22
33	32	28	33	18	35	48	17	26	34
32	38	14	27	46	31	19	27	33	11
14	26	32	28	43	27	36	30	39	34

이 자료를 이용하여 도수분포표를 작성하시오.

9. 다음 자료를 이용하여 줄기-잎 그림과 도수분포표를 작성하시오.

7.4	8.2	8.9	8.2	9.8
10.8	11.4	8.5	7.4	10.1
10.4	6.8	9.5	8.5	6.4
7.7	7.1	8.2	9.4	10.3

10. 다음 자료를 이용하여 도수분포표와 히스토그램을 작성하시오.

회사	당기순이익	회사	당기순이익	회사	당기순이익
1	0.72	11	2.01	21	5.72
2	0.75	12	3.42	22	5.23
3	1.85	13	3.46	23	5.36
4	1.96	14	3.27	24	6.48
5	1.72	15	3.28	25	6.28
6	1.35	16	3.75	26	6.58
7	1.12	17	3.54	27	6.49
8	2.80	18	4.62	28	8.56
9	2.92	19	4.65	29	8.32
10	2.75	20	4.40	30	9.11

(2005년 포춘지의 자료에서 얻은 30개 회사들의 당기순이익)

제3장

자료의 요약

3.1 중심경향의 척도
3.2 산포도
3.3 비대칭도와 첨도
3.4 z값
3.5 Chebyshev 정리

자료의 분포를 한눈에 파악하기에는 그림(히스토그램, 도수다각형, 막대그래프, 원그래프, 줄기-잎 그림 등)이 좋고, 자료의 분포를 자세히 분석하기에는 빈도표(도수분포표)가 더 좋다. 그러나 그림이나 빈도표가 많은 공간과 수고가 따른다는 단점을 가지고 있다. 이를 보완하고 자료의 정보를 간단하게 하나의 숫자로 요약하면서 자료의 특성(모수나 통계량)을 나타낼 수 있다. 3장에서는 자료를 요약하는 여러 가지 숫자로 표현되는 측정값들을 소개하겠다.

그리고 이런 값들은 자료들의 중심위치나 흩어진 정도(분산), 그리고 지료들의 분포 모양에 대한 정보를 주게 된다.

3.1 중심경향의 척도

학력, 연령 그리고 성별과 같은 자료의 경우 범주가 많지 않으므로 빈도표로도 충분히 간단하게 정리할 수 있지만 자료가 연속형인 경우, 즉 키와 같이 자료가 실수로 측정되는 경우에는 각 값이 몇 번씩밖에 나타나지 않는 경우가 흔하다. 이 경우에 여러 자료들의 중심을 파악하거나 그것을 대표하는 값을 계산할 필요가 있다. 이와 같이 모집단의 모수나 표본의 통계량을 **중심경향의 척도**(measures of central tendency) 또는 **대푯값**이라고 한다.

1) 평균

평균에는 세 종류(산술평균, 기하평균, 조화평균)가 있는데 일반적으로 가장 많이 사용되는 평균이 **산술평균**(arithmetic mean)으로 간단히 **평균**(average)이라고 말한다. 만일 자료가 표본이라면, 평균의 기호로써 $\overline{x}$로 표현하며, 만일 자료가 모집단이라면 그리스 문자 μ로 표현한다. 여기서 그리스 문자 μ는 영어 문자 m(mean)에 해당하는 문자이다. 자료에 대한 변수로 보통 x로 나타내며 첫 번째 자료를 x_1, 두 번째 자료를 x_2, $\cdots$, i번째 자료를 x_i 등으로 표현한다. 자료의 첨자는 자료의 서수를 의미하므로, 자료가 모집단인 경우 자료의 총 개수를 영어 대문자 N으로 표시하고, 자료가 표본인 경우 자료의 총 개수를 영어 소문자 n으로 표시한다. 또한 자료의 개수를 통계학에서는 자료의 크기라고 말한다.

그러므로 모집단인 경우, 평균을 계산하는 식은 다음과 같다.

$$\mu = \frac{\sum_{i=1}^{N} x_i}{N}$$

그리고 표본인 경우, 평균을 계산하는 식은 다음과 같다.

$$\bar{x} = \frac{\sum_{i=1}^{n} x_i}{n}$$

다시 말해서 평균은 모든 자료의 값을 더한 후 자료의 크기로 나눈 값이다. 즉

$$\text{평균} = \frac{\text{자료의 합}}{\text{자료의 크기}}.$$

따라서 평균은 분포의 무게중심을 알게 한다. 예를 들어, 네 명의 표본으로부터 얻은 통계학 점수가 80, 76, 92, 68이라고 할 때,

$$\bar{x} = \frac{80+76+92+68}{4} = \frac{316}{4} = 79$$

이다.

그러나 자료가 도수분포표로 주어졌을 때는 각 계급의 정확한 자료를 알 수 없으므로 단지 계급값을 이용하여 평균을 계산한다. 다음 식은 모집단의 자료를 도수분포표로 주어졌을 때, 평균을 계산하는 식이다.

$$\mu = \frac{\sum_{i=1}^{l} m_i f_i}{\sum_{i=1}^{l} f_i}$$

- l : 계급의 수
- f_i : i번째 계급의 도수
- m_i : i번째 계급의 계급값

즉

$$\frac{\sum(\text{계급값} \times \text{도수})}{\sum \text{계급의 도수}}$$

예제 1 다음 표본의 도수분포표가 주어졌을 때 평균을 구하시오.

계급	계급값	도수
34.5 - 48.5	41.5	2
48.5 - 62.5	55.5	3
62.5 - 76.5	69.5	5
76.5 - 90.5	83.5	4
90.5 - 104.5	97.5	2

풀이

$$\bar{x} = \frac{\sum(\text{계급값} \times \text{도수})}{\sum \text{계급의 도수}}$$

$$= \frac{(41.5\times2)+(55.5\times3)+(69.5\times5)+(83.5\times4)+(97.5\times2)}{2+3+5+4+2}$$

$$= \frac{1126}{16}$$

$$\approx 70.4$$

■

기하평균(Geometric Mean)은 인구 증가율 등과 같은 변화율이나 비율의 평균을 계산할 때 사용된다. 예를 들어 n개의 자료 $x_1, x_2, \cdots, x_n$에 대한 기하평균의 공식은 다음과 같다.

$$\sqrt[n]{x_1 \times x_2 \times \cdots \times x_n}$$

기하평균은 산술평균에 비하여 극단적인 값의 영향을 덜 받는다.

예를 들어, 서울의 인구가 재작년에 45% 증가했지만 작년에는 15% 감소하였다고 하자. 산술평균을 적용하여 평균 인구증가율을 계산하면 기하평균에 의해 계산한 값보다 더 큰 값을 얻는다. 그리고 정확하지도 않다. 왜냐하면 기존의 인구를 p라고 했을 때, 현재의 인구는 $p\times1.45\times0.85$이 될 것이다. 현재 평균증가율을 모른다고 가정하고 r이라고 놓는다면, 기존의 인구 p에서 재작년에 r% 증가하였을 것이고, 작년에도 r% 증가하여 지금의 인구가 $p\times1.45\times0.85$이기 때문에 다음과 같은 식을 얻을 수 있다.

$$p \times 1.45 \times 0.85 = p \times (1+r) \times (1+r)$$
$$1.45 \times 0.85 = (1+r)^2$$

따라서 $(1+r)^2 = 1.45 \times 0.85 = 1.233$이다. 이 식을 계산하면 $r = 0.11$을 얻는다. 그러므로 서울의 인구는 평균적으로 11% 증가했다.

예제 2 세 개의 자료 2, 9, 12의 산술평균과 기하평균을 구하시오.

풀이 산술평균은 $\dfrac{2+9+12}{3} = \dfrac{23}{3} \approx 7.67$이고,
기하평균은 $\sqrt[3]{2 \times 9 \times 12} = 6$이다. ■

조화평균(Harmonic Mean) h는 n개의 자료 $x_1, x_2, \cdots, x_n$에 대하여 역수의 평균을 다시 역수한 값이다.

$$h = \frac{1}{\frac{1}{n}\left(\frac{1}{x_1} + \frac{1}{x_2} + \cdots + \frac{1}{x_n}\right)} = \frac{n}{\frac{1}{x_1} + \frac{1}{x_2} + \cdots + \frac{1}{x_n}}.$$

조화평균 h가 정의될 수 있도록 $x_1, x_2, \cdots, x_n$은 항상 양의 값을 취하는 것으로 한다. 이때 조화평균은 기하평균과 산술평균보다 크지 않으므로 다음의 관계식을 얻을 수 있다. 즉 $x_i > 0,\ i = 1, \cdots, n$

$$\frac{n \times x_1 \times \cdots \times x_n}{(x_2 \times \cdots \times x_n) + \cdots + (x_1 \times \cdots \times x_{n-1})} \le \sqrt[n]{x_1 \times \cdots \times x_n} \le \frac{x_1 + \cdots + x_n}{n}.$$

또한 자료 $x_1, x_2, \cdots, x_n$ 의 조화평균 h는 이들 가운데 최댓값보다 작고 최솟값보다 크다. 조화평균 h는 주로 속도와 같은 양의 평균을 계산할 때 사용된다.

예를 들어, 어떤 사람이 자동차로 서울에서 부산으로 간다고 하자. 부산으로 내려갈 때는 90km로 달리고, 서울로 올라올 때는 100km로 달렸다면 평균 속도가 얼마인지를 계산하는 방법은 조화평균이다.

$$h=\frac{2}{\frac{1}{90}+\frac{1}{100}}=\frac{2\times 90\times 100}{90+100}=\frac{18000}{190}\approx 94.7$$

그러나 산술평균으로 계산하면 95km가 된다.

그 이유는 다음과 같다. 서울에서 부산까지의 거리를 s라 하고, 서울에서 부산까지의 속도와 걸린 시간을 각각 v_1, t_1이라고 하고, 부산에서 서울까지의 속도와 걸린 시간을 각각 v_2, t_2라고 하자. 그러면

$$v_1=\frac{s}{t_1},\quad v_2=\frac{s}{t_2}$$

이다.

평균속도라 함은 전체거리를 전체시간으로 나눈 것이므로, 전체거리는 $2s$이고, 전체 시간은 t_1+t_2이다. 그러므로 평균속도를 $\bar{v}$라고 하면

$$\bar{v}=\frac{2s}{t_1+t_2}$$

이다.

이때 $t_1=\frac{s}{v_1}$, $t_2=\frac{s}{v_2}$이므로 위의 식에 대입하면

$$\bar{v}=\frac{2s}{\frac{s}{v_1}+\frac{s}{v_2}}=\frac{2}{\frac{1}{v_1}+\frac{1}{v_2}}$$

이다. 그러므로 평균속도 $\bar{v}=\frac{2v_1v_2}{v_1+v_2}$이다.

산술평균 이외의 나머지 두 평균은 사회과학 분야에서 잘 사용되지 않는다. 지금까지는 한 집단 내에서 자료들에 대한 평균을 계산하였다. 그러나 크기가 서로 다른 집단의 평균들 간의 평균을 생각해 볼 수 있다. 즉 각 집단의 평균을 각 집단의

상대적인 크기로 가중 평균한 값(weighted arithmetic mean)으로 이러한 평균을 통합표본평균(mean of marged samples)이라고 한다.

예를 들어, 표본자료 A와 B가 있어서 크기가 각각 n_1, n_2라고 하자. 또한 자료 A의 평균을 $\overline{x}$, 자료 B의 평균을 $\overline{y}$라고 할 때

$$\overline{x} = \frac{\sum_{i=1}^{n_1} x_i}{n_1}, \quad \overline{y} = \frac{\sum_{i=1}^{n_2} y_i}{n_2}$$

이다.

위의 두 식으로부터 $\sum_{i=1}^{n_1} x_i = n_1\overline{x}$와 $\sum_{i=1}^{n_2} y_i = n_2\overline{y}$을 얻게 되어서 두 자료 A와 B의 평균 $\overline{x}$와 $\overline{y}$의 평균은

$$\frac{\sum_{i=1}^{n_1} x_i + \sum_{i=1}^{n_2} y_i}{n_1 + n_2} = \frac{n_1\overline{x} + n_2\overline{y}}{n_1 + n_2}$$

이다.

이 식을 k개 집단의 평균 $\overline{x}$로 일반화시키면 다음의 식을 얻는다.

$$\overline{x} = \frac{\sum_{i=1}^{k} n_i \overline{x_i}}{\sum_{i=1}^{k} n_i} \quad .$$

n_i : i번째 집단의 크기, $1 \le i \le k$.

$\overline{x_i}$: i번째 집단의 평균, $1 \le i \le k$.

예제 3 A대학의 통계학 시험성적 반영비율은 중간고사 30%, 기말고사 40%, 출석 10%, 과제물 20%이다. 이 과목을 수강한 김 군이 받은 점수가 각각 80점, 70점, 90점, 60점이었다면 김 군의 실제적인 점수는 얼마인가?

풀이 김 군의 가중평균을 구하면,

$$\frac{(30\times80)+(40\times70)+(10\times90)+(20\times60)}{100}$$
$$=\frac{2400+2800+900+1200}{100}$$
$$=73(\text{점})$$

이다. ■

2) 중앙값

중앙값(median)은 모집단이나 표본으로부터 얻은 자료들을 크기 순서로 나열했을 때 한가운데 위치한 값을 말한다. 즉 중앙값 이하가 절반이고 중앙값 이상이 절반이 되는 값이다. 자료가 홀수 개 또는 짝수 개일 때 중앙값을 구하는 방법은 각각 다르다. 자료가 홀수 개인 경우에 자료를 크기 순서대로 나열했을 때 자료의 중앙은 하나이다. 그러나 자료가 짝수 개인 경우는 자료의 중앙이 하나가 아니라 두 개가 된다. 그러므로 후자의 경우 중앙값을 두 중앙의 값의 평균으로 계산한다.

먼저 자료를 오름차순 $x_1 \le x_2 \le \cdots \le x_n$으로 나열했다고 하자.

(1) 표본의 크기 n이 홀수인 경우, 중앙값은 다음과 같다.

$$x_{\frac{n+1}{2}}$$

(2) 표본의 크기 n이 짝수인 경우, 중앙값은 다음과 같다.

$$\frac{x_{\frac{n}{2}}+x_{(\frac{n}{2}+1)}}{2}$$

그런데 자료가 도수분포표로 주어진 경우에 중앙값을 계산하려면 다음 두 과정이 필요하다.

과정 1 : 중앙값이 속해 있는 계급, 즉 중위계급(median class)을 찾아야 한다. 자료의 크기 n에 대하여, $\frac{n}{2}$번째 자료(또는 $\frac{n}{2}$번째와 $\frac{n}{2}+1$번째의 평균값)가 속해 있는 계급이 중위계급이다.

과정 2 : 중위계급 내에서 아래의 보간법(interpolation)으로 중앙값을 계산한다.

중앙값 = 중위계급의 하한

$$+\frac{\left(\frac{\text{총 도수}}{2}-\text{중위계급 이전까지의 누적도수}\right)}{\text{중위계급의 도수}}\times\text{계급폭}$$

예제 4 표본의 크기가 5인 자료 2, 1, 5, 5, 3의 중앙값을 구하시오.

풀이 먼저 자료들을 크기 순서로 나열해보자.

1, 2, 3, 5, 5

표본의 개수가 홀수이므로 중앙값은 $\frac{5+1}{2}=3$번째 자료이다. 즉 3이 중앙값이다.

■

예제 5 주어진 도수분포표는 경영학과 1학년 학생의 통계학 중간고사 점수를 나타낸 것이다. 보간법에 의해서 중앙값을 구하시오.

계급	도수	누적도수
50.5 − 60.5	3	3
60.5 − 70.5	5	8
70.5 − 80.5	18	26
80.5 − 90.5	13	39
90.5 − 100	7	46

풀이 위의 도표에서 자료의 수가 46이므로 중위계급은 23번째(사실은 23번째와 24번째 자료의 평균) 자료가 속해 있는 계급이 된다. 따라서 세 번째 계급이 중위계급이다.

중위계급의 하한은 70.5이고, 총 도수는 46, 중위계급 이전까지의 누적도수는 8, 중위계급의 도수는 18, 그리고 계급 폭이 10이므로 중앙값을 구하는 공식에 의해 계산하면 다음과 같다.

$$70.5+\left(\frac{\frac{46}{2}-8}{18}\times 10\right)=70.5+\left(\frac{15}{18}\times 10\right)\approx 78.8$$ ■

3) 최빈값

최빈값(Mode)은 자료 중에서 발생 빈도수가 가장 많은 자료이므로 다른 자료가 얼마인지 또는 몇 개의 자료가 있는지를 알 수 없다. 그러므로 자료에 대한 정보를 가장 적게 이용하는 단점이 있지만 구하기 쉬운 장점도 있다. 최빈값은 자료가 수량형인 경우 이외에도 범주형 자료에도 사용이 가능하다. 만약 자료가 도수분포표로 주어진 경우라면 도수가 가장 많은 계급의 계급값을 최빈값으로 한다. 특히 최빈값은 가족 수 등의 대푯값으로 많이 사용된다. 만일 최빈값이 두 개 이상인 경우도 있을 수 있다. 최빈값이 두 개인 경우는 두 개 모두 최빈값으로 말할 수 있지만 최빈값이 세 개 이상인 경우 최빈값으로서 의미가 없게 되므로 최빈값에 대해 말하지 않는다.

다음 세 그림은 차례대로 오른쪽꼬리분포(positively skewed distribution), 대칭인 분포(normal distribution), 왼쪽꼬리분포(negatively skewed distribution)를 나타낸 것이다. 각각의 분포에 따른 평균과 중앙값 그리고 최빈값의 상대적인 크기(위치)를 나타내었다.

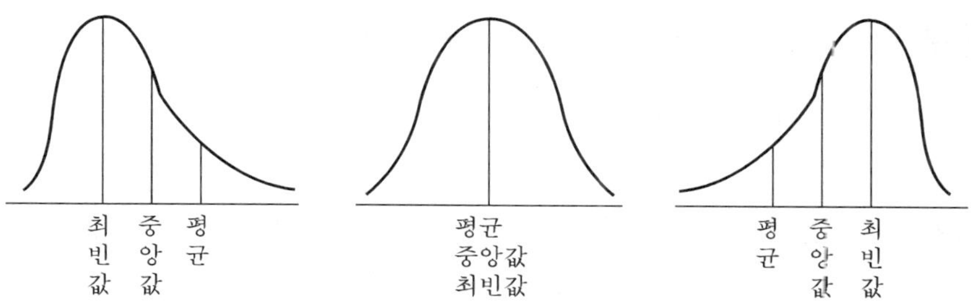

예제 6 다음 그림은 두 자료에 대한 분포를 나타낸 것이다. 자료 A와 자료 B에 대한 중심

경향의 척도를 비교하시오.

풀이

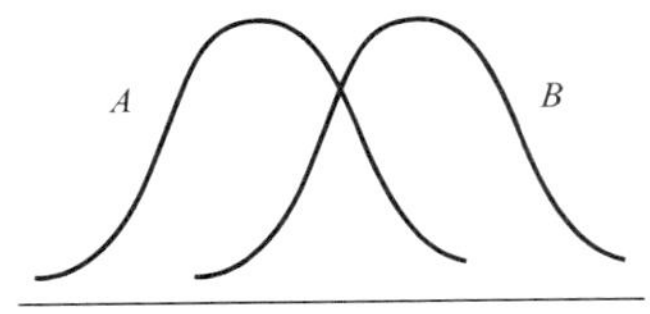

두 자료 A와 B는 좌우가 대칭인 분포이므로 각각의 자료에서 평균, 중앙값, 최빈값이 모두 같다. 그리고 자료 B의 중심경향의 척도가 자료 A의 중심경향의 척도보다 오른쪽에 있으므로 자료 B의 중심경향의 척도가 자료 A의 중심경향의 척도보다 더 크다고 말할 수 있다. ■

예제 7 다음 표는 세 개의 표본을 나타낸 것이다. 각 표본의 최빈값을 구하시오.

(단위 : gram = g)

표본	자료
Ⅰ	1 2 3 4 5
Ⅱ	1 2 2 5 5
Ⅲ	2 3 3 3 5

풀이 자료 I의 경우 빈도수가 가장 많은 자료가 없으므로 최빈값은 없다. 자료 II에서는 2와 5가 두 번씩의 빈도가 나타나므로 최빈값은 2와 5이다. 마지막 자료에서는 3이 빈도수가 가장 많으므로 최빈값은 3이다. ■

예제 8 다음 자료의 분포 모양을 설명해보시오.

1 10 4 5 5 3 8 7 9 6

풀이 먼저 자료의 평균, 중앙값, 최빈값을 구해보자. 오른쪽꼬리분포인 경우 평균이 가장 크며, 대칭인 경우 세 측정값이 모두 같다. 그리고 왼쪽꼬리분포인 경우 최빈값이 가장 클 것이다. 그러므로 세 측정값의 크기를 비교하므로 자료의 분포모양을 말할 수 있을 것이다.

평균은 $\frac{58}{10}=5.8$이고, 중앙값은 $\frac{5+6}{2}=5.5$이며, 최빈값은 5이므로 크기를 비교하면 최빈값 < 중앙값 < 평균의 순서를 가지므로 오른쪽꼬리분포 모양을 가진다. ■

4) 사분위수

사분위수(quartile)는 자료의 균등한 분할로 25%, 50%, 75%에 해당하는 자료를 나타낸 것이다. 자료를 오름차순으로 나열했을 때 25%에 해당하는 자료를 첫 번째 사분위수(Q_1)라고 말하며, 자료의 50%와 75%에 해당하는 값을 각각 두 번째 사분위수(Q_2), 세 번째 사분위수(Q_3)라고 말한다.

그런데 자료를 오름차순으로 나열했을 때 첫 번째 사분위수는 오른쪽에서 세 번째 사분위수에 해당하는 자료이다. 그러므로 왼쪽에서 25%에 해당하는 자료와 오른쪽에서 75%에 해당하는 자료의 평균이 정확한 첫 번째 사분위수(Q_1)가 된다. 나머지 Q_2와 Q_3에 해당하는 사분위수도 같은 방법으로 구할 수 있다. 따라서 Q_2는 중앙값이 된다.

예를 들어, 자료를 오름차순으로 나열했더니 다음과 같았다.

$$2,\ 3,\ 4,\ 6,\ 8,\ 10$$

두 번째 사분위수(Q_2)를 찾으려 한다면 총 6개 가운데 왼쪽에서 세 번째와 오른쪽에서 세 번째에 해당하는 자료의 평균을 계산하면 된다. 즉 $\frac{4+6}{2}=5$가 Q_2이다.

3.2 산포도

산포도(measures of variability)는 여러 자료들이 어떤 특정한 대푯값(보통은 평균)을 중심으로 어느 정도 흩어져 있는지를 측정하는 통계량이다. 대개 자료의 대푯값이 같다고 해도 자료들이 좌우로 흩어져 있는 정도는 다를 수 있다. 예를 들어,

표본의 크기가 5인 세 개의 자료가 다음과 같이 주어졌다고 하자.

(단위 : g)

표본	자료
Ⅰ Ⅱ Ⅲ	I : 1, 2, 3, 4, 5 II : 1, 1, 3, 5, 5 III : 2, 3, 3, 3, 4

세 자료의 평균은 $3g$이지만 자료의 흩어진 정도는 모두 다르다. 특히 자료 III의 자료는 평균을 중심으로 다른 자료들보다 더 모여 있음을 알 수 있다.

예제 9 다음 그림은 자료 A와 자료 B의 분포이다. 두 자료의 산포도를 비교하시오.

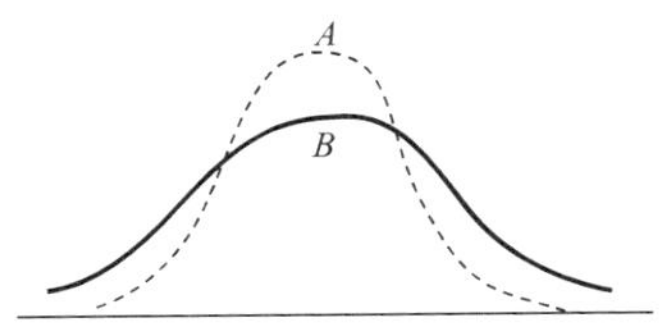

풀이 두 자료의 평균은 같지만, 자료가 평균을 중심으로 모여 있는 정도는 다르다. 자료 A는 자료 B 보다 중심에 몰려 있으므로, 산포도는 A보다 B가 더 크다고 말할 수 있다. ■

위의 예제에서 보듯이 자료의 분포가 좌우로 넓게 흩어져 있는 경우, 평균이 자료 전체를 대표하는 것은 문제가 있다. 그러므로 산포도에 대한 정보를 제공하게 되면 평균과 같은 대푯값의 신뢰도를 평가하는데 도움이 된다.

산포도를 측정하는 도구로 **범위**(range), **사분위간 범위**(interquartile range), **평균절대편차**(mean absolute deviation : MAD), **분산**(variance), **표준편차**(standard deviation), 그리고 **변동계수**(coefficient of variation : CV) 등이 있다.

1) 범위

자료 중에서 가장 큰 값을 최댓값, 가장 작은 값을 최솟값이라 한다. 이때 최댓값에서 최솟값을 뺀 값을 **범위**(range)라고 한다.

$$범위 = 최댓값 - 최솟값$$

자료 중에서 두 값(최댓값, 최솟값)만 이용하여 쉽게 범위를 구할 수 있다는 장점이 있지만 조사한 자료를 충분히 이용할 수 없다는 것과 극단적으로 치우친 값이 있을 때 정확한 정보를 얻을 수 없다는 단점을 가지고 있다. 이러한 극단적인 값의 민감함을 극복하기 위하여 사분위간 범위나 십분위간 범위를 사용하기도 한다.

사분위간 범위는 분포의 양 끝 25%를 제외하고, **십분위간 범위**는 분포의 양 끝 10%를 제외한 나머지 자료의 범위이다. 사분위간 범위는 다음 절에서 다시 설명할 것이다.

예제 10 통계학 중간시험이 교재 1면에서 126면까지라고 했을 때 중간시험의 범위를 구하시오.

풀이 최댓값이 126면이고 최솟값이 1면이므로 범위는 최댓값 126에서 최솟값 1을 빼면 된다. 그러므로 $126-1=125$ 면이 중간시험의 범위가 된다. ■

2) 사분위간 범위

자료의 극단적인 값을 극복하기 위하여 사분위간 범위(interquartile range : IQR)를 사용한다. 이 산포도는 세 번째 사분위수(Q_3)와 첫 번째 사분위수(Q_1)의 차로 계산된다. 즉

$$IQR = Q_3 - Q_1$$

예제 11 자료 3, 4, 12, 40, 10, 14, 9, 46에서 범위와 사분위간 범위를 구하시오.

풀이 위의 자료를 오름차순으로 정리하면 다음과 같다.

3, 4, 9, 10, 12, 14, 40, 46

이때 최댓값은 46이고 최솟값은 3이므로, 범위는 $46-3=43$이다. 사분위간 범위를 계산하기 위해 첫 번째 사분위수(Q_1)와 세 번째 사분위수(Q_3)를 계산해야 한다. Q_1은 4와 9의 평균, $\frac{3+9}{2}=6$이다. Q_3는 14와 40의 평균, $\frac{14+40}{2}=27$이다. 그러므로 사분위간 범위는 $IQR=27-6=21$이다. ■

3) 평균절대편차

모집단에 대한 평균절대편차(mean absolute deviation : MAD)는 다음 식으로 계산된다.

$$MAD = \frac{\sum_{i=1}^{N}|x_i - \mu|}{N}$$

- x_i : 자료
- N : 모집단의 크기
- μ : 모집단의 평균

표본에 대한 평균절대편차(MAD)는 다음 식으로 계산된다.

$$MAD = \frac{\sum_{i=1}^{n}|x_i - \bar{x}|}{n}$$

- x_i : 자료
- n : 표본의 크기
- $\bar{x}$: 표본의 평균

즉 평균절대편차는 편차의 절댓값의 평균이다. 사실 편차의 합은 영이다. 즉 $\sum_{i=1}^{N}(x_i-\mu)=0$. 그래서 편차의 합은 산포도에 대한 어떤 정보도 주지 못한다. 만일 각 편차의 절댓값을 취한다면, 그 값은 항상 양수가 되므로 자료의 산포도가 의미를 가지게 된다. 그럼에도 불구하고 자료가 변수로 주어질 때 변수가 절댓값 밖으로 계산될 수 없다는 단점을 가진다. 이러한 단점을 보완한 값이 이제 소개할 **분산**(variance)이다.

예제 12 다음 세 표본의 평균절대편차를 구하고, 세 표본의 산포도를 비교해보시오.

(단위 : g)

I : 1, 2, 3, 4, 5

II : 1, 1, 3, 5, 5

III : 2, 3, 3, 3, 4

풀이 세 표본의 평균은 모두 3이다. 즉 $\overline{x_1}=\overline{x_2}=\overline{x_3}=3g$이다.

$$\text{I}: MAD_1=\frac{1}{5}(|1-3|+|2-3|+|3-3|+|4-3|+|5-3|)=1.2g$$

$$\text{II}: MAD_2=\frac{1}{5}(|1-3|+|1-3|+|3-3|+|5-3|+|5-3|)=1.6g$$

$$\text{III}: MAD_3=\frac{1}{5}(|2-3|+|3-3|+|3-3|+|3-3|+|4-3|)=0.4g$$

그러므로 산포도가 가장 큰 자료는 II이고, 산포도가 가장 작은 자료는 III이다. 세 표본의 대푯값으로서 평균은 동일하지만 산포도가 다른 경우이다. 산포도는 자료의 흩어진 정도를 말해주므로 산포도가 가장 큰 두 번째 표본이 평균으로부터 자료들이 넓게 분포해 있다고 말할 수 있다. ■

4) 분산

분산(variance)은 자료들이 자료의 평균으로부터 얼마나 떨어져 있는지를 측정한 값이다. 분산은 모든 자료의 값을 이용하므로 자료의 흩어진 정도를 가장 잘 반영하는 대표적인 산포도이다. 분산은 편차의 제곱의 평균으로써 계산되며 평균절대편차의 단점이 보완된 산포도의 하나이다. 편차를 제곱하므로 자료가 변수로 표현되든지 숫자로 표현되든지 전개가 가능하다.

그러나 분산의 측정 단위는 처음 측정한 자료의 단위와 같지 않다는 단점도 있다. 예를 들어, 무게에 대한 단위로써 g을 사용한다고 하자. 이때 분산을 얻기 위하여 계산하는 과정에서 제곱을 하게 되므로 분산의 단위는 g^2이 된다. 또 하나의 단점은 자료의 모든 자료를 이용하므로 극단에 치우친 값, 즉 극단적인 값에 영향을 많이 받을 수 있다는 것이다. 자료가 모집단인 경우 분산의 기호는 σ^2으로 표시하며, 표본인 경우 분산의 기호는 s^2으로 표시한다.

모집단의 분산은 다음과 같다.

$$\sigma^2 = \frac{\sum_{i=1}^{N}(x_i-\mu)^2}{N} = \frac{\sum_{i=1}^{N}x_i^2 - N\mu^2}{N}$$

- x_i : 자료
- N : 모집단의 크기
- μ : 모평균

표본의 분산은 다음과 같다.

$$s^2 = \frac{\sum_{i=1}^{n}(x_i-\overline{x})^2}{n-1} = \frac{\sum_{i=1}^{n}x_i^2 - n(\overline{x})^2}{n-1}$$

- x_i : 자료
- n : 표본의 크기
- $\overline{x}$: 표본평균

예제 13 다음 세 표본의 분산을 구하고, 세 표본의 산포도를 비교해보시오.

(단위 : g)

I : 1, 2, 3, 4, 5

II : 1, 1, 3, 5, 5

III : 2, 3, 3, 3, 4

풀이 세 표본의 평균, $\overline{x_1} = \overline{x_2} = \overline{x_3} = 3g$이다.

$$\text{I}: \ s_1^2 = \frac{(1-3)^2+(2-3)^2+(3-3)^2+(4-3)^2+(5-3)^2}{4} = 2.5g^2$$

$$\text{II}: \ s_2^2 = \frac{(1-3)^2+(1-3)^2+(3-3)^2+(5-3)^2+(5-3)^2}{4} = \frac{16}{4} = 4g^2$$

$$\text{III}: \ s_3^2 = \frac{(2-3)^2+(3-3)^2+(3-3)^2+(3-3)^2+(4-3)^2}{4} = \frac{2}{4} = 0.5g^2$$

그러므로 분산이 가장 큰 표본은 II이고, 분산이 가장 작은 표본은 III이다. 평균절대편차에서 얻은 산포도에 대한 결과와 같음을 알 수 있다. ■

5) 표준편차

표준편차(standard deviation)는 분산의 양의 제곱근으로 정의된다. 표준편차는 분산의 단위가 자료의 단위와 다르다는 점을 해결한 산포도로서 표준편차의 단위는 원 자료의 단위와 동일하다. 그래서 표준편차는 원 자료의 단위와 같이 측정되는 다른 통계량이나 평균과 함께 사용될 수 있다. 다음 절에 변동계수에 대한 소개가 있다. 이때 변동계수는 표준편차와 평균의 비로 정의된다. 그 이유는 두 통계량의 단위가 동일하기 때문이다.

모집단의 표준편차를 σ로 표시하고, 표본의 표준편차를 s로 표시한다.

σ와 s는 다음 공식에 의해 구할 수 있다.

$$\sigma = \sqrt{\frac{\sum_{i=1}^{N}(x_i-\mu)^2}{N}}, \quad s = \sqrt{\frac{\sum_{i=1}^{n}(x_i-\bar{x})^2}{n-1}}$$

- x_i : 자료
- N, n : 각각 모집단과 표본의 크기
- μ, $\bar{x}$: 각각 모집단과 표본의 평균

위 식에서 표본의 크기 n이 클 때 n이나 $n-1$이 거의 같게 되므로 큰 의미는 없다.

만일 자료가 도수분포표로 주어진 경우,

$$\sigma = \sqrt{\frac{\sum_{i=1}^{l}(m_i-\mu)^2 f_i}{\sum_{i=1}^{l} f_i}}, \quad s = \sqrt{\frac{\sum_{i=1}^{l}(m_i-\bar{x})^2 f_i}{(\sum_{i=1}^{l} f_i)-1}}$$

- m_i : i번째 계급의 계급값
- f_i : i번째 계급의 도수
- l : 계급 수

예제 14 다음 세 표본의 표준편차를 구하고, 세 표본의 산포도를 비교해보시오.

(단위 : g)

I : 1, 2, 3, 4, 5
II : 1, 1, 3, 5, 5
III : 2, 3, 3, 3, 4

풀이 Ⅰ: 분산이 $2.5g^2$이므로 표준편차는 $\sqrt{2.5}\,g$이다.

Ⅱ: 분산이 $4g^2$이므로 표준편차는 $2g$이다.

Ⅲ: 분산이 $0.5g^2$이므로 표준편차는 $\sqrt{0.5}\,g$이다.

그러므로 표준편차가 가장 큰 표본은 Ⅱ이며, 가장 작은 표본은 Ⅲ이다. ■

예제 15 다음의 자료는 미국의 홈런 타자 마크 맥과이어가 메이저리그 열 시즌 동안 때려낸 홈런수이다. 이 자료에 대한 분산과 표준편차를 구하시오.

49, 32, 33, 39, 22, 42, 9, 9, 39, 52

풀이 먼저 평균 μ를 계산해보자.

$$\mu = \frac{49+32+\cdots+52}{10} = \frac{326}{10} = 32.6$$

$$\sigma^2 = \frac{1}{10}\{268.96+0.36+0.16+40.96+112.36+88.36+556.96+556.96+40.96+376.36\} = \frac{2042.4}{10} = 204.24$$

이다.

그러므로 표준편차

$$\sigma = \sqrt{204.24} = 14.29$$

이다. ■

예제 16 다음은 모집단에 대한 도수분포표이다. 분산과 표준편차를 구하시오.

계급	계급값	도수
2-5	3.5	2
6-9	7.5	1
10-13	11.5	3
14-17	15.5	3
18-21	19.5	2

풀이

$$\mu = \frac{(3.5\times2)+(7.5\times1)+(11.5\times3)+(15.5\times3)+(19.5\times2)}{12} = \frac{134.5}{12} = 11.2$$

분산 σ^2을 구하기 위해 먼저 편차의 제곱의 합 $\sum$(도수×(계급값−평균)^2)를 구하면 다음과 같다.

$$2(3.5-11.2)^2+(7.5-11.2)^2+3(11.5-11.2)^2+3(15.5-11.2)^2+2(19.5-11.2)^2$$
$$= 325.79$$

이다. 따라서 모집단의 크기 12로 나누면 $\frac{325.79}{12} \approx 27.15$이다.
그러므로 분산 $\sigma^2 = 27.15$, 표준편차 $\sigma = \sqrt{27.15}$이다. ■

6) 변동계수

변동계수(coefficient variation : CV)는 평균에 대한 표준편차로 계산되는 비율이다. 즉 표준편차가 평균에 상대적으로 얼마나 큰지를 알려주는 통계량이다. 다른 산포도는 절댓값이지만 변동계수는 상댓값이므로 정확한 산포도를 알 수 있다. 또한 변동계수는 단위가 %이기 때문에 단위가 다른 두 표본 간 산포도 비교에 유용하다.

$$CV = \left(\frac{\text{표준편차}}{\text{평균}} \times 100\right)\%$$

예제 17 중소기업의 남자 신입사원 평균임금이 2백50만 원이고, 여자 신입사원 평균임금이 200만 원이었다. 각각 표준편차가 20만 원과 10만 원이었다면 성별에 대한 변동계수와 이 통계량을 근거로 산포도를 비교해보시오.

풀이

$$CV_{남자}=\frac{20\text{만 원}}{250\text{만 원}}\times 100=8\%$$

$$CV_{여자}=\frac{10\text{만 원}}{200\text{만 원}}\times 100=5\%$$

남자의 변동계수가 여자의 변동계수보다 크므로, 남자 신입사원의 평균임금에 대한 분포가 여자 신입사원 평균임금보다 더 넓게 분포되어 있음을 알 수 있다. ■

예제 18 다음은 A산부인과에서 태어난 신생아 중 무작위 표본표집으로 5명을 선택하여 몸무게를 나타냈다. 신생아의 변동계수를 구하시오(단 $\sqrt{52}=7.2$).

(단위 : kg)

신생아	1	2	3	4	5
몸무게	4.0	3.0	3.5	3.4	3.6

풀이

$$\bar{x}=\frac{1}{5}(4.0+3.0+3.5+3.4+3.6)=\frac{17.5}{5}=3.5\,\text{kg}$$

$$s=\sqrt{\frac{1}{4}\{(4.0-3.5)^2+(3-3.5)^2+(3.5-3.5)^2+(3.4-3.5)^2+(3.6-3.5)^2\}}$$

$$=\frac{1}{2}\sqrt{(0.5)^2+(-0.5)^2+(-0.1)^2+(0.1)^2}$$

$$=\frac{\sqrt{0.52}}{2}$$

$$=0.36\text{ kg}$$

$$CV=\frac{0.36\,\text{kg}}{3.5\,\text{kg}}\times 100$$

$$=10.3\%$$

■

예제 19 아래 표는 위 신생아의 아버지 5명에 대한 몸무게를 나타낸 것이다. 변동계수를 구하고 신생아 집단과 신생아의 아버지 집단 사이의 산포도를 비교하시오(단 $\sqrt{7720}=87.8$).

(단위 : kg)

아버지	1	2	3	4	5
몸무게	71	64	67	66	59

풀이 $\bar{x}=\frac{1}{5}(71+64+67+66+59)=65.4\text{kg}$

$$s=\sqrt{\frac{1}{4}\{(71-65.4)^2+(64-65.4)^2+(67-65.4)^2+(66-65.4)^2+(59-65.4)^2\}}$$

$$=\frac{1}{2}\sqrt{(5.6)^2+(-1.4)^2+(1.6)^2+(0.6)^2+(-6.4)^2}$$

$$=\frac{1}{2}\sqrt{77.2}$$

$$=4.39\text{kg}$$

그러므로 $\text{CV}=\frac{4.39\,kg}{65.4\text{kg}}\times 100=6.7\,\%$이다.

신생아 몸무게에 대한 변동계수가 아버지 평균 몸무게에 대한 변동계수보다 크므로 신생아 몸무게에 대한 변동계수가 10.3%이고, 그 신생아의 아버지 몸무게에 대한 변동계수가 6.7%이므로 신생아 몸무게의 분포가 아버지 몸무게의 분포보다 상대적으로 더 넓게 흩어져 있다는 것을 알 수 있다. ■

3.3 비대칭도와 첨도

분포의 모양을 측정하는 도구로 **비대칭도**(skewness)와 **첨도**(kurtosis)가 있다. 비대칭도는 분포의 좌우대칭 정도를 나타내며 첨도는 분포의 뾰족한 정도를 나타낸 것이다. 분포의 중심을 기준으로 좌우가 대칭인 분포와 모양이 오른쪽으로 긴 꼬리를 가진 **오른쪽꼬리분포**와 왼쪽으로 긴 꼬리를 가진 **왼쪽꼬리분포**가 있다. 좌우대칭인 분포는 평균과 중앙값 그리고 최빈값이 모두 같음을 앞에서 살펴보았다. 이와 같이 평균과 중앙값의 크기를 비교하면 분포의 모양을 알 수 있다. 그래서 이 두 값을 이용한 비대칭 측정방법으로 **피어슨의 비대칭계수**(Pearson's coefficient of skewness : PCS)가 있다.

$$\mathrm{PCS} = \frac{3(\text{평균} - \text{중앙값})}{\text{표준편차}}$$

만일 $\mathrm{PCS}=0$이면, 분포는 좌우대칭이고, $\mathrm{PCS}>0$이면 분포는 오른쪽꼬리분포이다. 그리고 만일 $\mathrm{PCS}<0$이면, 분포는 왼쪽꼬리분포이다. 또한 PCS의 절댓값이 크다는 것은 표준편차가 상대적으로 작든지 아니면 평균과 중앙값의 차이가 크다는 것을 의미한다. 그러므로 자료가 평균과 중앙값에 몰려 있든지 또는 평균과 중앙값의 차이가 큰 꼬리분포를 하든지이다.

예제 20 다음 그림은 세 가지 분포 모양을 나타낸 것이다. 분포 A, B, C의 비대칭 모양을 말해보시오.

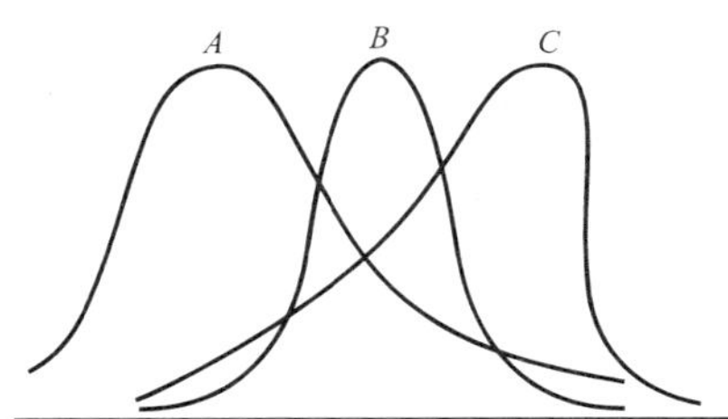

풀이 분포 A는 오른쪽꼬리분포이고, 분포 B는 평균 = 중앙값이므로 ($PCS=0$) 좌우대칭인 분포이며, 분포 C는 $PCS<0$이므로 왼쪽꼬리분포이다. ■

비대칭도와 함께 **첨도**는 분포의 모양을 알려주는 도구이며 특히 분포의 뾰족한 정도를 측정해 준다. 첨도의 값이 크면 클수록 분포의 봉우리가 뾰족함을 나타내주고 그 값이 작으면 분포의 봉우리 모양이 완만함을 나타내준다.

예제 21 다음 그림에 세 분포의 모양을 나타내었다. 분포 A, B, C의 첨도의 크기를 비교해보시오.

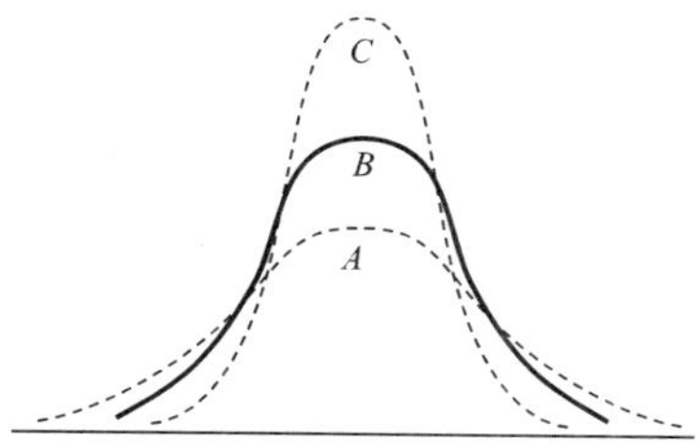

풀이 A의 첨도 $<$ B의 첨도 $<$ C의 첨도 ■

3.4 z값

분포 내에서 자료들의 상대적 위치에 알아보겠다. 상대적인 위치측정은 평균으로부터 특정한 자료가 얼마나 떨어져 있는지를 알려준다. 평균과 표준편차를 이용하여 모든 자료의 상대적 위치에 대해 알아보겠다.

n개의 표본이 있다고 하자. 즉 x_1, x_2, $\cdots$, x_n. 모든 자료 x_i는 다른 수치 z_i를 가지게 되는 데 이것을 z값(z-score)라고 부른다.

z값을 구하는 공식은 다음과 같다.

$$\text{모집단의 경우,} \quad z = \frac{x_i - \mu}{\sigma} \;.$$

$$\text{표본의 경우,} \quad z = \frac{x_i - \bar{x}}{s} \;.$$

그러므로 z값(z-score)이란 자료 x_i가 평균 μ(또는 $\bar{x}$)로부터 몇 배의 표준편차 σ(또는 s)만큼 떨어져 있는지를 상대적으로 나타내주는 측정값이다.

예제 22 경영학과 학생의 통계학 평균점수가 75점이었고, 표준편차는 15점이었다. 만일 박 군의 통계학 점수가 60점이었다면, 60점의 z값을 구하시오.

풀이 $z = \dfrac{60-75}{15} = -1$

이므로 z값은 -1이다. 그러므로 박 군의 점수는 평균에서 왼쪽으로 표준편차의 1배만큼 떨어진 곳에 놓여 있다. ■

예제 23 위의 예제 22에서 김 군이 받은 통계학 점수의 z값이 1.2라면, 김 군이 받은 통계학 점수는 몇 점인지 계산해보시오.

풀이 $1.2 = \dfrac{x-75}{15}$를 만족하는 x를 계산해보자. $x = 1.2 \times 15 + 75$를 계산하면 $x = 93$이다. 즉 김 군이 받은 통계학 점수는 93점이다. ■

예제 24 수학과 학생의 통계학 평균점수는 75점이며 표준편차는 10이었다. 통계학 학점을 절대평가로 받게 된다고 했을 때, B^+를 받게 될 학생의 z값을 계산해보시오.

풀이 x를 통계학 점수라고 하자. 절대평가로 학점 B^+를 받기 위해서는 $85 \le x < 90$이어야 한다.

$$x = 85 \ : \ z = \frac{85-75}{10} = 1$$

$$x = 90 \ : \ z = \frac{90-75}{10} = 1.5$$

이므로 $1 \le z < 1.5$ 이다. ■

3.5 Chebyshev 정리

Chebyshev 정리는 평균을 중심으로 표준편차의 특정한 상수 배안에 있게 되는 자료의 비율을 말해준다.

자료의 분포 모양에 상관없이 z가 1이상인 실수일 때, 적어도 자료의 $\left(1-\dfrac{1}{z^2}\right)$ 만큼 평균에서 $\pm z$ 표준편차 안에 있어야 한다는 정리이다. 다음 표는 z가 2, 2.5, 3, 4인 경우 이 정리에 적용한 결과를 표로 만든 것이다.

z	2	2.5	3	4
비율	0.75	0.84	0.89	0.94

$z=3$인 경우, 적어도 자료의 0.89 또는 89% 정도가 평균을 중심으로 ± 3배의 표준편차 안에 놓여 있음을 의미한다.

예제 25 통계학 강의를 수강하는 100명의 학생의 중간시험 평균점수가 70점, 표준편차가 5점이었다. 점수가 60점과 80점 사이인 학생의 수는 얼마인가?

풀이 먼저 z값으로 변환해보자.

$x=60$: $z=\dfrac{60-70}{5}$를 계산하면, $z=-2$이다.

$x=80$: $z=\dfrac{80-70}{5}$를 계산하면, $z=2$이다.

그러므로 Chebyshev 정리를 이용하면, 적어도 자료의 $\left(1-\dfrac{1}{2^2}\right)=0.75$만큼이 이 점수대에 있게 된다. 따라서 100명$\times 0.75=75$명이 적어도 60점과 80점 사이의 점수를 받았을 것이다. ■

예제 26 표본의 크기가 100이고 평균이 80, 표준편차가 15인 자료가 있다. 자료가 42.5에서 110 사이에 적어도 몇 개의 자료가 있는지 Chebyshev 정리를 이용하여 구해보시오.

풀이 $x = 42.5$: z값을 구해보자. $z = \dfrac{42.5 - 80}{15} = -2.5$이다.

$x = 110$: $z = \dfrac{110 - 80}{15} = 2$이다. 그러므로

$-2.5 \le z \le 2$에 있는 자료는 $\dfrac{1}{2}(-2.5 \le z \le 0)$안에 있는 자료와 $\dfrac{1}{2}(0 \le z \le 2)$ 안에 있는 자료의 합으로 계산할 수 있다. 이때 Chebyshev 정리를 이용하자.

$z = -2.5$일 때 $\left(1 - \dfrac{1}{2.5^2}\right) = 0.85$이고, $z = 2$일 때 $\left(1 - \dfrac{1}{2^2}\right) = 0.75$이므로 $\left(\dfrac{0.85}{2} =\right)0.425$와 $\left(\dfrac{0.75}{2} =\right)0.375$의 합 0.8만큼 자료가 $42.5 \le x \le 110$ 안에 적어도 있게 된다.

그러므로 100명$\times 0.8 = 80$명이 자료의 이 구간 안에 적어도 있다고 말할 수 있다. ■

예제 27 수학 중간시험의 평균이 70이고 표준편차가 5이었다. 평균을 중심으로 학생의 94%가 적어도 이 점수대에 있게 된다. 어떤 점수인지 말해보시오.

풀이 Chebyshev 정리를 이용하면, $z = 4$를 얻는다.

$\dfrac{x - 70}{5} = -4$를 만족하는 x를 계산하면, $x = 50$점이다.

$\dfrac{x - 70}{5} = 4$를 만족하는 x를 계산하면, $x = 90$점이다.

그러므로 $50 \le x \le 90$이다. ■

연습문제

1. 다음의 자료에서 최빈값, 중앙값, 평균을 구하고 자료의 분포모양을 말해보시오.

17 12 20 9 8 13 11 19 11 10

2. 다음 자료는 신입사원의 연봉이다.

3450, 3550, 3650, 3355, 3310, 3490, 3540, 3925, 3520

① 중간값을 구하시오.

② 두 번째 사분위수(Q_2)를 구하시오.

3. 다음 표본을 보고 물음에 답하여라.

16 17 13 23 21 19 14 18 18 16 19 15

① 중앙값, 평균, 세 번째 사분위수($Q3$)를 구하시오.

② 범위, 사분위간 범위를 구하시오.

③ 분산, 표준편차 그리고 변동계수를 구하시오.

④ 편차 $(x-\overline{x})$의 평균을 구하시오.

⑤ z값의 평균과 표준편차를 구하시오.

4. 다음은 어떤 표본의 도수분포표를 나타낸 것이다.

구간	도수
0~2	4
3~5	5
6~8	6
9~11	7
12~14	8
계	30

① 도수분포표를 완성하시오.

② 평균, 중앙값, 최빈값을 구하시오.

③ 분포의 모양을 말해보시오.

④ 분산과 표준편차를 구하시오.

5. 다음 모든 자료의 z값을 구하시오.

$$10,\ 20,\ 12,\ 17,\ 16$$

6. 표본의 크기가 200, 평균이 500, 표준편차가 100이었다. 자료 520, 450의 z값을 구하고, $650 \le x \le 700$을 만족하는 자료의 개수가 적어도 몇 개인지 구하시오(Chebyshev 정리 이용).

7. 어떤 기업에 종사하는 100명을 대상으로 조사한 주간소득분포의 평균이 15만 원, 표준편차가 3만 원이었다(Chebyshev 정리를 이용).

① 종업원 가운데 주당소득이 적어도 22.5만 원인 사람은 몇 명인가?

② 어떤 종업원 주당소득이 12만 원에 해당하는 z값을 구하고 이 값은 평균으로부터 몇 배의 표준편차만큼 떨어져 있는지 설명해보시오.

8. 지환이는 중간시험에서 경영학원론은 78점, 회계학은 66점을 받았다. 경영학 원론과 회계학의 평균은 각각 70점, 60점이며, 표준편차는 각각 15점, 10점이다. 지환이의 경영학원론과 회계학 성적 중 어느 과목이 더 우수한지 말해보시오.

제4장

확률이론

확률(probability)이란 어떤 사건이 일어날 것인지 혹은 일어났는지에 대한 지식 혹은 믿음을 표현하는 방법이며, 어떤 미래상황이 발생할 가능성을 0과 1 사이의 값으로 나타낸 것이다. 고전적 확률이론에서는 모든 가능성을 지닌 경우의 수에 대한 원하는 경우의 수의 비로 나타낸다.

예를 들어, 주사위에서 2의 배수가 나올 확률은 $\frac{1}{2}$이고, 5의 배수가 나올 확률은 $\frac{1}{5}$이다.

확률이 0(zero)이라는 것은 어떤 상황이 발생할 가능성이 전혀 없다는 것이고 확률이 1이라는 것은 어떤 상황이 반드시 발생한다는 것이다. 확률과 비슷한 개념으로 **퍼센트**(%)와 **승산**이 있다.

즉 어떤 상황이 발생할 확률이 $\frac{1}{2}$이라는 것은 50%의 발생률을 의미하며 또한 발생 가능성과 발생하지 않을 가능성의 비가 1 : 1이라는 것을 의미한다.

추측통계학(통계적 추측)이 표본으로부터 모집단의 특성을 추측하고 일반화시키는 것이라면 확률은 모집단의 특성을 알고 있을 때 표본에 대한 판단을 내리는 데 사용된다. 그러므로 확률이론의 역방향으로 통계적 추측을 이해할 수 있다. 즉 표본에서 얻은 정보를 가지고 전체집단(모집단)의 특성을 추측하고 일반화시키는 과정이 **통계적 추측**(statistical inference)이다.

예제 1 상자에 빨간 사과 5개와 파란 사과 2개 그리고 노란 사과 3개가 들어 있다. 무작위로 한 개의 사과를 선택했을 때 각각의 사과가 선택될 확률을 구하고 백분율과 승산으로도 나타내보시오.

풀이 빨간 사과가 선택될 확률은 $\frac{5}{10}=0.5$이다. 백분율로 표현하면 50%이며, 빨간 사과가 선택될 승산은 5: 5이다.
파란 사과가 선택될 확률은 $\frac{2}{10}=0.2$이다. 백분율로 나타내면 20%이고 파란 사과가 선택될 승산은 2: 8이다.
마지막으로 노란 사과가 선택될 확률은 $\frac{3}{10}=0.3$이다. 백분율로 나타내면 30%이

고 노란 사과가 선택될 승산은 3 : 7이다. ■

다음 절에서 확률의 기본법칙에 필요한 용어들을 소개하겠다.

4.1 표본공간과 사건

실험(experiment)이란 관찰하거나 측정값을 얻는 과정을 말한다. 단 한 번의 실험에서는 가능한 결과들 가운데 한 가지의 경우만 발생될 것이다.

예를 들어, 동전을 던져서 앞면이나 뒷면을 얻는 과정이 실험이 되며, 주사위를 굴리는 경우 1, 2, 3, 4, 5, 6과 같은 눈금의 결과를 얻는 과정도 실험이 된다. 그러나 단 한 번의 실험에서 얻게 되는 결과는 한 개의 결과를 얻게 될 것이다.

예제 2 만일 축구경기에서 일어날 수 있는 결과를 말해보시오.

풀이 경기의 결과는 세 가지이며, 이기거나 지거나 그리고 비기는 것이다. ■

또한 실험은 반복해서 시행할 수 있다. 주사위를 10번 굴릴 때 특정한 숫자가 몇 번 나타나는가를 실험하는 것, 동전의 앞면이 5번 나올 때까지 던지는 실험이라든가, 1인당 GNP를 예측하기 위하여 자료를 수집·평가하는 것, 일 년 동안 평균 인플레이션 비율 등이 실험의 예이다. 여기서 주의해야 할 점은 대부분의 실험은 미리 정확한 어떤 결과를 예측할 수 없다는 것이다.

예제 3 카드 52장 가운데 한 장을 선택하는 실험을 하자. 이때 선택 될 카드가 무엇인지 미리 정확하게 예측될 수 없는 경우를 말해보시오.

풀이 ① 다이아몬드 킹을 선택하게 되는 경우

② 하트 3을 선택하게 되는 경우

③ 스패이드를 선택하게 되는 경우

④ 하트나 다이아몬드를 선택하게 되는 경우 ■

| 정의 1 | 실험에서 나타날 수 있는 모든 자료들의 집합을 **표본공간**(sample space)이라고 말하며, 기호로는 S로 표시한다. 표본공간 S는 집합이므로 S의 표본원소는 실험의 결과이다. 그리고 집합의 개수를 절댓값으로 표시하며, 이때 표본공간의 개수는 $|S|$가 된다.

몇 가지 표본공간의 예를 들어보겠다.

① 주사위를 한번 굴리는 실험에서 나타날 수 있는 결과들을 집합으로 표현한 표본공간 $S=\{1,\ 2,\ 3,\ 4,\ 5,\ 6\}$이다. 따라서 $|S|=6$이다.

② 정상적으로 동전을 던질 때 나타날 수 있는 결과는 동전의 앞면과 뒷면이다. 그래서 표본공간 $S=\{$앞면, 뒷면$\}$이고, 특히 앞면을 H로, 뒷면을 T로 표시하면 $S=\{H,\ T\}$이다. 따라서 $|S|=2$이다.

③ 동전 2개를 던지는 실험은 동전 한 개를 두 번 반복해서 던지는 것과 같다. 그래서 첫 번째 동전을 던질 때 나타나는 결과는 앞면과 뒷면이며, 두 번째 동전을 던질 때 나타나는 결과도 앞면과 뒷면이다. 그러므로 첫 번째 동전이 앞면일 때 두 번째 동전은 앞면 또는 뒷면 두 가지 경우를 갖게 되며, 첫 번째 동전이 뒷면일 때도 두 번째 동전은 앞면 또는 뒷면의 결과를 얻게 된다. 따라서 표본공간

$$S=\{(\text{앞면, 앞면}),\ (\text{앞면, 뒷면}),\ (\text{뒷면, 앞면}),\ (\text{뒷면, 뒷면})\}$$

이다. $|S|=4$이다.

④ 주사위와 동전(앞면$=H$, 뒷면$=T$)을 동시에 던지는 실험의 표본공간 S는 다음과 같다.

$$\begin{aligned}S=\{&(1,\ H),\ (1,\ T),\ (2,\ H),\ (2,\ T),\ (3,\ H),\ (3,\ T),\\ &(4,\ H),\ (4,\ T),\ (5,\ H),\ (5,\ T),\ (6,\ H),\ (6,\ T)\}\end{aligned}$$

이다. 따라서 $|S|=12$이다.

여기서 앞면을 '1'로, 뒷면을 '0'으로 표현하기도 한다. 그러면

$$S=\{(1,\ 1),\ (1,\ 0),\ (2,\ 1),\ (2,\ 0),\ (3,\ 1),\ (3,\ 0),\\ (4,\ 1),\ (4,\ 0),\ (5,\ 1),\ (5,\ 0),\ (6,\ 1),\ (6,\ 0)\}$$

이다.

이때 표본공간 S를 그래프로 그려보면 다음과 같다.

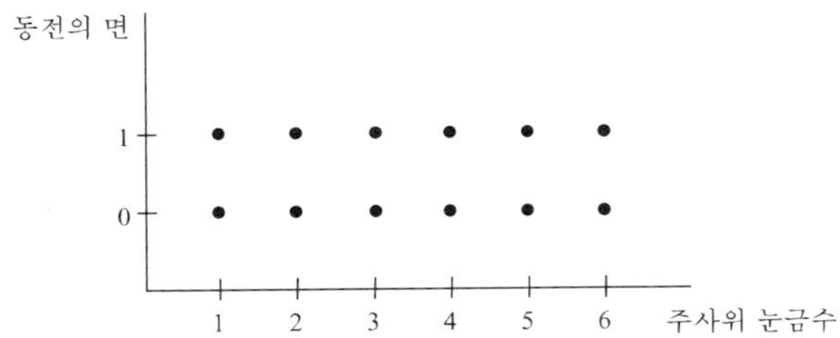

| 정의 2 | 실험의 결과를 사건이라 한다. 즉 실험에서 나타날 수 있는 모든 결과인 표본공간의 부분 집합이 **사건**(event)이 된다. 이때 표본공간의 부분집합으로서 표본원소를 가지고 있지 않은 공사건(empty event)도 사건이다. 이때 사건을 알파벳 대문자 A, B, C, …등으로 표시한다.

실험에 앞서, 어떤 특정한 사건이 발생할지 그렇지 않을지 우리는 확신할 수 없다. 이러한 불확실성을 사건의 확률에 의해 측정할 수 있다. 위의 예에서와 같이 카드놀이를 할 때 스페이드(spade)를 뽑게 될지 정확하게 확신할 수 없다. 그러나 이런 확신할 수 없는 경우를 확률(probability) P로 나타내면서 어느 정도 불확실성을 예측할 수 있게 한다. 사실 확률은 어떤 사건이 발생할 가능성을 수치로 나타낸 것이므로 엄밀히 말하자면 실험에서 어떤 사건이 발생할 확실성에 대한 예측값이라고도 말할 수 있다. 그래서 확실성과 불확실성은 동전의 양면과 같은 것이므로 확률이 불확실성을 예측할 수 있는 수단이라고 해도 상관은 없다.

다음은 주사위 한 개와 동전 한 개를 던지는 실험에서 나타날 수 있는 여러 사건

들을 살펴본 것이다.

① 동전의 앞, 뒷면에 상관없이 주사위 눈금이 3보다 작거나 같게 나타나는 사건을 A라 하자. 이때

$$A = \{(1,\ 1),\ (1,\ 0),\ (2,\ 1),\ (2,\ 0),\ (3,\ 1),\ (3,\ 0)\}$$

이다.

② 동전은 앞면이고, 주사위 눈금은 상관하지 않는 사건을 B라 하자. 이때

$$B = \{(1,\ 1),\ (2,\ 1),\ (3,\ 1),\ (4,\ 1),\ (5,\ 1),\ (6,\ 1)\}$$

이다.

③ 주사위의 눈금이 '5' 이상이고, 동전의 뒷면이 나타나는 사건을 C라 하자. 이때

$$C = \{(5,\ 0),\ (6,\ 0)\}$$

이다.

1) 사건의 종류

(1) 합사건(union of two events)

사건 A와 사건 B에 대하여, 두 사건의 합사건은 A 또는 B 또는 둘 다에 속하는 모든 표본원소들을 포함하는 사건이다. 즉 두 사건에서 적어도 한 번 나타나는 표본원소들로 이루어진 사건이다. 이때 중복된 표본원소는 한 번만 나타낸다. 합사건의 기호를 $A \cup B$으로 표시하며, 위의 예에서

$$A \cup B = \{(1,\ 1),\ (1,\ 0),\ (2,\ 1),\ (2,\ 0),\ (3,\ 1),\ (3,\ 0),\ (4,\ 1),\ (5,\ 1),\ (6,\ 1)\}$$

이며, $|A \cup B| = 9$이다.

(2) 교사건(intersection of two events)

사건 A와 사건 B의 교사건은 두 사건 A와 B에서 공통적으로 일어나는 표본원소들을 포함하는 사건이다. 교사건의 기호를 $A \cap B$으로 표시하며, 위의 예에서

$$A \cap B = \{(1, 1), (2, 1), (3, 1)\}$$

이다.

그러나 $A \cap C = \varnothing$이며, $B \cap C = \varnothing$이다.

(3) 여사건(complement of an event)

사건 A의 여사건은 표본공간 S에서 사건 A를 제외한 나머지 표본원소들로 이루어진 사건을 말한다. 여사건의 기호를 A^c으로 표시하며, 위의 예에서

$$A^c = \{(4, 0), (4, 1), (5, 0), (5, 1), (6, 0), (6, 1)\}$$

이다. 또한

$$(A \cap C)^c = \varnothing^c = S$$

이다.

벤 다이어그램(venn diagram)을 이용하면 위의 사건들을 쉽게 이해할 수 있다.

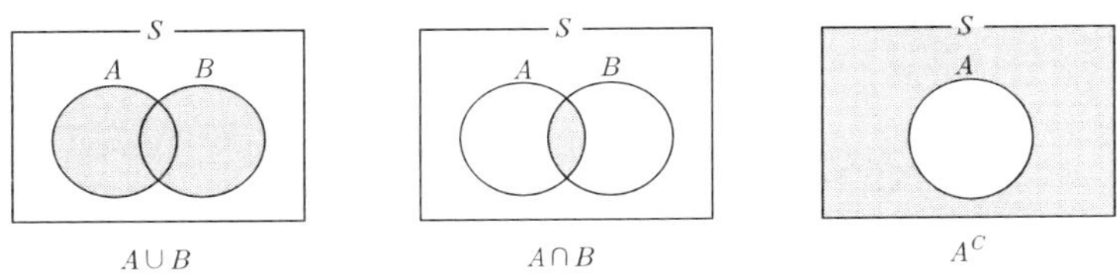

◆ 상호배반사건(mutually exclusive events)

사건 A, B, C를 그래프로 그려보면 다음과 같다.

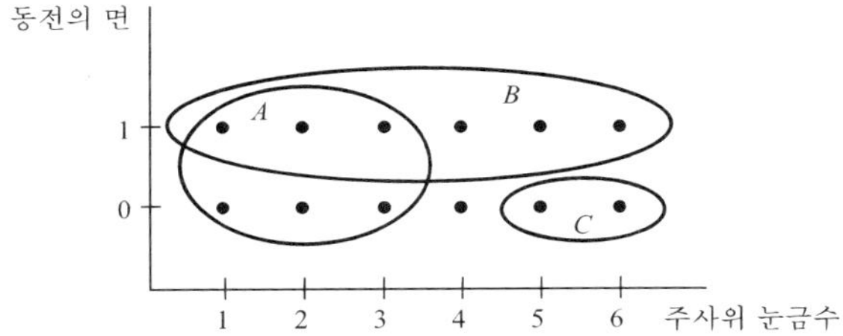

사건 A와 사건 C, 그리고 사건 B와 사건 C는 공통된 표본원소가 없다. 이와

같이 공통적으로 발생되는 표본원소가 없는 두 사건을 상호배반사건이라고 한다. 이 사건을 기호로 나타내면 다음과 같다.

$$A \cap C = \varnothing$$
$$B \cap C = \varnothing$$

즉 동시에 두 사건이 일어날 수 없는 사건을 말한다. 여기서 사건 A와 사건 B는 공통된 표본원소를 가지고 있으므로 상호배반사건이 아니며, 이와 같은 사건을 **중복사건**(overlapping events)이라고 말한다.

한 주머니에 파란색 공 4개와 붉은색 공 3개가 들어있을 때 한 개의 공을 선택한다고 하자. 이때 공 한 개를 선택할 때, 파란색 공이면서 붉은색 공인 공이 선택될 경우는 없으므로 이 두 사건은 상호배반사건이 된다. 즉 {파란색 공} $\cap$ {붉은색 공} $= \varnothing$ 이다.

이 두 사건이 상호배반사건이라는 의미는 한 개의 공을 선택할 때 반드시 두 색깔의 공 중 하나를 선택하게 된다는 것이다.

4.2 확률의 기본법칙

사건 A와 사건 B가 발생할 확률을 각각 $P(A)$와 $P(B)$라고 하자. 이때 확률의 기호로 사용되는 P는 영어단어 probability(확률)에서 따온 것이다. 만일 이 두 사건의 표본공간이 S라면, $A \subseteq S$이고 $B \subseteq S$이 될 것이다. 사건 A의 확률 $P(A) = \frac{|A|}{|S|}$로 계산되므로 $P(S) = \frac{|S|}{|S|} = 1$이다. 그리고 만일 $A = \varnothing$이면 $P(A) = \frac{|\varnothing|}{|S|} = \frac{0}{|S|} = 0$이고, 만일 $A = S$이면 $P(A) = 1$이 된다.

그러므로 사건 A와 사건 B에 대해 다음과 같은 식을 얻게 된다.

$$0 \leq P(A) \leq 1, \quad 0 \leq P(B) \leq 1$$

사건 A와 사건 B가 상호배반사건이라면, 두 사건 A, B의 합사건의 확률은 사건 A가 일어날 확률과 사건 B가 일어날 확률의 합으로 계산된다. 왜냐하면

$$|A \cup B| = |A| + |B| - |A \cap B|$$

이며 $|A \cap B| = 0$이기 때문이다. 그래서 두 사건이 상호배반사건이면

$$\begin{aligned} P(A \cup B) &= P(A) + P(B) - P(A \cap B) \\ &= P(A) + P(B) \end{aligned}$$

이다.

◆ 확률의 공리

1. 사건 A에 대하여,

$$0 \le P(A) \le 1$$

2. $P(S) = 1$
3. 두 사건 A와 B가 상호배반사건일 때,

$$P(A \cup B) = P(A) + P(B)$$

4. $P(\varnothing) = 0$

$$\begin{aligned} (\because\ S \cap \varnothing = \varnothing,\ & P(S \cup \varnothing) = P(S) + P(\varnothing) \\ \rightarrow\ & P(S) = P(S) + P(\varnothing) \\ \rightarrow\ & 1 = 1 + P(\varnothing) \\ & \therefore P(\varnothing) = 0\ ) \end{aligned}$$

5. $P(A) + P(A^c) = 1$

$(\because A \cup A^c = S,\ A \cap A^c = \varnothing,\ P(S) = 1$이므로

$$\begin{aligned} P(A) + P(A^c) &= P(A \cup A^c) \\ &= 1\ ) \end{aligned}$$

◆ 가법정리

두 사건 A, B가 중복사건일 때, 즉 $P(A \cap B) \neq 0$이라고 하면

$$P(A \cup B) = P(A) + P(B) - P(A \cap B)$$

이다.

만일 두 사건 A, B가 상호배반사건일 때,

$$P(A \cup B) = P(A) + P(B)$$

이다.

예제 4 52장의 카드 가운데서 diamond 또는 king이 선택될 확률을 구하시오.

풀이 사건 A는 diamond가 선택될 사건, 사건 B는 king이 선택될 사건이라고 하자. 그러면

$$P(A \cup B) = P(A) + P(B) - P(A \cap B)$$

이며, 사건 A가 선택되는 경우는 52장 가운데 13장의 diamond가 있으므로 확률 $P(A) = \frac{13}{52}$ 이고, 사건 B가 선택되는 경우는 52장 가운데 spade, clover, heart, diamond 각각 한 장씩 있으므로 $P(B) = \frac{4}{52}$ 이다. 그리고 diamond이면서 king인 경우는 52장 가운데 한 장이므로 $P(A \cap B) = \frac{1}{52}$ 이다. 따라서

$$P(A \cup B) = \frac{13}{52} + \frac{4}{52} - \frac{1}{52} = \frac{16}{52}$$

이다. ■

4.3 조건부 확률

조건부 확률(conditional probability)은 어떤 사건 B가 발생한 것을 알고 있을 때 또 다른 사건 A가 발생할 사건의 확률이며, 이때 조건부 확률의 기호는 $P(A \mid B)$으로 나타내고 계산은 다음과 같다.

$$P(A \mid B) = \frac{P(A \cap B)}{P(B)}$$

새로운 정보를 더 알게 되면 표본공간이 축소되므로 확률이 다르게 된다.

예를 들어, 주사위 한 개를 던지는 실험에서 사건 A는 짝수눈금이 나타나는 사건이고, 사건 B는 눈금이 3 이하가 나타나는 사건이라고 하자. 이때 사건 B 즉 눈금이 3 이하라는 정보를 알게 되었다면, 사건 A가 나타날 확률은 사건 B가 일어나지 않은 상황에서 사건 A가 일어날 확률과는 차이가 난다.

전자의 경우 사건 B가 일어났다는 사실로부터 표본공간이 축소된다. 만일 사건 B가 일어나지 않은 상황이었다면 표본공간 $S = 1, 2, 3, 4, 5, 6$이었지만, 사건 B가 일어났기 때문에 표본공간이 축소되어 새로운 표본공간 S'은 $\{1, 2, 3\}$이다. 그 가운데 사건 A가 일어날 확률을 계산하면 $P(A|B) = \frac{1}{3}$이다.

예제 5 52장의 카드 가운데 사건 A를 king이 선택되는 경우, 사건 B를 heart가 선택되는 경우라고 하자. 한 장을 선택한 카드가 heart인 king이 될 확률 $P(A \cap B)$를 구하시오.

풀이 카드 52장 가운데 heart이면서 king인 경우는 오직 한 장뿐이다. 그래서 $\frac{1}{52}$이다. 또는 조건부 확률을 이용하면 다음과 같다. 사건 A는 king이 선택되는 경우이므로 $P(A) = \frac{4}{52}$이고, 사건 A가 선택되었다는 사실을 알고 있을 때 그 가운데 heart가 선택되는 경우이므로 $P(B|A) = \frac{1}{4}$이다. 따라서

$$
\begin{aligned}
P(A \cap B) &= P(A)P(A|B) \\
&= \frac{4}{52}\frac{1}{4} \\
&= \frac{1}{52}
\end{aligned}
$$

이다. ■

◆ 독립사건

동일한 표본공간 S에서 잘 정의된 두 사건 A와 B가 있다고 하자. 사건 A와 사건 B가 서로 영향을 주지 않는 경우, 두 사건은 서로 **독립사건**(independent events)이라고 한다. 다음 조건부 확률의 식으로 독립사건을 정의한다.

$$P(A|B) = P(A)$$

또는

$$P(B|A) = P(B)$$

그렇지 않은 경우, 두 사건을 종속이라고 말한다.

예제 6 어느 마을 주민의 60%가 남성이고 흡연자는 20%이다.

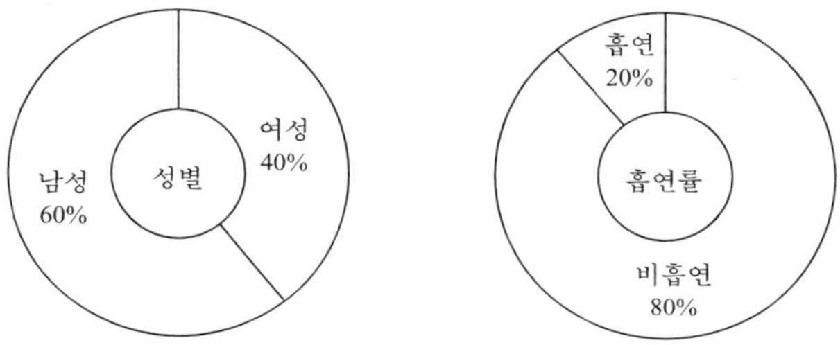

그리고 주민의 14%는 담배를 피우는 남성이다. 이 마을 주민 중에서 무작위로 한 명을 선택했을 때, 이 사람이 담배를 피우는 여성일 확률과 담배를 피우지 않는 남성일 확률을 구하시오.

풀이

(%)	남성	여성	계
흡연자	14	(6)	20
비 흡연자	(46)	(34)	80
계	60	40	100

그러므로 담배를 피우는 여성일 확률은 0.06이고, 담배를 피우지 않는 남성일 확률은 0.46이다. ■

예제 7 다음 세 가지 사건 B는 동전 두 개를 던지는 실험에 대한 정보를 각각 제공하고 있다. 사건 A를 앞면이 두 번 나타나는 경우라고 할 때, 각 사건 B에 따라 사건

A가 나타날 조건부 확률 $P(A|B)$를 구하시오.

Ⅰ. 사건 B : 동전의 앞면이 두 번 나타났다.

Ⅱ. 사건 B : 동전의 앞면이 적어도 한 번 나타났다.

Ⅲ. 사건 B : 동전의 앞면이 첫 번째 동전에서 나타났다.

풀이 동전 두 개를 던지는 실험에서 나타날 수 있는 모든 경우의 수는 네 가지이다. 즉 표본공간 $S=\{$(앞면, 앞면), (앞면, 뒷면), (뒷면, 앞면), (뒷면, 뒷면)$\}$이다. 사건 A의 표본원소는 $\{$(앞면, 앞면)$\}$이다. 따라서 $|A|=1$.

Ⅰ. 사건 B인 경우 앞면이 두 번 나타났다는 정보밖에 없으므로, 사건 B의 표본원소는 S와 같다. 즉 $|B|=|S|$, $|A\cap B|=1$. 그래서

$$P(A|B)=\frac{P(A\cap B)}{P(B)}=\frac{\frac{1}{4}}{\frac{4}{4}}=\frac{1}{4}$$

이다.

또는

$$P(A|B)=\frac{|A\cap B|}{|B|}=\frac{1}{4}$$

이다.

Ⅱ. 사건 B는 "동전의 앞면이 적어도 한 번 나타났다."이다. 이때 사건 B의 표본원소는 $\{$(앞면, 앞면), (앞면, 뒷면), (뒷면, 앞면)$\}$이다. 즉 $|B|=3$. 그래서

$$P(A|B)=\frac{P(A\cap B)}{P(B)}=\frac{\frac{1}{4}}{\frac{3}{4}}=\frac{1}{3}$$

이다.

또는

$$P(A|B) = \frac{|A \cap B|}{|B|}$$
$$= \frac{1}{3}$$

이다.

Ⅲ. 사건 B는 "동전의 앞면이 첫 번째 동전에서 나타났다."이다. 이때 사건 B의 표본원소는 {(앞면, 앞면), (앞면, 뒷면)}이다. 즉 $|B| = 2$. 그래서

$$P(A|B) = \frac{P(A \cap B)}{P(B)}$$
$$= \frac{\frac{1}{4}}{\frac{2}{4}} = \frac{1}{2}$$

이다.

또는

$$P(A|B) = \frac{|A \cap B|}{|B|}$$
$$= \frac{1}{2}$$

이다. ■

예제 8 다음 자료는 어느 회사의 사원에 대한 정보를 교차 분류하여 나타낸 것이다.

	대졸 이상	고졸 이하	계
관리직	20	10	30
기술직	80	190	270
계	100	200	300

① 한 사람을 선택했을 때 그 사람이 관리자일 확률을 구하시오.

② 한 사람을 선택했을 때 그 사람이 대졸 이상자일 확률을 구하시오.

③ 선택된 사람이 대졸 이상의 사원이라는 사실을 알고 있었을 때, 관리자일 확률을 구하시오.

풀이 ① 선택된 사람이 관리자일 사건을 A라고 하자. 이때 대졸이상의 관리자가 20명이고, 고졸 이하의 관리자가 10명이므로 모든 학력을 포함한 관리자의 수는 30명이 된다. 그러므로

$$P(A) = \frac{30}{300} = \frac{1}{10}$$

이다.

② 선택된 사람이 대졸 이상일 사건을 B라고 하자. 이때 대졸이상의 관리자가 20명이고 대졸 이상의 기술자가 80명이므로 모든 직종을 포함한 대졸 이상의 사원은 100명이 된다. 그러므로

$$P(B) = \frac{100}{300} = \frac{1}{3}$$

③ 선택된 사람이 대졸 이상일 사건을 B라 하자. 표본공간의 부분집합이 대졸 이상의 사원으로 축소되어, 그 축소된 새로운 표본공간에서 관리자(사건 A)일 확률을 구하는 것으로 $P(A|B)$를 계산하는 것이다.

$$\begin{aligned} P(A|B) &= \frac{\text{대졸 관리자 수}}{\text{대졸 이상의 사원수}} \\ &= \frac{20}{100} \\ &= \frac{1}{5} \end{aligned}$$

이다.

즉, 조건부 확률 $P(A|B)$는 사건 B가 일어났다는 조건하에서 사건 A가 일어날 확률을 말한다.

$$P(A|B) = \frac{P(A \cap B)}{P(B)}$$

그러므로 위의 예제를 이 식을 이용하여 풀면

$$P(A \mid B) = \frac{P(A \cap B)}{P(B)} = \frac{20/300}{100/300} = \frac{20}{100} = \frac{1}{5}$$

이다. ■

◆ **곱셈정리**

사건 A와 사건 B가 독립이면 $P(A \mid B) = P(A)$이므로 다음 식을 유도할 수 있다.

$$\begin{aligned} P(A \cap B) &= P(A)\,P(A \mid B) \\ &= P(A)P(B) \end{aligned}$$

예제 9 52장의 카드 가운데 사건 A를 king이 선택되는 경우, 사건 B를 heart가 선택되는 경우라고 하자. 카드 한 장을 선택하는 실험에서, 두 사건의 관계가 독립인지 아니면 종속인지를 설명하시오.

풀이 사건 A가 선택될 확률, 즉 카드 king이 선택될 확률은 전체 52장 가운데 spade's king, clover's king, heart's king, diamond's king 등 네 장이 있으므로 $P(A) = \frac{4}{52}$이고, 선택된 카드가 heart라는 사실을 알고 있을 때 카드 king이 선택될 확률은 heart가 총 13장 가운데 heart's king이 있으므로 $P(A \mid B) = \frac{1}{13}$이다. 따라서 $P(A) = P(A \mid B)$이므로, 두 사건은 독립사건이다. ■

예제 10 50명의 학생 중에 30명이 남학생이고 10명이 안경을 착용하고 있으며 6명이 남학생이면서 안경을 착용하고 있다. 남학생과 안경착용과의 관계는 서로 독립인지 아니면 종속인지를 설명하시오.

풀이 사건 A를 남학생, 사건 B를 안경을 착용한 학생이라고 하자. 이때

$$P(A)=\frac{30}{50},\ P(B)=\frac{10}{50},\ P(A\cap B)=\frac{6}{50} \text{이고 } P(A\cap B)=P(A)P(B)$$

이다. 즉

$$P(A)P(B)=\frac{30}{50}\frac{10}{50}$$
$$=\frac{6}{50}$$

따라서 두 사건은 독립이다. 그러므로 남학생과 안경착용은 아무런 관계가 없다. ■

정리

> $p_1,\ p_2,\ \cdots,\ p_r$은 r개의 독립사건이 일어날 각각의 **확률**이라고 하자. 한번 시행에서 이러한 사건들 모두가 일어날 확률 P는 다음과 같다.
>
> $$P=p_1\times p_2\times\cdots\times p_r$$

예제 11 세 개의 동전을 동시에 던졌을 때 모두 앞면이 나타날 확률을 구하여라.

풀이 첫 번째 동전이 앞면으로 나타날 확률은 $p_1=\frac{1}{2}$이고, 두 번째 동전도 확률 $p_2=\frac{1}{2}$을 가지고 앞면이 나타난다. 그리고 $p_3=\frac{1}{2}$이다.

이러한 사건들은 서로 독립이므로, 우리가 구하고자 하는 확률 P는 다음과 같다.

$$P=p_1\times p_2\times p_3$$
$$=\frac{1}{2}\times\frac{1}{2}\times\frac{1}{2}$$
$$=\frac{1}{8}$$

■

4.4 결합 확률

두 사건이 동시에 일어나는 확률을 결합 확률(joint probability)이라고 한다. 두 사건 A와 B가 중복사건일 때 아래 조건부 확률 공식을 이용하면,

$$P(A \mid B) = \frac{P(A \cap B)}{P(B)}$$

다음 결합 확률식을 얻는다.

$$P(A \cap B) = P(A \mid B)P(B)$$

그러나 이미 앞에서 이 식을 **곱셈정리**라고 소개하였다.

결합 확률식이 조건부 확률식으로부터 유도되었지만 두 확률을 이해하는데 있어서 약간의 차이가 있다.

조건부 확률 $P(A \mid B)$에서 사건 A는 불확실한 사건이지만 사건 B는 그렇지 않다. 이때 표본공간은 전체집합 S가 아니라 사건 B의 표본원소로 축소된다. 하지만 결합 확률 $P(A \cap B)$에서 사건 A와 사건 B는 모두 불확실한 사건이며 원래의 표본공간 S가 표본공간이 됨을 주의해야 한다.

예제 12 어떤 상자 안에 똑같은 인형 세 개가 들어 있다고 한다. 그 가운데 두 개가 불량품이며 각각 D_1, D_2라고 부르기로 하겠다. 여기서 사건 A는 첫 선택 때 D_1이 뽑히는 경우이고 사건 B는 두 번째 선택 때 D_2가 뽑히는 경우라 한다면 이 상자에서 두 개의 인형을 뽑았을 때 첫 번째는 D_1이 뽑히고 그 다음으로 D_2가 뽑히게 될 확률을 구하시오.

풀이 사건 A의 확률은 $P(A) = \dfrac{1}{3}$이며, 사건 A가 일어난 후 사건 B가 일어날 조건부 확률은 $P(B|A) = \dfrac{1}{2}$이다. 그러므로 사건 A와 사건 B가 동시에 일어날 확률은

$$P(A \cap B) = P(A)\,P(B|A)$$

$$= \frac{1}{3} \times \frac{1}{2} = \frac{1}{6}$$

이다. ■

4.5 주변 확률

주변 확률(marginal probability)은 결합 확률의 합으로 계산된다. 예를 들어, A_1, A_2, A_3, A_4, A_5 다섯 개의 사건은 상호배반사건이고 즉, 모든 i, j에 대하여 $A_i \cap A_j = \phi,\ i \neq j$이고 $\cup_{i=1}^{5} A_i = S$를 만족한다(아래 그림 참조). 임의의 사건 E가 나타날 확률은 다음 그림의 빗금 친 부분으로 나타내어지므로 결합 확률의 합으로 구할 수 있다.

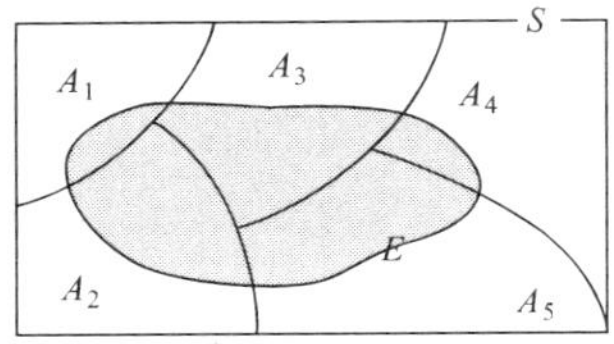

$$E = (E \cap A_1) \cup (E \cap A_2) \cup (E \cap A_3) \cup (E \cap A_4) \cup (E \cap A_5)$$

이고

$$E \cap A_1,\ E \cap A_2,\ E \cap A_3,\ E \cap A_4,\ E \cap A_5$$

는 서로 상호배반사건이이다. 그러므로

$$P(E) = P(E \cap A_1) + P(E \cap A_2) + P(E \cap A_3) + P(E \cap A_4) + P(E \cap A_5)$$

이다. 여기에 결합 확률식을 이용하면,

$$P(E) = P(E|A_1)P(A_1) + P(E|A_2)P(A_2) + P(E|A_3)P(A_3) + P(E|A_4)P(A_4) + P(E|A_5)P(A_5)$$

$$= \sum_{i=1}^{5} P(E|A_i)P(A_i)$$

이다.

위의 식을 **전확률 정리**(theorem of total probability)라고 한다.

예제 13 동일한 제품이 세 개의 공장에서 생산되는데 1년 동안 조사한 바로는 공장 1은 공장 2의 생산량에 2배이고, 공장 2와 공장 3의 생산량은 같다고 한다.
또한 공장 1과 2는 각각 2%의 불량률, 그리고 공장 3은 4%의 불량률을 나타났다. 만일 세 개의 공장에서 생산된 제품 중 무작위로 한 개를 선택했을 때 불량품일 확률을 구하시오.

풀이 사건 A_1, A_2, A_3은 공장 1, 2, 3에서 생산한 제품인 경우라 하고 사건 B는 불량제품인 경우라 하자.

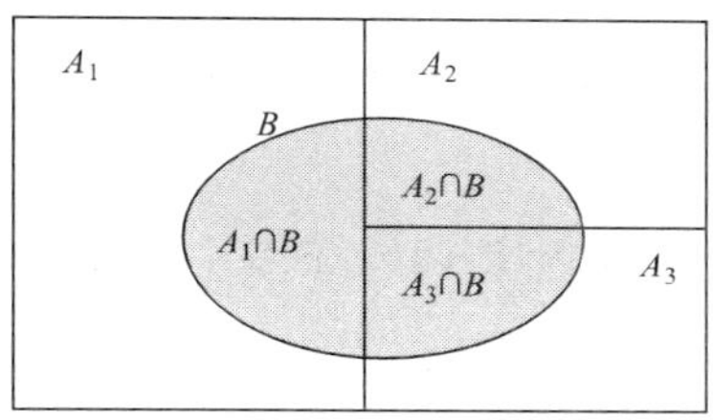

$$P(A_1) = \frac{2}{4},\ P(A_2) = \frac{1}{4},\ P(A_3) = \frac{1}{4}$$

이고, $A_i \cap A_j = \phi$이며 $\cup_{i=1}^{3} A_i = S$ 이다. 또한 $A_1 \cap B$, $A_2 \cap B$, $A_3 \cap B$는 상호배반사건이다. 따라서 전확률 공식에 의해 계산하면

$$\begin{aligned} P(B) &= P(B \cap A_1) + P(B \cap A_2) + P(B \cap A_3) \\ &= P(B \mid A_1)P(A_1) + P(B \mid A_2)P(A_2) + P(B|A_3)P(A_3) \\ &= \left(0.02 \times \frac{2}{4}\right) + \left(0.02 \times \frac{1}{4}\right) + \left(0.04 \times \frac{1}{4}\right) \\ &= 0.025 \end{aligned}$$

이다. ■

연습문제

1. 다음의 용어를 설명하시오.

① 실험 ② 확률

③ 표본원소 ④ 표본공간

⑤ 사건

2. 두 개의 주사위를 굴리는 실험을 했을 때 다음 확률을 구하시오.

① 한 개의 주사위 눈금이 2일 경우, 두 개의 주사위 눈금의 합이 7일 확률

② 두 개의 주사위 눈금이 동일할 확률

③ 두 개의 주사위 눈금의 합이 7 이상일 확률

3. 다음 물음에 답하시오.

① $P(A \cap B) = 0.8$, $P(A \mid B) = 0.9$일 때, $P(B)$를 구하시오.

② $P(A \cap B) = 0.12$, $P(A \cup B) = 0.6$, $P(B) = 0.2$일 때, $P(B \mid A)$을 구하시오.

4. 어떤 기업의 부설연구소 사원에 대한 교육수준을 아래의 표로 나타내었다. 다음 사건들에 의하여 사원의 특징들을 표현하였다. 무작위로 사원들로부터 무작위로 한 사람을 선택하였다고 가정할 때 이 사건들에 대한 다음 확률을 구하시오.

(단위 : %)

교육수준					
	고졸	학사	석사	박사	계
남자	10	15	13	10	48
여자	20	16	12	4	52
계	30	31	25	14	100

$A_1 = \{$남자 사원$\}$, $A_2 = \{$여자 사원$\}$, $A_3 = \{$박사학위를 취득한 사원$\}$,

$A_4 = \{$석사학위를 취득한 사원$\}$, $A_5 = \{$학사학위를 취득한 사원$\}$,

$A_6 = \{$고등학교가 최종학력인 사원$\}$

① $P(A_1 \cap A_2)$　　② $P(A_2 \cap A_3)$

③ $P(A_1 \cap A_6)$　　④ $P(A_2 \cup A_5)$

5. 다음은 여러 경제학자들의 의견을 반영한 내년도 국가 경제 활동과 관련된 자료이다. 네 가지 사건에 대한 확률도 측정되었다.

사건	예측 값	확률
A	GNP 성장률이 5% 이상	0.1
B	GNP 성장률이 4% 초과 5% 미만	0.15
C	GNP 성장률이 3% 초과 4% 미만	0.35
D	GNP 성장률이 3% 미만	0.4

이때 내년도 GNP 성장률이 4% 초과할 확률을 구하시오.

6. 구직자의 특성을 연구하기 위하여 구직자 150명을 무작위로 택하여 교차분류를 하였다.

취업경력	대졸 이상	고졸 이하	계
5년 이상	25	45	70
5년 미만	55	25	80
계	80	70	150

① 150명 중 임의로 선택한 구직자가 대졸 이상이었다. 이 구직자의 경력이 5년 미만일 확률을 구하시오.

② 무작위로 택한 구직자의 경력이 5년 미만이란 사실을 알고 있을 때 그 사람의 학력이 대졸 이상일 확률을 구하시오.

7. 다음 실험을 생각해보자. 만일 세 가지 주식에 투자를 해서 1년 후 이 주식으로부터 이익 또는 손해를 본다고 하자. 세 가지 사건을 정의하면 다음과 같다.

사건 A : 세 주식의 가격이 모두 올랐다.
사건 B : 첫 번째 주식의 가격만 올랐다.
사건 C : 두 번째 주식의 가격이 5천 원 떨어졌다.

이때 사건 A와 사건 B, 사건 A와 사건 C, 그리고 사건 B와 사건 C가 상호배반사건인지를 설명하시오.

8. 정상적인 동전을 10번 던지는 실험에서 모두 뒷면이 나왔다. 만일 동전을 한 번 더 던졌을 때 앞면이 나올 확률을 구하시오.

9. 주사위 한 개를 굴리는 실험을 하자. 이때 주사위 눈금이 4 이하가 나오는 사건을 A라고 하고, 주사위 눈금이 짝수가 나오는 사건을 B라고 했을 때 두 사건이 독립인지 종속인지를 설명하시오.

10. 컴퓨터 소프트웨어 개발회사 K사가 컴퓨터 게임용 프로그램을 개발하였다. 경쟁사 L사가 유사한 품질의 게임용 소프트웨어를 1년 내에 개발하지 못한다면 첫 해에 이익이 발생할 확률이 0.9이다. 그런데 경쟁사가 1년 내에 프로그램을 개발한다면 첫 해에 이익이 발생할 확률은 0.4로 감소한다고 한다. 경쟁사가 금년에 프로그램을 개발할 확률은 0.5이다.

① L경쟁사가 금년에 프로그램을 개발하고 K사가 금년에 이익을 낼 확률을 구하시오.
② L사가 금년에 프로그램을 개발하거나 K사가 금년에 이익을 낼 확률을 구하시오.
③ L사가 금년에 프로그램을 개발하지 못하고 K사도 금년에 이익을 내지 못할 확률을 구하시오.
④ 두 사건은 독립인지 아니면 종속인지를 설명하시오.

제5장

조합과 순열

5.1 합계의 정의

통계학에서 가끔씩 많은 항들의 합을 표현해야 할 때가 있다. 그래서 이러한 항들의 합계를 간단히 표현하는 기호가 필요하다. 만일 변수를 X로 나타내었다면 이 변수의 연속되는 자료들을 x_1, x_2, x_3, $\cdots$으로 표시하겠다. 일반적으로 i번째 자료를 x_i로 표시하고 만일 n개의 자료들이 있다면 마지막 값은 x_n이 될 것이다. 그리스문자인 Σ(시그마)를 이용하여 n개의 자료들의 합계를 표시하겠다. 즉

$$\sum_{i=1}^{n} x_i = x_1 + x_2 + \cdots + x_n$$

기호 $\sum_{i=1}^{n} x_i$ 를 "i는 1부터 n까지 x_i들의 합" 또는 "시그마 i는 1부터 n까지 x_i"로 읽는다.

| 정의 1 | 합계를 나타내는 기호 $\sum_{i}$ 아래 표시된 문자를 **합계지수**(summation index)라고 한다. 위의 식에서 합계지수는 i가 된다.

예제 1 $x_1 = 3,\ x_2 = 9,\ x_3 = 11$ 일 때 $\sum_{i=1}^{3} x_i$를 구하시오.

풀이

$$\begin{aligned}\sum_{i=1}^{3} x_i &= x_1 + x_2 + x_3 \\ &= 3 + 9 + 11 \\ &= 23.\end{aligned}$$

■

합계 기호에 대한 정확한 정의를 소개하겠다.

| 정의 2 | 항 앞에 놓인 그리스 문자 **시그마** Σ는 모든 항들의 합계를 의미하는 것으로, Σ-기호 아래에 표시된 합계지수 i의 정수 값일 때 얻게 되는 첫 항에서부터 Σ-기

호 위에 표시된 합계지수의 값일 때 얻게 되는 마지막 항까지의 모든 합을 나타낸다.

합하는 항들의 수는 Σ-기호 위에 표시된 수와 Σ-기호 아래에 표시된 수와의 차에서 1을 더한 값이다.

예제 2 $x_1=9,\ x_2=6,\ x_3=5,\ x_4=8,\ x_5=12$일 때 다음을 구하시오.

① $\sum_{i=1}^{5}(x_i-5)^2$ ② $\left(\sum_{i=3}^{4}x_i\right)^2$ ③ $\sum_{i=1}^{3}(x_i^2-2x_i)$

풀이

①
$$\begin{aligned}\sum_{i=1}^{5}(x_i-5)^2 &= (x_1-5)^2+(x_2-5)^2+(x_3-5)^2+(x_4-5)^2+(x-5)^2\\ &=(9-5)^2+(6-5)^2+(5-5)^2+(8-5)^2+(12-5)^2\\ &=75\end{aligned}$$

②
$$\begin{aligned}\left(\sum_{i=3}^{4}x_i\right)^2 &= (x_3+x_4)^2\\ &=(5+8)^2\\ &=13^2\end{aligned}$$

③
$$\begin{aligned}\sum_{i=1}^{3}(x_i^2-2x_i) &= (x_1^2-2x_1)+(x_2^2-2x_2)+(x_3^2-2x_3)\\ &=(9^2-18)+(6^2-12)+(5^2-10)\\ &=102.\end{aligned}$$

■

예제 3 다음을 증명하시오.

$$\sum_{i=1}^{n}(ax_i+b)=a\sum_{i=1}^{n}x_i+nb$$

풀이

$$\sum_{i=1}^{n}(ax_i+b)=(ax_1+b)+(ax_2+b)+\cdots+(ax_n+b)$$

$$= a(x_1 + x_2 + x_3) + (b + \cdots + b)$$

$$= a\sum_{i=1}^{n} x_i + nb$$ ■

위의 예제 3으로부터 다음의 규칙을 얻게 된다.

(i) 두 개 이상 항들의 합계는 각각의 항의 합계의 합과 같다.

k개의 항들로 이루어진 경우

$$\sum_{i=1}^{n}(x_{1i} + \cdots + x_{ki}) = \sum_{i=1}^{n} x_{1i} + \cdots + \sum_{i=1}^{n} x_{ki}$$

(ii) 상수가 곱해진 변수의 합계는 상수를 합계 밖으로 나오게 할 수 있다.

$$\sum_{i=1}^{n} a x_i = a\sum_{i=1}^{n} x_i$$

(iii) 상수의 합계는 상수에 합계지수의 개수를 곱한 값이다.

$$\sum_{i=1}^{n} b = nb$$

예제 4 다음을 증명하시오.

$$\sum_{i=1}^{n}(x_i - \mu)^2 = \sum_{i=1}^{n} x_i^2 - \frac{1}{n}\left(\sum_{i=1}^{n} x_i\right)^2, \quad (\text{단 } \mu = \frac{\sum_{i=1}^{n} x_i}{n})$$

풀이

$$\sum_{i=1}^{n}(x_i - \mu)^2 = \sum_{i=1}^{n}(x_i^2 - 2\mu x_i + \mu^2)$$

$$= \sum_{i=1}^{n} x_i^2 - 2\mu\sum_{i=1}^{n} x_i + n\mu^2$$

$$= \sum_{i=1}^{n} x_i^2 - 2\left(\frac{\sum_{i=1}^{n} x_i}{n}\right)\sum_{i=1}^{n} x_i + n\left(\frac{\sum_{i=1}^{n} x_i}{n}\right)^2$$

$$= \sum_{i=1}^{n} x_i^2 - \frac{2}{n}\left(\sum_{i=1}^{n} x_i\right)^2 + \frac{1}{n}\left(\sum_{i=1}^{n} x_i\right)^2$$

$$= \sum_{i=1}^{n} x_i^2 - \frac{1}{n}\left(\sum_{i=1}^{n} x_i\right)^2$$ ■

위의 예제 4와 같이 $\mu = \frac{\sum_{i=1}^{n} x_i}{n}$를 포함하는 식을 증명하는데 있어서 위의 규칙 순서로 과정을 진행시키는 것이 중요하다.

단계 1: 합계 다음에 표시된 대수적 연산을 실행한다.
(예제 4에서 대수적 연산은 이항식의 제곱인 $(x_i - \mu)^2$이다)

단계 2: 규칙 (i)에 따라 각 항들의 합계를 구한다. 동시에 규칙 (ii)에 따라 합계 앞에 상수를 곱하고, 규칙 iii에 따라 상수의 합계를 대신해서 상수에 n을 곱한 값으로 계산한다.

단계 3: 만일 마지막 결과가 $\sum_{i=1}^{n} x_i$ 항들로 표현되었다면, 단계 2에서 얻은 결과식 가운데 μ를 대신해서 $\frac{\sum_{i=1}^{n} x_i}{n}$로 쓴다. 만일 마지막 결과가 μ에 의해 표현되었다면, $\sum_{i=1}^{n} x_i$를 대신해서 $n\mu$로 쓴다.

단계 4: 단계 3에서 얻은 결과 식을 가능한 한 간단하게 정리한다.

때때로 혼동이 안 된다면 합계지수를 생략하기도 한다.

예제 5 $x_1 = 3,\ x_2 = 9,\ x_3 = 5$일 때 다음을 계산하시오.

① $\sum x^2$ ② $\sqrt{\sum 2x}$

풀이 ① $\sum x^2 = x_1^2 + x_2^2 + x_3^2$

$= 9 + 81 + 25$

$= 115$

② $\sqrt{\sum 2x} = \sqrt{2\sum x}$

$= \sqrt{2(3+9+5)}$

$= \sqrt{34}$ ■

5.2 조합과 순열

조합과 순열은 사물을 배열하거나 몇 개로 나누는 데 사용된다. 확률을 계산할 때 가능한 전체 경우의 수뿐만 아니라 원하는 경우의 수를 결정하는데 유용하게 사용된다.

❙ 정의 3 ❙ 어떤 집합 안에서 사물의 순서를 고려치 않고, 사물의 전체나 일부분을 이용하여 만들어질 수 있는 부분집합을 **조합**(combination)이라 한다. 이때 n개의 사물 가운데 r개를 취하는 조합의 수는 ${}_nC_r$로 계산된다.

$${}_nC_r = \frac{n!}{(n-r)!\,r!}$$

(단 $n! = n(n-1)(n-2)\cdots 1,\ 0! = 1$)

예제 6 $a,\ b,\ c$ 세 개 중에서 두 개를 선택하는 방법의 개수를 구하시오.

풀이 첫 번째와 두 번째로 선택하는 방법을 순서쌍으로 나타내면 다음과 같다.

$$(a,\ b),\ (a,\ c),\ (b,\ c),\ (b,\ a),\ (c,\ a),\ (c,\ b)$$

위의 6가지 가운데 순서를 고려하지 않고 선택되는 경우이므로

$$(a,\ b) = (b,\ a),\ (b,\ c) = (c,\ b),\ (a,\ c) = (c,\ a)$$

이다. 따라서 세 개 가운데 두 가지를 선택하는 방법은 3가지이다. ■

예제 7 $_4C_2$를 계산하시오.

풀이

$$\begin{aligned} _4C_2 &= \frac{4!}{(4-2)!\,2!} \\ &= \frac{4!}{2!\,2!} = \frac{4\times3}{2\times1} \\ &= 6 \end{aligned}$$

■

예제 8 어떤 학교에서 10명의 남학생과 6명의 여학생 가운데, 남학생 4명과 여학생 3명인 위원회를 조직하려고 한다. 위원회가 구성될 수 있는 경우의 수를 구하시오.

풀이 먼저 선택되는 순서는 상관없기 때문에 조합으로 계산한다.

(i) 10명의 남자후보 가운데 4명의 남자 위원이 선택될 수 있는 방법 :

$$\begin{aligned} _{10}C_4 &= \frac{10!}{6!\,4!} \\ &= 210 \end{aligned}$$

(ii) 6명의 여자후보 가운데 3명의 여자위원이 선택될 수 있는 방법 :

$$\begin{aligned} _6C_3 &= \frac{6!}{3!\,3!} \\ &= 20 \end{aligned}$$

(iii) 그러므로 4명의 남자위원과 3명의 여자위원이 선택될 수 있는 방법 :

$$\begin{aligned} _{10}C_4 \times {}_6C_3 &= 210\times20 \\ &= 4,200 \end{aligned}$$

■

| 정의 4 | 어떤 집합 안에서 사물의 순서를 고려하면서 집합의 전체나 일부분을 이용하여 만들어질 수 있는 부분집합을 **순열**(permutation)이라 한다. 이때 n개의 사물 가운데 r개를 취하는 순열의 수는 $_nP_r$로 계산된다.

$$_nP_r = n(n-1)\cdots(n-r+1) = \frac{n!}{(n-r)!}$$

예제 9 A, B, C 세 개 가운데 두 개를 차례로 선택한다고 하자. 첫 번째와 두 번째로 선택된 것이 다르다고 할 때 몇 가지 방법이 있는지를 나열하시오.

풀이 첫 번째와 두 번째로 선택된 것이 다른 것이 되므로 순서가 고려되는 순열의 문제이다. 다음과 같이 6가지 방법이 있다.

$$(A,\ B),\ (B,\ A),\ (A,\ C),\ (C,\ A),\ (B,\ C),\ (C,\ B)$$ ■

조합과 순열의 수를 계산하는 방법에 대해 살펴보겠다. 서로 다른 n개의 문자들을 순서가 고려되면서 나열하는 방법을 생각해보겠다.

첫 번째 문자에 대하여 n개의 선택방법이 있으며, 첫 번째 문자를 선택한 후 두 번째 문자를 선택하는 방법은 $(n-1)$개가 있다. 즉 n개 가운데 첫 번째와 두 번째를 선택하는 방법의 개수는 $n(n-1)$이다.

첫 두 개의 문자를 선택한 후, 세 번째 문자를 선택할 수 있는 방법은 $n-2$개가 있다. 그래서 첫 세 개의 문자들을 선택하는 방법은 $n(n-1)(n-2)$개가 있다. 이 과정을 계속하면 n번째 문자에 대해선 마지막 남은 한 가지 선택방법이 있게 된다. 결과적으로 n개의 문자를 배열하는 방법은 $n(n-1)\cdots 1$개가 있다.

$n(n-1)(n-2)\cdots 1 = n!$ (n factorial)로 쓰고, 순열의 수 ${}_nP_n$은 n개의 원소를 갖는 집합에서 n개를 순서대로 나열하는 순열의 수이다. 여기서

$${}_nP_n = n!$$

이다.

예제 10 한 학급에 남학생 5명, 여학생 4명으로 구성되어 있다.

① 성적에 따라 등수를 정하는 방법이 몇 가지인지 구하시오.

② 만약 성별로 구분하여 등수를 정한다고 할 때, 몇 가지가 있는지 계산하시오(단 학생의 점수는 모두 다르다).

풀이 ① 총 9명이므로, 먼저 9명 가운데서 1등으로 선택되는 방법은 9가지이다. 그 다음 1등을 제외한 8명 가운데 2등으로 선택되는 방법은 8가지이며, … , 마지막

한 명이 9등으로 선택되는 방법은 1가지일 것이다. 따라서

$$9 \times 8 \times \cdots \times 1 = 9!$$

이다.

② 남자와 여자를 구분하여 등수를 결정하는 방법이므로 앞에서 계산한 방법에 따라 먼저 남자의 등수를 결정하는 방법은 5!이며, 여자의 등수를 결정하는 방법은 4!이다. 남자의 등수를 결정하는 방법 5!에 대해 여자의 등수를 결정하는 방법 4!만큼 있으므로, 두 방법을 곱한 5!4!만큼의 방법이 있다. ■

예제 11 ${}_4P_3$을 계산하시오.

풀이 네 개 중 세 개를 선택하여 순서대로 나열하는 방법이므로 다음과 같다.

$${}_4P_3 = 4 \times 3 \times 2 \text{ 또는 } \frac{4!}{(4-3)!} = \frac{4!}{1!} = 24$$

이다. ■

예제 12 10명 중에서 2명을 선택하여 한 사람은 회장으로 또 다른 사람은 총무로 선출하려고 한다. 이때 몇 가지 선출방법이 있는지 구하시오.

풀이 첫 번째 뽑히는 사람은 회장으로, 두 번째 뽑히는 사람은 총무로 선출하게 된다면 뽑히는 순서에 따라 회장과 총무로 나누어진다. 그러므로 이 문제는 순열의 수를 구하는 것이 된다. 따라서 10명 가운데 2명을 선택하는 순열의 수이므로

$$\begin{aligned} {}_{10}P_2 &= 10 \times 9 \\ &= 90 \end{aligned}$$

이다. ■

예제 13 서로 다른 상품 A와 B를 세 사람에게 나누어 주려고 한다.

① 세 사람이 상품을 중복해서 받는 방법의 수를 구하시오.

② 각 사람이 기껏해야 한 개의 상품만 받을 수 있는 방법의 수를 구하시오.

풀이 ① 가, 나, 다 세 사람에게 상품 A, B를 나누어 주는데 중복도 허용하는 방법은 다음과 같이 9가지이다.

(가, 나, 다) = (A, B,), (B, A,)
(A, , B), (B, , A)
(, A, B), (, B, A)
(AB, ,), (, AB,), (, , AB)

② 이 중에 중복되지 않고 나누어 주는 방법은 앞의 6가지, 즉

$$ {}_3P_2 = 3 \times 2 = 6 $$

이다. ■

n개 중에서 r개를 택하는 조합의 수에 대한 계산법을 생각해보자. r개의 원소로 이루어진 모든 집합에 대하여 단지 한 가지 조합이 존재하며 이러한 r개의 원소들은 $r!$개의 순열의 수가 있다. 그러므로 ${}_nP_r = r!\ {}_nC_r$을 얻을 수 있다.

다시 정리하면

$$ {}_nC_r = \frac{{}_nP_r}{r!} = \frac{n!}{(n-r)!\,r!} $$

이때 **이항계수**(binomial coefficient) ${}_nC_r$은 "n choose r"로 읽는다.

예제 14 어떤 학교에서 남학생 4명, 여학생 3명으로 구성된 위원회를 조직하려고 한다. 후보자로 10명의 남학생과 6명의 여학생이 추천되었다면 위원회가 구성될 수 있는 방법은 몇 가지인지 구하시오.

풀이 10명의 남학생 후보로부터 4명을 선택하는 조합의 수이다. 4명을 선택할 때 순서가 고려되지 않기 때문이다. 그래서 방법은

$$ {}_{10}C_4 = \frac{10!}{6!\ 4!} $$

$$= 210$$

가지이다.

또한 6명의 여학생 후보 가운데 3명을 뽑는 경우의 수는 ${}_6C_3$이므로 구하는 식은 다음과 같다.

$$\begin{aligned} {}_6C_3 &= \frac{6!}{3!\,3!} \\ &= 20 \end{aligned}$$

그러므로 남학생을 뽑는 210가지에 대해 20가지의 여학생을 선택할 수 있는 방법이 있으므로 남학생 4명과 여학생 3명으로 구성될 수 있는 위원회의 수는

$$210 \times 20 = 4,200$$

이다. ■

연습문제

1. $x_1 = 1,\ x_2 = 2,\ x_3 = 3$일 때 다음을 계산하시오.

① $\sum_{i=1}^{3}(x_i - 5)^2$　　② $(\sum_{i=2}^{3}x_i)^2$

③ $\sum_{j=1}^{2}(x_j + x_i)$

2. $\sum_{i=1}^{4}3 + \sum_{j=2}^{3}2$를 계산하시오.

3. 다음 식이 성립함을 보이시오.

① ${}_nC_r = {}_{n-1}C_r + {}_{n-1}C_{r-1}$ (파스칼의 삼각형 공식)

② ${}_nC_0 + {}_nC_1 + \cdots + {}_nC_n = 2^n$ (이항정리 식)

③ $0! = 1$

4. 다음을 계산하시오.

① ${}_{980}C_{978}$　　② ${}_5P_5$

③ ${}_{32}P_0$

5. 남자회원 60명, 여자회원 40명으로 구성된 인터넷 동호회에서 3명의 대의원을 선발하기로 하였다. 대의원을 무작위로 선정한다면, 남자회원 중 3명을 선발하는 경우는 몇 가지가 있겠는가?

6. 로또를 1등으로 당첨될 확률을 계산하시오.

7. A, B, C 세 개 가운데 두 개를 차례로 선택한다고 하자. 첫 번째와 두 번째로 선택된 것이 다르다고 할 때 몇 가지 방법이 있으며, 방법을 나열하시오.

8. 10명의 임원 중에서 3명을 선택하여 한 명은 회장으로 다른 한 명은 부회장으로 또 다른 한 명은 사장으로 선출하려고 한다. 이때 몇 가지의 선출방법이 있겠는가?

9. 네 명의 학생이 6곳의 고아원을 방문하여 봉사활동을 하려고 한다. 두 명씩 2개 팀으로 나누어 고아원 2곳씩 맡기로 했다. 이때 각 팀이 고아원을 방문하는 방법의 수를 구하시오.

10. 어떤 결혼이벤트 행사에 남자 5명과 여자 5명이 참석하였다. 이 가운데 결혼이 성사되는 경우의 수를 구하시오.

11. 1~10까지 자연수가 있다. 다음 물음에 답하시오.

① 두 수를 곱해서 짝수가 되는 경우의 수

② 두 수를 곱했을 때 홀수가 되는 경우의 수

제6장

확률분포

6.1 확률변수

수학적으로 확률변수 X는 정의역을 표본공간 S로, 변역을 실수 $\mathbb{R}$로 가지는 함수이다.

즉, $X:\ S \rightarrow \mathbb{R}$

$$s \mapsto k$$

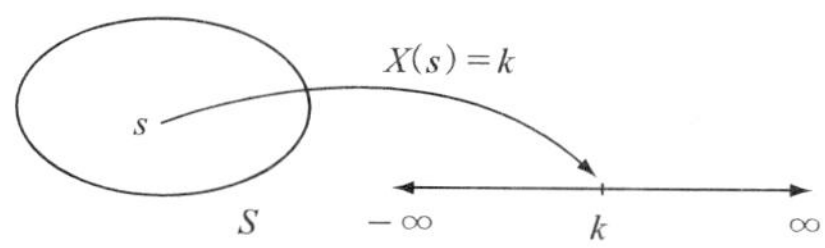

좀 더 설명을 하면, 여러 가지 값을 취할 수 있는 변수 X가 있고, 변수 X가 취하는 모든 값의 확률이 결정되어 있을 때, 변수 X를 **확률변수**(random variables)라고 한다. 일반적으로 확률변수는 알파벳 대문자 X, Y, $\cdots$ 등으로 사용하고, 확률변수의 값은 소문자로 표시한다.

확률변수 X가 x값을 취할 때의 확률 $P(X=x)$ 또는 확률변수 X가 $x \in [a, b]$을 취할 때의 확률 $P(a \leq x \leq b)$ 이 결정된다. 기호를 간략하게 다음과 같이 정의한다.

$$P(X=x) = p(x)$$
$$P(a \leq X \leq b) = p(a \leq x \leq b)$$

예를 들어보겠다. 주사위를 굴렸을 때 나타나는 눈금의 수를 X라고 하면, X는 1에서 6까지의 정수를 취한다. 어떤 값을 취하더라도 일정한 확률 $\frac{1}{6}$을 가진다. 그러므로 X는 확률변수이며 $p(1) = \frac{1}{6}$이다.

다음은 주사위를 한 번 굴리는 실험에서 확률변수 X의 의미를 그림으로 나타낸 것이다. 표본공간 S에 대하여,

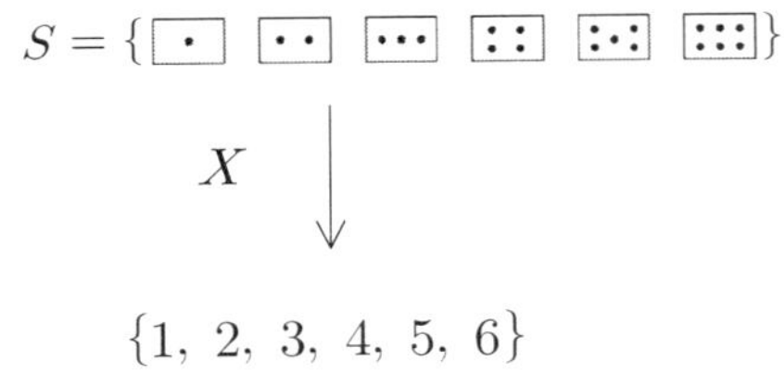

확률변수 X의 함수값은 각각

$$X(⚀)=1,\ \cdots,\ X(⚅)=6$$

이다.

또는 주사위를 굴려서 나타나는 주사위 눈금에 100을 곱하는 함수로 확률변수를 정의하면

$$X(1)=100,\ X(2)=200,\ \cdots,\ X(6)=600$$

이다. 즉 임의의 $a \in \{1,\ 2,\ 3,\ 4,\ 5,\ 6\}$에 대해, $X(a)=100a$으로 정의된다.

또 다른 방법으로 위의 함수를 정의해보자. 만일 주사위를 굴려서 나타나는 눈금이 홀수이면 10, 짝수이면 -10을 대응시킨다고 할 때, 확률변수 X는

$$X(1)=10,\ \ X(2)=-10,\ \cdots,\ X(5)=10,\ \ X(6)=-10$$

이다. 따라서 임의의 $a \in \{1,\ 2,\ 3,\ 4,\ 5,\ 6\}$에 대해, $X(a)=(-1)^{a+1}10$으로 정의된다.

1) 이산확률변수

확률변수 X가 가질 수 있는 값이 $x_1,\ x_2,\ x_3,\ \cdots,\ x_n$이고, $X=x_i$일 때의 확률 $p(x_i)$는 다음을 만족한다.

$$p(x_1)+p(x_2)+\cdots+p(x_n)=1$$

이와 같은 확률변수를 **이산확률변수**(discrete random variable)라고 한다.

■ 이산확률변수의 예

① 보험회사 FC가 5명의 고객과 만나려고 한다. 이때 FC가 한 번에 만나는 고객의 수를 확률변수 X라고 했을 때 X의 가능한 값은 0, 1, 2, 3, 4, 5이다.

② LCD TV를 배에 선적하여 해외로 수출하려고 한다. 이때 10개의 TV를 무작위로 선택하여 불량품 검사를 실시한다고 했을 때 확률변수 Y를 불량 TV 수라고 한다면 Y의 가능한 값은 0, 1, ⋯, 10이다.

③ 하루에 A식당을 방문하는 고객의 수를 조사하려고 한다. 이때 A식당을 방문하는 고객의 수를 Z라고 한다면 Z는 이산확률변수이며 Z의 가능한 값은 0, 1, 2, ⋯ 이다.

이산확률변수가 가질 수 있는 모든 결과와, 그 결과의 확률을 대응시킨 표 혹은 함수를 **이산확률분포**(discrete probability distribution)라고 한다. 대표적인 이산확률분포에는 이산균등분포, 베르누이분포, 이항분포, 초기하분포, 푸아송분포 등이 있다.

2) 연속확률변수

확률변수가 구간 I의 실수(값)을 취한다면, 연속확률변수(continuous random variables)라고 한다.

좀 더 설명하면, $x \in I$에 대해 연속함수 $f(x)$는 다음의 두 조건을 만족한다고 하자.

(i) $f(x) \geq 0$

(ii) $\int_I f(x)dx = 1$ ($f(x)$: 확률밀도함수)

이때 임의의 $J \subseteq I$에 대하여, $x \in J$의 확률이 $\int_J f(x)dx$으로 계산된다면 확률변수 X는 연속확률변수이다.

■ 연속확률변수의 예

① A은행의 어떤 지점을 개설하려고 한다. 그래서 이곳에 위치에 있는 B은행의 경우를 모델로 점포의 규모를 결정하려고 한다. 확률변수 X를 고객들이 은행에 도착하는 시간(분) 간격으로 정의한다면, X는 연속확률변수이며 X의

가능범위는 $x \geq 0$인 실수이다.

② 200ml 캔 음료를 마시는 실험에서 확률변수 Y를 음료의 양(ml)라고 정의하면 Y의 가능범위는 $0 \leq y \leq 200$이다.

③ A건축회사에서 새로운 도서관을 짓는다. 이때 확률변수 Z를 6개월 동안 도서관 건축공정률(%)이라고 정의한다면 Z의 가능한 범위는 $0 \leq z \leq 100$이다.

연속확률변수가 가질 수 있는 모든 결과와 그 결과의 확률을 대응시킨 표 혹은 함수를 **연속확률분포**(continuous probability distribution)라고 한다. 대표적인 연속확률분포에는 연속균등분포, 정규분포, 표준정규분포, 카이제곱분포, 지수분포 등이 있다.

6.2 확률분포

앞에서 언급했던 것과 같이 확률변수가 가질 수 있는 값에 따른 확률을 표나 그래프 또는 함수로 나타낸 것을 확률분포라고 말한다.

예제 1 주사위를 한 번 굴려서 나타나는 눈금을 확률변수 X로 갖는 확률분포를 구하면 다음과 같다.

풀이 ① 표로 나타낸 경우

x	$p(x)$
1	$\frac{1}{6}$
2	$\frac{1}{6}$
3	$\frac{1}{6}$

4	$\frac{1}{6}$
5	$\frac{1}{6}$
6	$\frac{1}{6}$
계	1

② 그래프로 나타낸 경우

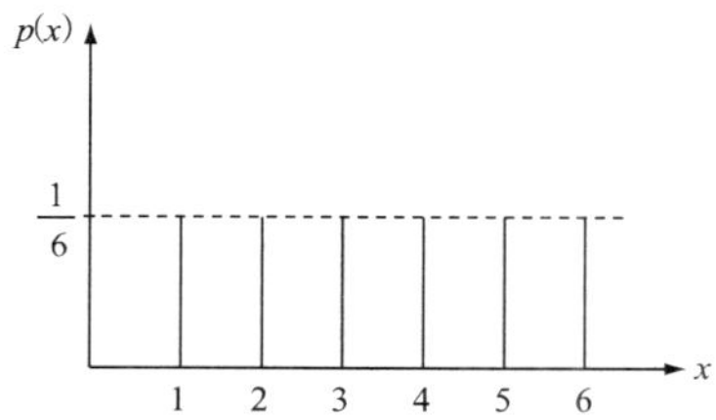

③ 확률로 나타낸 경우

$$p(x)=\begin{cases}\frac{1}{6} & x=1,\ 2,\ \cdots,\ 6 \\ 0 & \text{그 이외}\end{cases}$$

여기서 $p(x)$를 확률질량함수라고 말한다. ■

이산형과 연속형 확률분포를 요약하면 다음과 같다.

$$\begin{cases}\text{이산확률분포 — 이산확률변수의 분포/확률질량함수 } p(x)\text{를 사용한다.} \\ \text{연속확률분포 — 연속확률변수의 분포/확률밀도함수 } f(x)\text{를 사용한다.}\end{cases}$$

예제 2 동전 한 개를 던지는 실험에서 다음과 같이 확률변수를 정의하겠다.

$$X(\text{앞면})=1, \quad X(\text{뒷면})=0$$

이때 확률분포와 확률질량함수 $p(x)$를 구하시오.

풀이 ① 동전을 한 번 던지는 실험의 표본공간 $S=\{0,\ 1\}$이므로, $p(0)=\frac{1}{2}$, $p(1)=\frac{1}{2}$이다. 따라서 확률분포는

x	$p(x)$
0	$\frac{1}{2}$
1	$\frac{1}{2}$
계	1

이다.

② 확률질량함수 $p(x)$를 정리하면 아래 식과 같다.

$$p(x)=\begin{cases}\frac{1}{2} & x=0,\ 1 \\ 0 & \text{그 이외}\end{cases}$$

■

1) 이산확률분포

이산확률변수 X는 유한개의 값 x 를 가진다고 했을 때, 확률질량함수 $p(x)$는 다음 조건을 만족한다.

(i) 모든 x에 대하여, $0 \le p(x) \le 1$

(ii) $\sum_{x} p(x)=1$

예를 들어, 만 명의 모집단에서 5명을 무작위로 반복해서 선택하여 표본의 크기가 5인 표본을 10만 개 만들었다고 하자. 그리고 각 표본으로부터 A회사에서 만든 제품의 선호도를 조사했다. 이때 확률변수 X를 5명의 표본에서 A회사 제품을 선호하는 고객의 수라고 정의한다면, X는 이산확률변수이다. 그 결과를 아래 표(상대도수분포)와 같이 나타내었다.

x	도수	상대도수	$p(x)$
0	32,891	0.32891	0.32769
1	40,929	0.40929	0.40960
2	20,473	0.20473	0.20480
3	5,104	0.05104	0.05120
4	599	0.00599	0.00640
5	4	0.00004	0.00032
계			1.00000

2) 연속확률분포

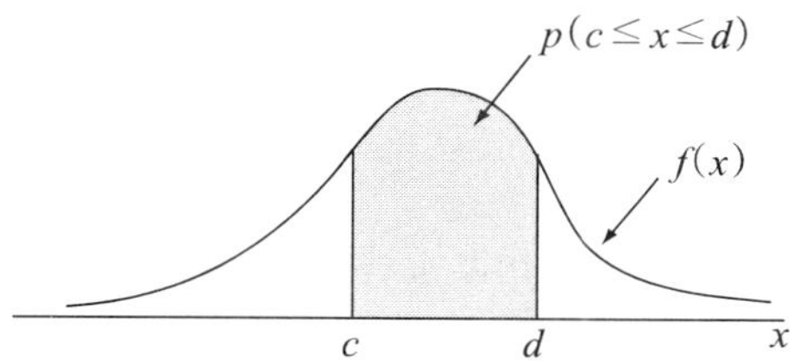

도수다각형(연속형 자료)에서 자료의 수를 늘리고 계급구간의 폭을 줄여나가면 위의 그림처럼 원만한 곡선이 된다.

확률밀도함수 $f(x)$는 다음 세 조건을 만족한다.

(i) $-\infty < x < \infty,\ f(x) > 0$

(ii) $\int_{-\infty}^{\infty} f(x)\,dx = 1$

(iii) 임의의 값 c, d에 대하여 $p(c \le x \le d) = \int_{c}^{d} f(x)dx$

X가 연속확률변수일 때 다음 확률은 모두 동일하다.

$$p(a \le x \le b) = p(a < x \le b) = p(a \le x < b) = p(a < x < b)$$

$$(\because p(x = a) = p(a \le x \le a) = \int_{a}^{a} f(x)dx = 0)$$

6.3 결합확률분포

두 개 이상의 확률변수가 사용되는 확률분포이다. 두 확률변수 X와 Y(이산형인 경우)가 가질 수 있는 값이 각각 m개와 n개라고 할 때, 모든 (x, y)에 대한 결합확률은 모두 mn개가 존재한다.

mn개의 모든 결합확률을 정리해 놓은 확률분포를 **결합확률분포**(joint probability distribution)라고 한다.

모든 (x, y)에 대하여 $P(X=x, Y=y)$에 대응되는 관계를 X와 Y의 **결합확률질량함수**(joint probability mass function)라고 한다. 즉

$$p(x, y) = \begin{cases} P(X=x, \ Y=y) & \forall (x, y) \\ 0 & \text{그 이외} \end{cases}$$

로 정의되는 함수 $p(x, y)$는 두 확률변수 X와 Y의 결합확률질량함수이다.

이때 함수 $p(x, y)$는 다음 성질을 만족한다.

(i) $0 \le p(x, y) \le 1, \ \sum_x \sum_y p(x, y) = 1$

(ii) $p(a \le x \le b, \ c \le y \le d) = \sum_{a \le x \le b} \sum_{c \le y \le d} p(x, y)$

예제 3 서로 다른 동전 세 개 A, B, C를 동시에 던지는 실험에서 확률변수 X, Y, Z를 다음과 같이 정의하겠다.

$$X = \begin{cases} 1 & \text{동전 } A\text{가 앞면이 나올 때} \\ 0 & \text{그 이외} \end{cases}$$

$$Y = \begin{cases} 1 & \text{동전 } A\text{와 } B\text{가 모두 앞면이 나올 때} \\ 0 & \text{그 이외} \end{cases}$$

$$Z = \begin{cases} 1 & \text{동전 } A\text{와 } C\text{가 모두 앞면이 나올 때} \\ 0 & \text{그 이외} \end{cases}$$

이때 X와 Y, Y와 Z의 결합확률분포를 구해보시오.

풀이 동전 A, B, C를 동시에 던지는 실험에서 앞면을 H, 뒷면을 T라 하자. 그리고 동전 A, B, C를 던진 결과를 순서대로 정리했을 때 표본공간 S는 다음과 같다.

$$S=\{(H,\ H,\ H),\ (H,\ H,\ T),\ (H,\ T,\ H),\ (T,\ H,\ H),\\ (H,\ T,\ T),\ (T,\ T,\ H),\ (T,\ H,\ T),\ (T,\ T,\ T)\}$$

이 경우 표본공간과 그 원소에 대응하는 확률변수 X, Y, Z 의 값들은 다음과 같다.

S	HHH	HHT	HTH	THH	HTT	TTH	THT	TTT
x	1	1	1	0	1	0	0	0
y	1	1	0	0	0	0	0	0
z	1	0	1	0	0	0	0	0

위의 표로부터 X와 Y 그리고 Y와 Z의 결합확률분포를 구하면 아래 표와 같다.

x \ y	0	1	계
0	$\frac{4}{8}$	0	$\frac{1}{2}$
1	$\frac{2}{8}$	$\frac{2}{8}$	$\frac{1}{2}$
계	$\frac{3}{4}$	$\frac{1}{4}$	1

(a) $p(x,\ y)$

x \ y	0	1	계
0	$\frac{5}{8}$	$\frac{1}{8}$	$\frac{3}{4}$
1	$\frac{1}{8}$	$\frac{1}{8}$	$\frac{1}{4}$
계	$\frac{3}{4}$	$\frac{1}{4}$	1

(b) $p(y,\ z)$ ■

위의 표에서 X와 Y의 결합확률질량함수 $p(x,\ y)$를 이용하면

$$\begin{aligned} p(x=0) &= \sum_{y=0}^{1} p(0,\ y) \\ &= p(0,\ 0)+p(0,\ 1) \\ &= \frac{4}{8}+0 \end{aligned}$$

$$= \frac{1}{2}$$

$$p(x=1) = \sum_{y=0}^{1} p(1,\ y)$$

$$= p(1,\ 0) + p(1,\ 1)$$

$$= \frac{2}{8} + \frac{2}{8}$$

$$= \frac{1}{2}$$

이다. 따라서 $\sum_x p(x) = 1$이며, 위와 같은 방법으로 계산하면 $\sum_y p(y) = 1$을 얻는다.

또한 $p(x) = \sum_y p(x,\ y)$를 X의 **주변확률질량함수**(marginal probability mass function)라고 하며 X의 분포를 결정한다. 마찬가지 방법으로 위의 표에서 Y의 주변확률질량함수 $p(y) = \sum_x p(x,\ y)$를 구할 수 있다.

$$p(y=0) = \sum_{x=0}^{1} p(x,\ 0)$$

$$= p(0,\ 0) + p(1,\ 0)$$

$$= \frac{4}{8} + \frac{2}{8}$$

$$= \frac{3}{4}$$

$$p(y=1) = \sum_{x=0}^{1} p(x,\ 1)$$

$$= p(0,\ 1) + p(1,\ 1)$$

$$= 0 + \frac{2}{8}$$

$$= \frac{1}{4}$$

예제 4 동전 두 개를 던지는 실험에서 첫 번째 동전의 앞면의 수에 대한 확률변수를 X라 하고, 두 번째 동전의 앞면의 수에 대한 확률변수를 Y라 했을 때, 다음 물음에 답하시오.

① X와 Y에 대한 결합확률분포를 구하시오.

② $Z=X+Y$ 라고 정의했을 때, Z의 확률분포를 구하시오.

풀이 ① 확률변수 X와 Y에 대한 각각의 확률분포를 구하면 다음과 같다.

X의 확률분포

x	0	1	계
$p(x)$	$\frac{1}{2}$	$\frac{1}{2}$	1

Y의 확률분포

y	0	1	계
$p(y)$	$\frac{1}{2}$	$\frac{1}{2}$	1

위의 표로부터 X와 Y의 결합확률분포는 아래 표와 같다.

x \ y	0	1	계
0	$\frac{1}{4}$	$\frac{1}{4}$	$\frac{1}{2}$
1	$\frac{1}{4}$	$\frac{1}{4}$	$\frac{1}{2}$
계	$\frac{1}{2}$	$\frac{1}{2}$	1

② Z는 두 개의 동전을 던지는 실험에서 얻게 되는 앞면의 수로 정의된다. 두 개의 동전을 던지는 실험의 표본공간은 {(앞면, 뒷면), (앞면, 뒷면), (뒷면, 앞면), (뒷면, 뒷면)}이므로 확률변수 Z의 가능한 값은 0, 1, 2이다. 그러므로

Z의 확률분포

z	0	1	2	계
$p(z)$	$\frac{1}{4}$	$\frac{1}{2}$	$\frac{1}{4}$	1

■

예제 5 두 사람 A, B가 주사위를 던졌을 때 얻게 되는 상금은 다음과 같다. A는 주사위가 짝수 눈금이 나오면 100원을 받고, 홀수 눈금이 나오면 200원을 받는다고 한다. B는 주사위 눈금에 100원을 곱한 금액을 받는다고 할 때 두 사람이 받게 되는 상금의 합에 대한 확률분포를 구하시오.

풀이 확률변수 X를 A가 받는 금액이라 하고, 확률변수 Y를 B가 받는 금액이라 하자. 이때 X와 Y의 확률분포는 다음과 같이 나타낼 수 있다.

X의 확률분포

x	100원	200원	계
$p(x)$	$\frac{1}{2}$	$\frac{1}{2}$	1

Y의 확률분포

y	100원	200원	300원	400원	500원	600원	계
$p(y)$	$\frac{1}{6}$	$\frac{1}{6}$	$\frac{1}{6}$	$\frac{1}{6}$	$\frac{1}{6}$	$\frac{1}{6}$	1

X와 Y의 결합확률분포

x \ y	100원	200원	300원	400원	500원	600원	계
100원	0	$\frac{1}{6}$	0	$\frac{1}{6}$	0	$\frac{1}{6}$	$\frac{3}{6}$
200원	$\frac{1}{6}$	0	$\frac{1}{6}$	0	$\frac{1}{6}$	0	$\frac{3}{6}$
계	$\frac{1}{6}$	$\frac{1}{6}$	$\frac{1}{6}$	$\frac{1}{6}$	$\frac{1}{6}$	$\frac{1}{6}$	1

■

예제 6 한 개의 주사위를 던질 때 확률변수 X와 Y를 다음과 같이 정의하겠다. X는 주사위 눈금이 짝수일 때 100원, 홀수 눈금일 때는 200원의 금액을 갖고, Y는 주사위 눈금의 수에 100원을 곱한 금액을 갖는다. 이때 $X+Y=Z$라 할 때 Z의 확률분포를 구하시오.

풀이

x \ y	100원	200원	300원	400원	500원	600원	계
100원	0	$\frac{1}{6}$	0	$\frac{1}{6}$	0	$\frac{1}{6}$	$\frac{3}{6}$
200원	$\frac{1}{6}$	0	$\frac{1}{6}$	0	$\frac{1}{6}$	0	$\frac{3}{6}$
계	$\frac{1}{6}$	$\frac{1}{6}$	$\frac{1}{6}$	$\frac{1}{6}$	$\frac{1}{6}$	$\frac{1}{6}$	1

그러므로 Z의 확률분포는 다음과 같다.

z	300원	500원	700원	계
$p(z)$	$\frac{2}{6}$	$\frac{2}{6}$	$\frac{2}{6}$	1

■

예제 7 주사위를 한 번 던져서 나온 눈금의 수에 따라 상금이 주어지는 게임을 한다고 하자. 두 사람 A와 B는 다음과 같은 방법으로 상금을 얻는다고 했을 때 A와 B의 이익의 합에 대한 확률분포를 구하시오.

A : 1 또는 2가 나오면, 100원
3 또는 4가 나오면, 200원
5 또는 6이 나오면, 300원

B : 홀수가 나오면, 100원
짝수가 나오면, (눈금의 수$\times$100)원

풀이 A의 수입을 X로, B의 수입을 Y로 나타내고 A와 B의 수입의 합을 $X+Y$로 나타내기로 하자. 이 경우 X와 Y의 결합확률분포는 다음과 같다.

x \ y	100원	200원	400원	600원	계
100원	$\frac{1}{6}$	$\frac{1}{6}$	0	0	$\frac{2}{6}$
200원	$\frac{1}{6}$	0	$\frac{1}{6}$	0	$\frac{2}{6}$
300원	$\frac{1}{6}$	0	0	$\frac{1}{6}$	$\frac{2}{6}$
계	$\frac{3}{6}$	$\frac{1}{6}$	$\frac{1}{6}$	$\frac{1}{6}$	1

그러면 $X+Y=Z$이므로 Z의 값은 200원 300원 400원 600원 900원이다.

z	200원	300원	400원	600원	900원	계
$p(z)$	$\frac{1}{6}$	$\frac{2}{6}$	$\frac{1}{6}$	$\frac{1}{6}$	$\frac{1}{6}$	1

■

6.4 확률분포의 특성

주어진 자료의 특성을 평균이나 분산 등으로 나타낼 수 있는데 확률분포도 이러한 수치로 그 특성을 표현할 수 있다.

1) 평균

확률변수의 평균은 **기댓값**(expected value)으로 표현한다.

① X가 이산확률변수라면, 확률변수 X의 기댓값 $E(X)$는 다음과 같이 계산된다.

$$E(X) = \sum_x x\, p(x)$$

여기서 $p(x)$는 확률질량함수이다.

② X는 연속확률변수이고 X가 구간 $[a, b]$에서 값을 가진다면, 기댓값 $E(X)$는 다음과 같이 계산된다.

$$E(X) = \int_a^b x\, f(x)dx$$

여기서 $f(x)$는 확률밀도함수이다.

예제 8 주사위를 한 번 던지는 실험에서 확률변수 X를 눈금의 수로 놓는다면 X는 1, 2, 3, 4, 5, 6을 취한다. 이때 각각의 확률은

$$p(x) = \frac{1}{6} \quad \forall x = 1,\ 2,\ \cdots,\ 6$$

이다. 그러면 기댓값은

$$\begin{aligned} E(X) &= \sum_{x=1}^{6} x\, p(x) \\ &= \left(1\times\frac{1}{6}\right)+\left(2\times\frac{1}{6}\right)+\left(3\times\frac{1}{6}\right)+\left(4\times\frac{1}{6}\right)+\left(5\times\frac{1}{6}\right)+\left(6\times\frac{1}{6}\right) \\ &= \frac{7}{2} \end{aligned}$$

이다. 실제로 $x = \frac{7}{2}$인 경우는 일어나지 않지만, 단지 평균의 개념으로 생각하면 될 것이다. ■

예제 9 동전 한 개와 주사위 한 개를 던져 나타나는 눈금의 수의 합에 대한 기댓값을 구하시오.

풀이 확률변수 X는 동전이 앞면이 나올 때 1의 값을, 뒷면이 나오면 0의 값을 갖는다고 하자.

확률변수 Y는 주사위 눈금의 수라고 하면 $X+Y$의 기댓값을 구하도록 하겠다.

먼저 $E(X)$와 $E(Y)$를 구하고 다음으로 $E(X+Y)$의 값을 구하겠다. $E(Y)$는 위의 예제에서 $\frac{7}{2}$임을 구하였다.

$$E(X) = \left(0 \times \frac{1}{2}\right) + \left(1 \times \frac{1}{2}\right)$$
$$= \frac{1}{2}$$

이다.

$Z = X + Y$라고 정의하고 Z의 확률분포를 구하면 다음과 같다.

z	$p(z)$
1	$p(0,\ 1) = \frac{1}{12}$
2	$p(1,\ 1) + p(0,\ 2) = \frac{1}{12} + \frac{1}{12} = \frac{1}{6}$
3	$p(0,\ 3) + p(1,\ 2) = \frac{1}{12} + \frac{1}{12} = \frac{1}{6}$
4	$p(0,\ 4) + p(1,\ 3) = \frac{1}{12} + \frac{1}{12} = \frac{1}{6}$
5	$p(0,\ 5) + p(1,\ 4) = \frac{1}{12} + \frac{1}{12} = \frac{1}{6}$
6	$p(0,\ 6) + p(1,\ 5) = \frac{1}{12} + \frac{1}{12} = \frac{1}{6}$
7	$p(1,\ 6) = \frac{1}{12}$
계	1

따라서

$$E(X+Y) = \left(1 \times \frac{1}{12}\right) + \left(2 \times \frac{1}{6}\right) + \left(3 \times \frac{1}{6}\right) + \left(4 \times \frac{1}{6}\right) + \left(5 \times \frac{1}{6}\right) + \left(6 \times \frac{1}{6}\right) + \left(7 \times \frac{1}{12}\right)$$
$$= 4$$

이다. ■

위의 예제 9에서

$$E(X)+E(Y)=\frac{1}{2}+\frac{7}{2}=4$$

을 얻었다. 그러므로 다음 식이 위의 예제를 만족한다.

$$E(X+Y)=E(X)+E(Y)$$

예제 10 확률변수 X의 확률분포가 아래와 같이 주어졌을 때 X의 기댓값을 구하시오.

x	1	2	3	계
$p(x)$	$\frac{1}{4}$	$\frac{1}{4}$	$\frac{1}{2}$	1

풀이

$$\begin{aligned} E(X) &= \sum_{x=1}^{3} x\,p(x) \\ &= \left(1\times\frac{1}{4}\right)+\left(2\times\frac{1}{4}\right)+\left(3\times\frac{1}{2}\right) \\ &= \frac{1}{4}+\frac{2}{4}+\frac{3}{2} \\ &= \frac{9}{4} \end{aligned}$$

■

예제 11 동전을 두 번 던지는 실험에서 앞면이 나오면 '1'의 값을 뒷면이 나올 때는 '0'을 가진다고 하자. 확률변수 X를 앞면의 수라 할 때 확률변수 $Y=(1-X)^2$의 기댓값을 구하시오.

풀이 확률변수 X의 확률분포는 다음과 같다.

x	0	1	2	계
$p(x)$	$\frac{1}{4}$	$\frac{1}{2}$	$\frac{1}{4}$	1

확률변수 Y의 확률분포는 $X=0$과 $X=2$일 때 $Y=0$이고 $X=1$일 때 $Y=0$이므로 다음과 같다.

y	0	1	계
$p(y)$	$\frac{1}{2}$	$\frac{1}{2}$	1

그러므로 기댓값

$$E(Y)=\left(0\times\frac{1}{2}\right)+\left(1\times\frac{1}{2}\right)=\frac{1}{2}$$

이다. ■

위의 예제 11에서

$$E((1-X)^2)=\frac{1}{2}$$

임을 구하였다. 여기서 $E((1-X)^2)=E(1-2X+X^2)$이므로, 만일 아래의 두 식이 만족된다면 다양하게 기댓값을 계산할 수 있을 것이다.

(i) 상수 a에 대해, $E(aX)=aE(X)$
(ii) 확률변수 X와 Y에 대해, $E(X+Y)=E(X)+E(Y)$

먼저 첫 번째 식에 대해 살펴보겠다. a는 상수이고 X는 유한개의 값을 가지는 확률변수라고 하자. 증명은 기댓값의 정의를 이용한다.

$$E(aX)=\sum_x a\,x\,p(x)$$

$$=a\sum_x x\,p(x)$$

$$=aE(X)$$

$$\therefore\ E(aX)=aE(X)$$

여기서 확률변수 X와 Y가 서로 독립성에 무관하다고 가정한다.

$$
\begin{aligned}
E(X+Y) &= \sum_{(x,y)} (x+y)\,p(x,y) \\
&= \sum_x \sum_y x\,p(x,y) + \sum_x \sum_y y\,p(x,y) \\
&= \sum_x x \sum_y p(x,y) + \sum_y y \sum_x p(x,y) \\
&= \sum_x x\,p(x) + \sum_y y\,p(y) \\
&= E(X) + E(Y)
\end{aligned}
$$

$$\therefore\ E(X+Y) = E(X) + E(Y)$$

따라서

$$E(1-2X+X^2) = E(1) - 2E(X) + E(X^2)$$

을 얻게 된다.

이제 $E(1)$와 $E(X^2)$을 계산해보자.

$x=1$인 경우, 즉 한 개의 경우밖에 없으므로 $p(1)=1$이 된다. 따라서 확률분포는 다음과 같다.

x	1	계
$p(x)$	1	1

그러므로 기댓값 $E(1)$은

$$E(1) = 1 \cdot 1 = 1$$

이다.

일반적으로 상수 b에 대한 기댓값 $E(b)$는 b이다. 왜냐하면 상수의 평균은 상수 그 자체가 되기 때문이다.

다음은 확률변수 X^2의 확률분포이다.

x^2	0	1	4	계
$p(x)$	$\frac{1}{4}$	$\frac{1}{2}$	$\frac{1}{4}$	1

그래서

$$E(X^2) = \sum_{i=1}^{n} x_i^2 \, p(x_i)$$

이므로

$$E(X^2) = \left(0^2 \times \frac{1}{4}\right) + \left(1^2 \times \frac{1}{2}\right) + \left(2^2 \times \frac{1}{4}\right) = \frac{3}{2}$$

이다.

각각을 합해보면

$$\begin{aligned} E(1-2X+X^2) &= E(1) - 2E(X) + E(X^2) \\ &= 1 - (2 \times 1) + \frac{3}{2} \\ &= \frac{1}{2} \end{aligned}$$

이다.

요약해보면 예제 11에서는 $(1-X)^2 = Y$라고 놓고 새로운 확률변수 Y의 기댓값 $E(Y)$를 구하였다. 그리고 $E(aX+bY) = aE(X) + bE(Y)$임을 이용하여 $E((1-X)^2)$을 계산하였다. 문제의 성격에 따라 기댓값을 구하는 방법을 사용할 수 있다.

일반적으로 X와 Y가 확률변수일 때, 다음 두 식이 성립한다.

(Ⅰ) $E(aX+b) = aE(X) + b$ (a, b는 상수)

(Ⅱ) $E(X+Y) = E(X) + E(Y)$, (두 확률변수 X, Y의 독립성에 상관없이 성립한다.)

2) 분산

확률변수 X의 평균을 μ라고 하자. X의 분포가 평균 μ로부터 떨어진 정도를 나타내는 양으로서 분산을 생각할 수 있다. X의 분산을 기호로는 $Var(X)$, 또는 $\sigma^2(X)$으로 표시하고 다음과 같이 계산한다.

$$\begin{aligned}\sigma^2(X) &= E((X-\mu)^2) \\ &= \sum_x (x-\mu)^2 p(x)\end{aligned}$$

또한 분산의 양의 제곱근을 표준편차라 하고 기호로는 $\sqrt{Var(X)}$ 또는 $\sigma(X)$로 표시한다.

$$\sigma(X) = \sqrt{\mathrm{Var}(X)} = \sqrt{E((X-\mu)^2)}$$

여기서 분산의 간단한 계산법을 유도해보겠다.

$$\begin{aligned}\sigma^2(X) &= E((X-\mu)^2) \\ &= E(X^2 - 2X\mu + \mu^2) = E(X^2) - 2\mu E(X) + \mu^2 \\ &= E(X^2) - 2\mu^2 + \mu^2 = E(X^2) - \mu^2 \\ &= E(X^2) - (E(X))^2\end{aligned}$$

그러므로 분산은 제곱의 평균 빼기 평균의 제곱으로 암기하면 편리할 것이다.

$$\therefore \ \sigma^2(X) = E(X^2) - (E(X))^2$$

동전을 두 번 던지는 실험에서 동전 앞면의 개수를 확률변수 X로 갖는 위의 예제에서 X의 분산 $\sigma^2(X)$를 구해보자.

x	0	1	2
x^2	0	1	4
$p(x)$	$\frac{1}{4}$	$\frac{1}{2}$	$\frac{1}{4}$

$$E(X^2) = \left(0^2 \times \frac{1}{4}\right) + \left(1^2 \times \frac{1}{2}\right) + \left(2^2 \times \frac{1}{4}\right) = \frac{1}{2} + 1 = \frac{3}{2}$$

$$E(X) = \left(0 \times \frac{1}{4}\right) + \left(1 \times \frac{1}{2}\right) + \left(2 \times \frac{1}{4}\right) = \frac{1}{2} + \frac{1}{2} = 1$$

그러므로

$$\begin{aligned}\sigma^2(X) &= E(X^2) - (E(X))^2 \\ &= \frac{3}{2} - 1 \\ &= \frac{1}{2}\end{aligned}$$

이다.

확률변수 X와 상수 a, b로 만들어지는 새로운 확률변수 $aX+b$의 분산 $\sigma^2(aX+b)$는 어떻게 계산되는지 살펴보겠다.

$$\begin{aligned}\sigma^2(aX+b) &= E((aX+b-E(aX+b))^2) \\ &= \sum_x (ax+b-E(aX+b))^2 p(x) \\ &= \sum_x (ax+b-aE(X)-b)^2 p(x) \\ &= \sum_x (ax-aE(X))^2 p(x) \\ &= a^2 \sum_x (x-E(X))^2 p(x) \\ &= a^2 E((X-E(X))^2) \\ &= a^2\ E((X-\mu)^2) \\ &= a^2\ \sigma^2(\mathrm{X})\end{aligned}$$

$$\therefore\ \ \sigma^2(aX+b) = a^2\ \sigma^2(\mathrm{X})$$

예를 들어,

$$\sigma^2(3\mathrm{X}+2) = 9\sigma^2(\mathrm{X})$$

이다.

예제 12 확률변수 X의 확률분포가 아래와 같을 때, $E(X)$, $E(X^2)$, $\sigma^2(X)$를 구하시오.

x	1	5	10	계
$p(x)$	$\frac{7}{20}$	$\frac{6}{20}$	$\frac{7}{20}$	1

풀이

$$
\begin{aligned}
E(X) &= \sum_x x\,p(x) \\
&= \left(1\times\frac{7}{20}\right)+\left(5\times\frac{6}{20}\right)+\left(10\times\frac{7}{20}\right) \\
&= \frac{1}{20}(7+30+70)=\frac{107}{20} \\
&= 5.35
\end{aligned}
$$

$$
\begin{aligned}
E(X^2) &= \sum_x x^2 p(x) \\
&= \left(1^2\times\frac{7}{20}\right)+\left(5^2\times\frac{6}{20}\right)+\left(10^2\times\frac{7}{20}\right) \\
&= \frac{1}{20}(7+150+700) \\
&= \frac{857}{20} \\
&= 42.85
\end{aligned}
$$

$$
\begin{aligned}
\therefore\quad \sigma^2(\mathrm{X}) &= \mathrm{E}(\mathrm{X}^2)-(\mathrm{E}(\mathrm{X}))^2 \\
&= 42.85-(5.35)^2 \\
&= 14.23
\end{aligned}
$$

■

6.5 공분산과 상관계수

두 확률변수 X와 Y의 기댓값(평균)이 각각 μ_1, μ_2라 하자. 이때 확률변수 X의 증감이 확률변수 Y의 증감에 어떤 영향을 주는지를 측정하는 방법으로 **공분산**

(covariance)이 있다. 확률변수 X와 Y의 공분산은 $(X-\mu_1)(Y-\mu_2)$의 기댓값으로 계산되며 기호로는 $Cov(X, Y)$ 또는 $\sigma(XY)$로 표시한다.

기댓값의 성질을 이용하면 공분산의 간단한 식을 얻을 수 있다.

$$
\begin{aligned}
Cov(X, Y) &= E((X-\mu_1)(Y-\mu_2)) \\
&= E(XY-\mu_1 Y-\mu_2 X+\mu_1\mu_2) \\
&= E(XY)-\mu_1 E(Y)-\mu_2 E(X)+\mu_1\mu_2 \\
&= E(XY)-E(X)E(Y)-E(Y)E(X)+\mu_1\mu_2 \\
&= E(XY)-E(X)E(Y)
\end{aligned}
$$

그러므로

$$\mathrm{Cov}(X, Y) = E(XY)-E(X)E(Y)$$

이다.

이때 X와 Y가 서로 독립이면, 서로 상관관계가 없으므로 $\mathrm{Cov}(X, Y)=0$이 되고 $E(X, Y)=E(X)E(Y)$을 얻는다.

공분산의 단위는 X와 Y의 단위에 영향을 받게 된다. 그러므로 단위에 무관한 측정값을 얻기 위해 **상관계수**(correlation coefficient)를 사용한다. 상관계수의 기호는 $Corr(X, Y)$으로 표시한다.

$$
\begin{aligned}
Corr(X, Y) &= \frac{\mathrm{Cov(X, Y)}}{\sigma(\mathrm{X})\sigma(\mathrm{Y})} \\
&= \frac{\dfrac{\sum_{i=1}^{N}(x_i-\mu_1)(y_i-\mu_2)}{N}}{\sqrt{\dfrac{\sum_{i=1}^{N}(x_i-\mu_1)^2}{N}}\sqrt{\dfrac{\sum_{i=1}^{N}(y_i-\mu_2)^2}{N}}}
\end{aligned}
$$

예제 13 확률변수 X와 Y의 결합확률분포가 다음과 같이 주어졌을 때 $E(X)$, $E(Y)$, $\sigma^2(\mathrm{X})$, $\sigma^2(\mathrm{Y})$, $\mathrm{Cov}(X, Y)$, $\mathrm{Corr}(X, Y)$을 구하시오.

$y \backslash x$	0	1	2	3	4
0	$\left(\frac{8}{100}\right)^4$	$4\left(\frac{90}{100}\right)\left(\frac{8}{100}\right)^3$	$6\left(\frac{90}{100}\right)^2\left(\frac{18}{100}\right)^2$	$4\left(\frac{90}{100}\right)^3\left(\frac{8}{100}\right)$	$\left(\frac{90}{100}\right)^4$
1	$4\left(\frac{2}{100}\right)\left(\frac{8}{100}\right)^3$	$12\left(\frac{90}{100}\right)\left(\frac{2}{100}\right)\left(\frac{8}{100}\right)^2$	$12\left(\frac{90}{100}\right)^2\left(\frac{2}{100}\right)\left(\frac{8}{100}\right)$	$4\left(\frac{90}{100}\right)^3\left(\frac{2}{100}\right)$	0
2	$6\left(\frac{2}{100}\right)\left(\frac{8}{100}\right)^2$	$12\left(\frac{90}{100}\right)\left(\frac{2}{100}\right)^2\left(\frac{8}{100}\right)$	$6\left(\frac{90}{100}\right)^2\left(\frac{2}{100}\right)^2$	0	0
3	$4\left(\frac{2}{100}\right)^3\left(\frac{8}{100}\right)$	$4\left(\frac{90}{100}\right)\left(\frac{2}{100}\right)^3$	0	0	0
4	$\left(\frac{2}{100}\right)^4$	0	0	0	0

풀이 먼저 X와 Y의 주변확률분포를 각각 구해보자.

x	0	1	2	3	4
$\sum_{y=0}^{4} p(x,y)$	$\left(\frac{10}{100}\right)^4$	$4\left(\frac{90}{100}\right)\left(\frac{10}{100}\right)^3$	$6\left(\frac{90}{100}\right)^2\left(\frac{10}{100}\right)^2$	$4\left(\frac{90}{100}\right)^3\left(\frac{10}{100}\right)$	$\left(\frac{90}{100}\right)^4$

y	0	1	2	3	4
$\sum_{x=0}^{4} p(x,y)$	$\left(\frac{98}{100}\right)^4$	$4\left(\frac{98}{100}\right)^3\left(\frac{2}{100}\right)$	$6\left(\frac{98}{100}\right)^2\left(\frac{2}{100}\right)^2$	$4\left(\frac{98}{100}\right)\left(\frac{2}{100}\right)^3$	$\left(\frac{2}{100}\right)^4$

$$E(X) = \left(0\times\left(\frac{10}{100}\right)^4\right) + \left(1\times 4\left(\frac{90}{100}\right)\left(\frac{10}{100}\right)^3\right) + \left(2\times 6\left(\frac{90}{100}\right)^2\left(\frac{10}{100}\right)^2\right)$$
$$+\left(3\times 4\left(\frac{90}{100}\right)^3\left(\frac{10}{100}\right)\right) + \left(4\times\left(\frac{90}{100}\right)^4\right)$$
$$=3.6$$

$$E(Y) = \left(0\times\left(\frac{98}{100}\right)^4\right) + \left(4\times\left(\frac{98}{100}\right)^3\times\left(\frac{2}{100}\right)\right)$$
$$+\left(2\times 6\left(\frac{98}{100}\right)^2\left(\frac{2}{100}\right)^2\right) + \left(3\times 4\left(\frac{98}{100}\right)\left(\frac{2}{100}\right)^3\right) + \left(4\times\left(\frac{2}{100}\right)^4\right)$$
$$=0.08$$

$$E(X^2) = \left(0^2 \times \left(\frac{10}{100}\right)^4\right) + \left(1^2 \times 4\left(\frac{90}{100}\right)\left(\frac{10}{100}\right)^3\right)$$

$$+ \left(2^2 \times 6\left(\frac{90}{100}\right)^2\left(\frac{10}{100}\right)^2\right) + \left(3^2 \times 4\left(\frac{90}{100}\right)^3\left(\frac{10}{100}\right)\right) + \left(4^2 \times \left(\frac{90}{100}\right)^4\right)$$

$$= 13.32$$

$$E(Y^2) = \left(0^2 \times \left(\frac{98}{100}\right)^4\right) + \left(1^2 \times 4\left(\frac{98}{100}\right)^3\left(\frac{2}{100}\right)\right)$$

$$+ \left(2^2 \times 6\left(\frac{98}{100}\right)^2\left(\frac{2}{100}\right)^2\right) + \left(3^2 \times 4\left(\frac{98}{100}\right)\left(\frac{2}{100}\right)^3\right) + (4^2 \times \left(\frac{2}{100}\right)^4)$$

$$= 0.0848$$

$$\begin{aligned} \sigma^2(X) &= E(X^2) - (E(X))^2 \\ &= 13.32 - (3.6)^2 \\ &= 0.36 \end{aligned}$$

$$\begin{aligned} \sigma^2(Y) &= E(Y^2) - (E(Y))^2 \\ &= 0.00848 - (0.08)^2 \\ &= 0.0784 \end{aligned}$$

$Cov(X,\ Y) = E(XY) - E(X)E(Y)$ 을 이용하면

$$E(XY) = \sum_{(\mathrm{x},\ \mathrm{y})} \mathrm{x\,y\,p(x,\ y)}$$

$$= \left(0 \times 0 \times \left(\frac{8}{100}\right)^4\right) + \left(0 \times 1 \times 4\left(\frac{2}{100}\right)\left(\frac{8}{100}\right)^3\right) + \cdots + \left(4 \times 0 \times \left(\frac{90}{100}\right)^4\right)$$

$$= 0.216$$

$$\begin{aligned} \therefore\ Cov(X,\ Y) &= E(XY) - E(X)E(Y) \\ &= 0.216 - (3.6)(0.08) \\ &= -0.072 \end{aligned}$$

이고

$$Corr(X,\ Y) = \frac{\mathrm{Cov}(X,\ Y)}{\sigma(X)\sigma(Y)}$$

$$= \frac{-0.072}{\sqrt{0.36}\,\sqrt{0.0784}}$$

$$= -0.43$$

이다. ■

연습문제

1. 다음의 용어들을 설명하시오.

확률변수, 이산확률변수, 연속확률변수, 확률분포

2. X가 확률변수일 때 다음을 기댓값의 정의를 이용하여 증명하시오.

$$\sigma^2(X) = E(X^2) - (E(X))^2$$

3. 다음을 증명하시오.
   ① X와 Y가 확률변수일 때, $\sigma^2(X+Y) = \sigma^2(X) + \sigma^2(Y) + 2Cov(X, Y)$이다.
   ② X와 Y가 서로 독립인 확률변수일 때, $\sigma^2(X+Y) = \sigma^2(X) + \sigma^2(Y)$이다.

4. X와 Y가 서로 독입인 확률변수일 때, $E(XY) = E(X)E(Y)$임을 증명하시오.
(힌트: X와 Y가 서로 독립이면 $p(x, y) = p(x)p(y)$이다)

5. 동전을 두 번 던지는 실험을 한다고 했을 때 다음 물음에 답하시오.
   ① 실험결과를 적어보시오.
   ② 확률변수 X를 정의하시오.
   ③ 모든 실험결과에 대해 확률변수X의 가능한 값을 말해보시오.

6. 20문항을 맞추는 시험이 실험이라고 하자. 이때 확률변수 X를 정의하고, 확률변수 X의 가능한 값을 말하시오. 이때 확률변수 X가 이산형인지 아니면 연속형인지를 설명해보시오.

7. 아래 표는 확률분포를 나타낸 것이다. 다음 물음에 답하시오.

x	-5	0	2	5
$p(x)$	0.1	0.3	0.4	0.2

   ① x가 가질 수 있는 값들을 모두 말하시오.
   ② 가장 확률이 높은 x값을 말하시오.

③ x가 0보다 큰 경우의 확률을 찾으시오.

④ $x=-5$일 때의 확률을 말하시오.

⑤ 확률의 합이 1이 됨을 증명해보시오.

8. 다음은 확률변수 X의 확률분포이다.

① 평균(기댓값), 분산, 표준편차를 구하시오.

② 새로운 확률변수 $Y=2X-1$에 대한 평균, 분산을 구하시오.

x	$p(x)$
0	0.1
2	0.2
4	0.4
6	0.3

9. H백화점에서 A라는 사람이 한 달 동안 방문한 횟수를 조사한 경험을 바탕으로 다음의 확률분포를 작성하였다.

x	0	1	2	3	4	계
$p(x)$	0.1	0.25	0.4	0.2	0.05	1

① 확률의 합을 구하시오.

② 한 달에 두 번 이하 방문할 확률을 구하시오.

③ 한 달에 세 번 이상 백화점에 방문할 확률을 구하시오.

④ A는 한 달에 평균적으로 몇 번 백화점을 방문하는지 구하시오.

10. 다음을 증명하시오.

① X와 Y가 연속확률변수일 때, $E(X+Y)=E(X)+E(Y)$.

② X와 Y가 서로 독립인 확률변수일 때, $Var(X+Y)=Var(X)+Var(Y)$.

11. 어느 주부의 백화점에 가는 횟수 X의 확률분포는 다음과 같다.

x	0	1	2	3	계
$p(x)$	$\frac{3}{10}$	$\frac{4}{10}$	$\frac{2}{10}$	$\frac{1}{10}$	1

① $p(x \le 1)$를 구하시오.

② X의 기댓값 $E(X)$를 구하시오.

③ X의 분산 $\sigma^2(X)$를 구하시오.

12. 10,000명으로부터 5명의 표본을 단순무작위로 뽑아서 A사의 핸드크림에 대해 몇 명(x)이나 호감을 느끼는지를 조사하였다. 이러한 과정을 100,000번 반복해서 조사해서 상대도수분포를 아래 표와 같이 만들었다. 이때 다음 물음에 답하시오.

x	도수	상대도수	$p(x)$
0	32,891	0.32891	0.32768
1	40,929	0.42929	0.40960
2	20,473	0.20473	0.20480
3	5,104	0.05104	0.05120
4	599	0.00599	0.00640
5	4	0.00004	0.00032
계	100,000		1.00000

① 확률변수 X를 정의하시오.

② 이 확률분포의 평균 μ과 표준편차 σ를 구하시오.

③ 이 분포에서 $\mu \pm 2\sigma$에 해당되는 구간을 찾으시오. 그리고 이 구간은 전체의 몇 %인지를 구하시오.

13. 청운주식회사에서 신제품 개발을 위해 A, B 두 가지 기술적 대안을 가지고 있다. 각 대안에 대한 신제품 개발의 성공과 실패의 확률, 그리고 신제품 개발이 성공했을 때와 실패했을 때의 손익이 다음 표와 같다. 이 회사는 어떤 대안을 선택할 수 있는가를 말해보시오.

대안	확률	손익
A	성공확률 0.6	100
	실패확률 0.4	−50
B	성공확률 0.4	300
	실패확률 0.6	−100

제7장

이산확률분포

이 장에서는 통계학에서 자주 이용되고 실제 현상에서도 많이 사용되는 중요한 이산확률분포에 대해 설명하겠다.

7.1 베르누이 시행

실험의 결과가 성공과 실패 두 가지의 가능한 사건만 가질 때 이 실험을 **베르누이 시행**(Bernoulli trial)이라 한다.

예를 들어, 동전 던지는 실험은 베르누이 시행으로, 앞면이 나타날 때를 성공이라 정의하면 그 결과는 상호배반적인 사건으로 성공인 앞면과 실패인 뒷면 이렇게 두 가지 결과가 나타난다. 주사위 눈금이 짝수일 때를 성공이라 하고, 홀수가 나오면 실패로 정의한다면, 이 실험의 모든 결과는 성공과 실패 두 가지뿐이므로 베르누이 시행이 된다.

베르누이 시행의 표본공간은 $S=\{$성공, 실패$\}$이며 실험 결과가 성공일 확률을 p라고 한다면, 또 다른 결과의 확률은 $1-p$일 것이다. 왜냐하면 모든 확률은 0과 1사이에 있기 때문이다. 여기서 실패할 확률 $1-p$를 q라고 놓기도 한다. 종합하면 $p+q=1$이며 $q=1-p$이다.

베르누이 확률변수 X를 X(성공)$=1$과 X(실패)$=0$으로 정의하면, 표본공간 $S=\{1,\ 0\}$이다.

이때 X의 확률질량함수 $p(x)$는 다음과 같이 정의된다.

$$p(x)=\begin{cases} p, & x=1 \\ 1-p, & x\neq 1 \\ 0 & \text{그 이외} \end{cases}$$

여기서 $0\le p\le 1$ 이다.

그러므로 베르누이 확률변수 X의 확률분포는 다음과 같다.

x	0	1
$p(x)$	$1-p$	p

위의 표를 이용하면 기댓값과 분산을 구할 수 있다.

(i) $E(X)=0\times(1-p)+1\times p$
$=p$

(ii) $\sigma^2(X)=E(X^2)-(E(X))^2$
$=p-p^2$
$=p(1-p)$

7.2 반복시행

베르누이 시행을 n번 반복할 때 성공을 r번 얻게 되는 확률은 매우 쉽게 계산될 수 있다.

예를 들어, 동전을 반복해서 던지는 실험을 생각해보자. 동전의 앞면이 나오면 H라고 하고, 동전이 뒷면인 경우 T라고 놓았을 때 앞면의 수를 확률변수 X로 갖는다고 하면 $p(1)=\frac{1}{2}$이다. T가 나올 확률도 $p(0)=\frac{1}{2}$이다.

한 번 시행 때 나타날 수 있는 결과는 H 또는 T가 될 것이고 확률도 각각 $p=\frac{1}{6}$와 $q=\frac{1}{6}$이 될 것이다. 두 번 시행 때는 HH, HT, TH, TT의 결과들을 얻게 되므로, 확률은 각각 p^2, pq, qp, q^2이 된다. 그리고 세 번 동전을 던졌을 때 나타나는 결과는 다음과 같다.

$$HHH,\ HHT,\ HTH,\ THH,\ HTT,\ THT,\ TTH,\ TTT$$

즉 8가지 결과들이 나타나므로 확률은 각각

$$p^3,\ p^2q,\ p^2q,\ p^2q,\ pq^2,\ pq^2,\ pq^2,\ q^2$$

이다. 정리해보면 확률이 p^3, q^3인 경우는 한 번씩 그리고 확률이 p^2q와 pq^2인 경우는 세 번씩 실험결과로 나타난다.

그러므로 n번 동전을 던지는 실험에서 앞면과 뒷면이 나타날 수 있는 사건들의 확률은 이항전개식 $(q+p)^n$으로 계산된다.

$$\begin{aligned}(p+q)^n &= {}_nC_0 p^0 q^n + {}_nC_1 p^1 q^{n-1} + {}_nC_2 p^2 q^{n-2} + \cdots + {}_nC_r p^r q^{n-r} + \cdots + {}_nC_n p^n q^0 \\ &= q^n + {}_nC_1 p^1 q^{n-1} + {}_nC_2 p^2 q^{n-2} + \cdots + {}_nC_r p^r q^{n-r} + \cdots + p^n\end{aligned}$$

계수 ${}_nC_r$은 n번 던져서 r번 앞면($n-r$번 뒷면)이 나타나는 경우의 수를 의미한다.

예를 들어, 세 번 동전을 던져서 2번 앞면이 나올 확률은

$${}_3C_2\ p^2q^1 = \frac{3!}{2!\ 1!}\left(\frac{1}{2}\right)^2\left(\frac{1}{2}\right) = \frac{3}{8}$$

이다.

여기서 ${}_3C_2 = 3$은 동전을 세 번 던져서 앞면이 두 번 나타나는 사건들의 수, 즉 집합 $\{HHT, HTH, THH\}$의 원소 개수를 의미한다.

예제 1 주사위를 7회 굴렸을 때 숫자 '5'가 2회 나타날 확률은 얼마인가?

풀이 한 번 주사위를 굴렸을 때 숫자 '5'가 나타날 확률은 $\frac{1}{6}$이고, '5'가 아닌 숫자가 나타날 확률은 $\frac{5}{6}$이다. 그리고 주사위를 7회 반복해서 굴렸을 때 그 가운데 숫자 '5'가 2회 나타나는 경우의 수는 ${}_7C_2$이므로 확률은

$${}_7C_2\left(\frac{1}{6}\right)^2\left(\frac{5}{6}\right)^5 = \frac{21,875}{93,312}$$

이다. ■

예제 2 주사위를 6회 굴렸을 때 숫자 '3'이 많아야 2회 나타날 확률은 얼마인가?

풀이 주사위의 숫자 '3'이 많아야 2회 나타난다는 사건은 한 번도 나타나지 않는 경우, 한 번 나타나는 경우와 두 번 나타나는 경우를 의미하므로 이때 확률은

$${}_6C_0\left(\frac{1}{6}\right)^0\left(\frac{5}{6}\right)^6 + {}_6C_1\left(\frac{1}{6}\right)^1\left(\frac{5}{6}\right)^5 + {}_6C_2\left(\frac{1}{6}\right)^2\left(\frac{5}{6}\right)^4$$

이다. ■

예제 3 어떤 생산품이 10%가 불량이라고 한다. 무작위로 12개를 선택했을 때 적어도 9개가 불량품일 확률은 얼마인가?

풀이 생산품이 불량일 확률을 p라고 하면 $p=\dfrac{1}{10}$이고, 정상품일 확률은 $q=\dfrac{9}{10}$가 된다. 12개 상품 중 적어도 9개가 불량이라는 의미는 12개 중 9개 이상이 불량품일 확률이다. 따라서

$${}_{12}C_9\left(\frac{1}{10}\right)^9\left(\frac{9}{10}\right)^3 + {}_{12}C_{10}\left(\frac{1}{10}\right)^{10}\left(\frac{9}{10}\right)^2 + {}_{12}C_{11}\left(\frac{1}{10}\right)^{11}\left(\frac{9}{10}\right) + {}_{12}C_{12}\left(\frac{1}{10}\right)^{12}$$

이다. ■

7.3 이항확률분포

2절의 반복시행을 좀 더 자세히 정리해보겠다. 베르누이 시행을 n번 반복하는 실험에서 확률변수 X를 성공 횟수라고 정의하면 X는 **이항확률변수**(binomial random variables)이며, X의 확률분포는 **이항확률분포**(binomial probability distribution)가 된다. 간단히 이항분포라고 한다.

베르누이 시행의 성공확률을 p라고 하고 성공횟수를 x라고 하면 이항확률변수 X의 확률질량함수 $p(x)$는 다음과 같이 정의된다.

$$p(x)=\begin{cases}\binom{n}{x}p^x(1-p)^{n-x} & x=0,\ 1,\ 2,\ \cdots,\ n\\ 0 & \text{그 이외}\end{cases}$$

이항확률변수 X가 n번 시행과 성공확률 p인 이항분포를 따른다는 표시로써 다음의 기호를 사용한다.

$$X \sim B(n,\ p)$$

여기서 X의 기댓값 $E(X)$와 분산 $\sigma^2(X)$을 계산해보겠다.

베르누이 시행을 n번 반복하는 경우 X_i를 i번째 베르누이 시행의 베르누이 확률변수라고 하고 이때 성공확률을 p라고 하겠다. 베르누이 시행이 반복되는 것이므로 각각의 성공확률도 p가 된다. 이때 이항확률변수 X는 각각의 베르누이 시행 X_i들의 합으로 나타낼 수 있다. 즉

$$X=X_1+X_2+\cdots+X_n$$

그런데 $E(X_i)=p$이고 $\sigma^2(X_i)=p(1-p)$이다(6장 참조). 각각의 X_i는 서로 독립이므로 다음을 만족한다.

$$\begin{aligned}(\text{I})\quad E(X)&=E(X_1+\cdots X_n)\\ &=E(X_1)+E(X_2)+\cdots+E(X_n)\\ &=p+\cdots+p\\ &=np\end{aligned}$$

$$\begin{aligned}(\text{II})\quad \sigma^2(X)&=\sigma^2(X_1+\cdots+X_n)\\ &=\sigma^2(X_1)+\cdots+\sigma^2(X_n)\\ &=p(1-p)+\cdots+p(1-p)\\ &=np(1-p)\end{aligned}$$

예를 들어, 동전을 2번 던지는 실험에서 X를 앞면의 수로 정의했을 때 기댓값 $E(X)$와 분산 $\sigma^2(X)$를 구하는 여러 가지 방법에 대해 살펴보겠다.

방법 1 :

먼저 X의 이항확률분포를 작성하여 기댓값과 분산을 구할 수도 있다.

x	0	1	2
$p(x)$	${}_2C_0\left(\frac{1}{2}\right)^0\left(\frac{1}{2}\right)^2=\left(\frac{1}{2}\right)^2$	${}_2C_1\left(\frac{1}{2}\right)\left(\frac{1}{2}\right)=2\left(\frac{1}{2}\right)^2$	${}_2C_2\left(\frac{1}{2}\right)^2\left(\frac{1}{2}\right)^0=\left(\frac{1}{2}\right)^2$

위의 표를 이용하면 기댓값 $E(X)$와 분산 $\sigma^2(\mathrm{X})$를 계산할 수 있다.

$$E(X)=0\times\left(\frac{1}{2}\right)^2+1\times2\left(\frac{1}{2}\right)^2+2\times\left(\frac{1}{2}\right)^2=\frac{1}{2}+\frac{1}{2}=1$$

$$E(X^2)=0^2\times\left(\frac{1}{2}\right)^2+1^2\times2\left(\frac{1}{2}\right)^2+2^2\times\left(\frac{1}{2}\right)^2=\frac{1}{2}+1=\frac{3}{2}$$

$$\sigma^2(\mathrm{X})=\mathrm{E}(\mathrm{X}^2)-(\mathrm{E}(\mathrm{X}))^2=\frac{3}{2}-1=\frac{1}{2}$$

그러므로 기댓값 $E(X)=1$이고 분산 $\sigma^2(X)=\frac{1}{2}$이다.

방법 2 :

이 실험에서 확률변수 X는 이항분포를 따르므로 $X\sim B\left(2,\ \frac{1}{2}\right)$이다. 따라서

$$E(X)=np=2\times\frac{1}{2}=1$$

$$\sigma^2(\mathrm{X})=\mathrm{npq}=2\times\frac{1}{2}\times\frac{1}{2}=\frac{1}{2}$$

임을 구할 수 있다.

예제 4 어떤 야구선수의 타율이 3할이라고 한다. 이 선수가 10회 타석에서 2회 안타를 칠 확률을 구하시오.

풀이 확률변수 X를 안타 개수라고 정의하면 각 타석에서 안타를 치는 것은 서로 독립이다. 그러므로 이 경우 베르누이 시행을 10번 반복하는 실험이다. 따라서 $X\sim B$

(10, 0.3)이다.

$$\begin{aligned} p(2) &= {}_{10}C_2 \times (0.3)^2 \times (0.7)^8 \\ &= \frac{10 \times 9}{2 \times 1}(0.09) \times (0.0576) = 0.233 \end{aligned}$$

그러므로 3할 타자가 10회 타석에서 2회 안타를 칠 확률은 0.233이다. ■

예제 5 성공확률이 $\frac{1}{3}$인 베르누이 시행을 4번 반복할 경우, 성공 횟수가 2번일 확률을 구하시오.

풀이 $X \sim B\left(4,\ \frac{1}{3}\right)$이므로, $p(2) = {}_4C_2\left(\frac{1}{3}\right)^2\left(\frac{2}{3}\right)^2 = \frac{4 \times 3}{2 \times 1} \times \frac{1}{9} \times \frac{4}{9} = \frac{8}{27} = 0.296$ ■

예제 6 선다형문제 10문항이 있는데 각 문제당 5개의 보기가 있다. 문제의 답을 무작위로 선택할 때 정답이 하나도 없을 확률과 3개부터 6개까지 정답을 맞힐 확률을 구하시오.

풀이 확률변수 X를 10문항 중 정답을 맞힌 문제 수라고 하면 X는 이항분포를 따른다.

$$X \sim B\left(10,\ \frac{1}{5}\right)$$

① $x = 0$:

$$p(0) = \binom{10}{0}\left(\frac{1}{5}\right)^0\left(\frac{4}{5}\right)^{10} = \left(\frac{4}{5}\right)^{10}$$

② $3 \le x \le 6$:

$$p(3 \le x \le 6) = p(3) + p(4) + p(5) + p(6)$$

이므로

$$p(3 \le x \le 6) = {}_{10}C_3\left(\frac{1}{5}\right)^3\left(\frac{4}{5}\right)^7 + {}_{10}C_4\left(\frac{1}{5}\right)^4\left(\frac{4}{5}\right)^6$$

$$+{}_{10}C_5\left(\frac{1}{5}\right)^5\left(\frac{4}{5}\right)^5+{}_{10}C_6\left(\frac{1}{5}\right)^6\left(\frac{4}{5}\right)^4$$

이다. ■

위의 문제에서 복잡한 확률을 계산해야 하는 번거로움을 피하기 위하여 부록의 표 I에 나와 있는 이항분포의 누적확률분포를 이용하면 간단히 확률을 얻을 수 있다. 이 표에는

$$p(x \le k)=\sum_{x=0}^{k}\binom{n}{x}p^x(1-p)^{n-x},\ (n\text{은 시행횟수, } p\text{는 성공확률})$$

누적확률이 여러 경우의 n, p, k 값에 따라 주어져 있다. 그래서 누적확률분포를 이용하여

$$\begin{aligned} p(3 \le x \le 6) &= p(x \le 6)-p(x \le 2) \\ &= 0.999-0.678=0.321 \end{aligned}$$

을 구하게 된다.

이항분포의 누적확률분포를 이용하여 확률을 구하는 방법에 대해서 좀 더 생각해보자.

$$\begin{aligned} &p(a)=p(x \le a)-p(x \le a-1) \\ &p(a \le x \le b)=p(x \le b)-p(x \le a-1) \\ &p(x \ge a)=1-p(x \le a-1) \end{aligned}$$

예제 7 A기업에서 생산하는 제품 중 5%가 불량품이다. 생산된 제품 중 무작위로 선택한 5개 중 1개가 불량품일 확률과 불량품이 2개 이상일 확률을 구하시오.

풀이 확률변수 X를 불량품의 수라 하자. 이때 $X \sim B(5,\ 0.05)$를 따르는 이항확률변수가 된다.

① $x=1$:

$$p(1) = {}_5C_1(0.05)^1(0.95)^4$$

이다. 누적확률분포를 이용하면

$$\begin{aligned} p(1) &= p(x \le 1) - p(x \le 0) \\ &= 0.977 - 0.774 = 0.203 \end{aligned}$$

② $x \ge 2$:

$$\begin{aligned} p(x \ge 2) &= 1 - p(x \le 1) = 1 - \{p(0) + p(1)\} \\ &= 1 - \left\{ {}_5C_0(0.05)^0(0.95)^5 + {}_5C_1(0.05)^1(0.95)^4 \right\} \end{aligned}$$

또는 부록의 표 I 누적이항분포를 이용하여

$$p(x \ge 2) = 1 - p(x \le 1) = 1 - 0.977 = 0.023$$

이다. ■

7.4 초기하확률분포

이항분포는 각각의 시행이 모두 독립적이었으나 **초기하확률분포**(hypergeometric probability distribution)는 연속해서 시행하는 사건이 서로 독립이 아니다. 비복원추출은 초기하확률분포를 따른다. 간단히 초기하분포라고 하겠다.

파란색 공 4개와 흰색 공 2개가 들어 있는 주머니에서 공 두 개를 무작위로 선택하는 두 가지 방법을 생각할 수 있다. 첫 번째는 주머니 속에서 한 개의 공을 선택한 다음 뽑은 공을 다시 주머니 속에 넣고 다시 뽑는 방법이 있겠고 두 번째는 뽑은 공을 다시 주머니 속으로 집어넣지 않고 두 번째 공을 선택하는 방법이다. 우리는 첫 번째 방법을 복원추출이라 하고, 두 번째 방법을 비복원추출이라 한다.

비복원추출은 이항분포와 같이 반복해서 시행하지만 반복시행 때 이전의 사건과 독립적이지 않다는 점에서 이항분포와 다르다. 이와 같이 확률변수 X를 비복원추출에 의한 특정 사건의 발생 수로 정의한다면, 이때 X가 초기하분포를 따른다고 말한다.

예를 들어, 파란색 공 4개와 흰색 공 2개가 들어 있는 주머니에서 공 두 개를 비복원추출로 선택할 때, 모두 파란색 공이 선택될 확률을 생각해보자. 첫 번째 선택한 공이 파란색일 확률은 $\frac{4}{6}$이고 두 번째 공도 파란색일 확률이 $\frac{3}{5}$이므로 문제의 확률은 $\frac{4}{6}\times\frac{3}{5}=\frac{2}{5}$가 된다.

초기하분포의 확률함수 $p(a)$를 정의하기 위해서 몇 가지 기호를 다음과 같이 약속하기로 하겠다. N은 전체 집합의 크기, N_1은 성공집합의 크기, N_2는 실패집합의 크기, a는 성공사건의 수, b는 실패사건의 수라고 하겠다. 이때 $N_2=N-N_1$이며, $a\le N_1$이고 $b\le N_2$이다. 다음은 초기하분포의 확률함수이다.

$$p(a)=\frac{{}_{N_1}C_a\times{}_{N_2}C_b}{{}_NC_{a+b}}$$

여기서 ${}_NC_r$은 순서에 상관없이 N개 중에서 r개를 선택하는 경우의 수를 나타내는 기호이며, 5장에서 소개했던 것과 같이 계산된다.

$$\begin{aligned}{}_NC_r&=\frac{N!}{r!(N-r)!}\\&=\frac{N\times(N-1)\times(N-r+1)}{r!}\end{aligned}$$

위의 예에서 주머니 안의 공의 수 $N=6$, 파란색 공의 수 $N_1=4$, 흰색 공의 수 $N_2=2$, 선택된 파란색 공의 수 $a=2$, 선택된 흰색 공의 수 $b=0$이므로 확률함수 $p(a)$를 이용하면 $p(2)=\frac{{}_4C_2\times{}_2C_0}{{}_6C_2}=\frac{(4\times3)\times1}{6\times5}=\frac{2}{5}$를 얻는다.

예제 8 어느 학급의 인원수가 30명이고 이 가운데 안경 낀 학생이 10명이라고 하자. 이때 비복원추출로 3명을 선택할 때 안경 낀 학생이 2명 포함될 확률을 구하시오.

풀이 확률변수 X를 선택된 안경 낀 학생의 수라 하면 X는 초기하분포를 따른다. 그러므로 학급의 학생 수 $N=30$, 안경 낀 학생의 수 $N_1=10$, 안경 안 낀 학생의 수

$N_2=20$, 선택된 안경 낀 학생의 수 $a=2$, 선택된 안경 안 낀 학생의 수 $b=1$이므로 확률함수

$$p(2)=\frac{{}_{10}C_2\times{}_{20}C_1}{{}_{30}C_3}=\frac{(5\times9)\times20}{10\times29\times14}=\frac{45}{203}$$

이다. ■

예제 9 제품 100개 중에서 20개가 불량품이라 한다. 만일 10개를 아래 두 가지 방법으로 선택할 때 8개 이상이 불량품이 아닐 확률은 얼마인가?

① 비복원추출 ② 복원추출

풀이 ① 비복원추출 :

X를 정상 제품의 개수를 나타내는 확률변수라 하자. 그러면 X가 가질 수 있는 값은 8, 9, 10이 될 것이다. X는 초기하분포를 따르므로 다음과 같이 계산된다.

$$p(x\geq 8)=\frac{{}_{80}C_8\times{}_{20}C_2}{{}_{100}C_{10}}+\frac{{}_{80}C_9\times{}_{20}C_1}{{}_{100}C_{10}}+\frac{{}_{80}C_{10}\times{}_{20}C_0}{{}_{100}C_{10}}$$

② 복원추출 :

X를 불량품의 개수라 하면 $X\sim B\left(100,\ \frac{2}{10}\right)$를 따르는 이항확률변수이다. 양품의 개수가 8개 이상이므로 불량품의 개수는 2개 이하가 된다. 그러므로 구하는 식은

$$p(x\leq 2)={}_{10}C_2\left(\frac{2}{10}\right)^2\left(\frac{8}{10}\right)^8+{}_{10}C_1\left(\frac{2}{10}\right)^1\left(\frac{8}{10}\right)^9+{}_{10}C_0\left(\frac{2}{10}\right)^0\left(\frac{8}{10}\right)^{10}$$ ■

예제 10 10개의 제품 가운데 3개가 불량품이다. 이때 2개의 제품을 차례로 비복원추출로 선택할 때 모두 불량품이 아닐 확률을 구하시오.

풀이 확률변수 X를 제품 가운데 정품의 수라 하자. 그러므로 $X=2$일 확률은

$$p(2) = \frac{{}_7C_2\ {}_3C_0}{{}_{10}C_2} = \frac{21 \times 1}{45} = \frac{21}{45}$$

이다. ■

7.5 푸아송확률분포

푸아송확률분포(Poisson probability distribution)는 특정한 시간대나 공간 등에서 드물게 발생하는 사건의 수를 확률변수로 하는 분포이다. 간단히 푸아송분포라고 하겠다.

예를 들어, 일정 시간 내에 전화가 걸려오는 수, 일정 길이에서 발생하는 철선의 결함 수, 일정 기간 동안에 은행을 찾는 고객의 수, 어느 지역에서 일정 푸아송분포에 적용되는 사례들과 전제조건은 다음과 같다:

① 일정기간 동안 복잡한 사거리에서 발생하는 자동차 사고의 수
② 일정기간 동안 은행창구를 찾는 고객의 수
③ 일정기간 동안 걸려오는 전화의 수
④ 철판의 단위면적당 흠집의 수
⑤ 페이지당 오타의 수
⑥ 일정량의 혈액 속에 들어있는 적혈구의 수

전제조건:

① 발생하는 수는 시간이나 공간의 구간별로 독립이다.
② 사건이 발생할 확률은 구간의 길이에 비례한다.
③ 아주 작은 구간에서 어떤 사건이 발생할 확률은 아주 작아 무시할 수 있다.

일정 시간이나 공간 안에서 발생하는 평균사건의 수를 λ라 하면 푸아송분포는 λ에 의해서 결정된다. x를 일정 시간이나 공간 안에서 발생하는 사건의 수라 하면 확률함수는 다음과 같다.

$$p(x)=\begin{cases} \dfrac{e^{-\lambda}\lambda^x}{x!}, & x=0,\ 1,\ 2,\ \cdots \\ 0 & \text{그 이외} \end{cases} \quad (\text{단, } e=2.71828\cdots)$$

푸아송분포의 확률변수 X에 대해서 다음과 같은 특성을 가진다.

$$E(X)=\lambda,\ \sigma^2(X)=\lambda$$

예제 11 어떤 작업장에 투입되는 부품 중 불량품의 수는 일일평균 5개인 푸아송분포를 따른다고 한다. 하루 동안 이 작업장에 들어오는 불량품이 2개일 확률을 구하고, 불량품이 2개 이상일 확률을 구하시오.

풀이 ① $\lambda=5$이므로 $p(2)$을 구하면,

$$p(2)=\frac{e^{-5}\,5^2}{2\times 1}=0.0842=0.0842$$

② 불량품이 2개 이상 발생할 사건과 1개 미만 발생할 사건은 여사건 관계이다. 즉

$$\begin{aligned} p(x\geq 2) &= 1-p(x\leq 1) \\ &= 1-p(0)-p(1) \\ &= 1-\frac{e^{-5}\,5^0}{1}-\frac{e^{-5}\,5^1}{1} \\ &= 1-0.0067-0.0337 \\ &= 0.960 \end{aligned}$$

■

예제 12 어떤 전화 교환수가 10분당 받는 전화의 수가 평균 $\lambda=1$인 푸아송분포를 따른다고 한다. 10분 동안 전화를 한 번도 받지 않을 확률을 구하시오.

풀이 전화를 한 번도 받지 않을 확률 $p(0)$은

$$p(0) = \frac{e^{-1} \cdot 1^0}{0!} = 0.3679$$ ■

푸아송분포는 이항분포의 근사로 계산될 수 있다. 이항분포 $B(n,\ p)$에서 평균 $\lambda = np$를 일정하게 하고 n을 충분히 크게 하면 푸아송분포에 근사하게 된다. 즉

$${}_nC_x\, p^x (1-p)^{n-x} \approx \frac{e^{-\lambda} \lambda^x}{x!} \quad (\text{단, } n\text{이 } x\text{에 비하여 매우 큰 경우})$$

이와 같이 n이 충분히 크고 p가 0에 가까운 경우에, $X \sim B(n,\ p)$인 X가 n에 비하여 충분히 작은 0 이상의 정수일 때 이항분포를 이용할 수 없어서 다음의 근사로 계산한다.

$$p(x) \approx \frac{e^{-\lambda} \lambda^x}{x!}$$

예제 13 어느 의료기관의 조사에 의하면, 어떤 특수 혈액병으로 한 사람이 일 년 동안에 사망할 확률이 0.00001로 나타났다. 만약 A보험회사의 가입자가 10만 명이라면 어느 일년 동안 이 혈액병으로 사망한 사람에게 보험금 지급건수가 5건 이상일 확률을 구하시오.

풀이 푸아송분포를 이용하도록 한다. $n = 10$만, $p = 0.00009$에 대한 이항분포의 값이 없으므로 푸아송분포에 근사하여 계산한다. $\lambda = np = 9$이므로 다음과 같다.

$$p(x \geq 5) = 1 - p(x \leq 4) = 1 - 0.055 = 0.945$$ ■

연습문제

1. 고속도로에서 홍성 방면으로 가는 차를 성공이라 하고 부산 방면으로 가는 차를 실패라고 하겠다. 이때 10대 중 9대는 홍성 방면으로 간다고 할 때 기댓값과 분산을 구하시오.

2. O, X 시험문제가 10문제 주어졌을 때, 단순한 추측에 의해서 7문제 이상 맞추지 못할 확률을 구하시오.

3. 사지선다형 시험문제가 15문제 주어졌을 때, 단순한 추측에 의해서 10문제 이상 맞출 확률을 구하시오.

4. 4할 타자가 3회 타석에서 투수의 공을 받아치는 실험을 생각해보자. 이때 확률변수 X를 정의하고 X의 평균과 기댓값을 구하시오.

5. $X \sim B(10,\ 0.1)$일 때 다음을 구하시오.

① $p(X=0)$ ② $p(X=2)$

③ $p(X \le 2)$ ④ $p(X \ge 1)$

⑤ $E(X)$ ⑥ $Var(X)$, $\sqrt{Var(X)}$

6. 어느 회사에서 종업원 100명을 대상으로 설문조사를 실시하였다. 노동조합 설립에 찬성하는 종업원의 수를 X라고 하자. 만일 모든 종업원들의 노동조합 설립 찬성 비율이 0.8이라고 했을 때, 다음 물음에 답하시오.

(1) X의 평균과 표준편차를 구하시오.

(2) 누적이항분포를 이용하여 $X > 90$일 확률을 구하시오.

7. 청운전자에서는 핸드폰부품을 생산하고 있는데, 생산 공정상에서 제품의 불량률이 1%라고 한다.

① 제품 20개를 임의로 선택해서 조사했을 때, 2개가 불량품일 확률은 얼마인가?

② 제품 20개를 선택했을 때, 불량품이 1개 이하일 확률을 구하시오.

8. 어느 비행기 승객의 70%가 흡연하는 사람이라 한다. 만일 25명을 무작위로 추출했을 때 평균 몇 명이 흡연을 하겠는가? 그리고 표준편차는 얼마인가?

9. 통계학 강의에서 40%의 학생들이 중간시험을 선호하고 나머지는 수시시험을 원한다. 10명을 임의로 선택하여 조사했을 때, 6명의 학생이 수시시험을 선호할 확률을 구하시오.

10. 한 번의 운항에서 비행기 엔진의 고장확률은 1% 정도이다. 4개의 엔진을 장착한 비행기는 2개의 엔진이 가동되면 운항이 가능하고, 2개의 엔진을 장착한 비행기는 1개의 엔진만 가동되면 운항이 가능한데 4개의 엔진을 장착한 비행기가 엔진고장으로 불시착할 확률을 구하시오.

11. 한국의 의사들에 의하여 의사의 오진이 5%라고 추정하는데, 이 주장이 맞는다고 할 때, 15명의 환자를 임의로 선택했을 때 3명의 환자를 오진할 확률을 구하시오.

12. 슈퍼마켓에서 주부의 25%는 A라면을 산다. 라면을 사는 주부 5명을 무작위로 선택했다. 이때
① 5명 중 3명이 A라면을 살 확률을 구하시오.
② 5명 중 4명 이상이 A라면을 살 확률을 구하시오.
③ 5명 중 A라면을 사는 주부의 기댓값과 분산을 구하시오.

13. 새로 상장되는 10개의 주식 가운데 4개를 선택하여 투자하려고 한다. 그런데 이 10개의 주식 중 3개는 이익을 내며 나머지 7개는 손실을 낸다고 한다. 다음 물음에 답하시오.
① 이익을 낼 주식의 3곳에 투자할 확률을 구하시오.
② 적어도 이익을 낼 주식 2곳에 투자할 확률을 구하시오.
③ x는 선택된 4개 가운데 이익을 낼 주식의 수이다. 이때 x에 대한 확률분포를 그래프로 그리시오.

14. 여름 종로 경찰서 12시에서 2시 사이에 1분당 0.4회의 전화가 걸려온다고 하며, 전화가 걸려오는 횟수가 푸아송분포의 특성을 갖는다고 한다. 1분에 2회의 전화가 걸려올 확률을 구하시오.

15. 어떤 교환수가 10분당 받는 전화의 수는 평균 한번이고 푸아송분포를 한다고 한다. 10분 동안

전화를 한 번도 받지 않을 확률은 얼마인가? 그리고 전화를 4번 이상 받지 않을 확률을 구하시오.

16. 어떤 병원 응급실에 밤 12시부터 새벽 2시까지 들어오는 환자의 수는 평균 3.5명으로 푸아송 분포를 따른다. 이 기간 동안 환자가 2명에서 5명까지 들어올 확률을 구하시오. 이 기간 동안 들어오는 환자 수의 평균은 얼마인가?

제8장

연속확률분포

- 8.1 정규확률분포
- 8.2 표준정규확률분포
- 8.3 이항분포의 정규근사
- 8.4 이항분포의 근사인 푸아송분포
- 8.5 특정구간에서 정규곡선으로 둘러싸인 부분의 면적

7장에서 이산확률변수와 이산확률분포에 대해 살펴보았다. 8장에서는 연속확률변수와 연속확률분포에 대해 살펴보기로 하겠다. 정규분포와 지수분포는 연속확률분포인데 정규분포는 가장 대표적인 연속확률분포이다. 지수분포는 서비스 시간이나 지연 시간을 확률변수로 갖는데 응용된다. 여기서는 정규분포에 대해서만 설명한다.

이산확률변수와 연속확률변수의 근본적인 차이는 확률이 어떻게 계산되는가에 있다. 이산확률변수에 대한 확률함수 $p(x)$는 확률변수가 특정한 값을 취할 때의 확률을 말한다. 반면에 연속확률변수에 대한 확률함수는 확률밀도함수 $f(x)$에 의해 확률이 계산되지만 이 함수로 직접 계산되지 않는다. 그러나 연속확률변수 X가 주어진 구간에서 값을 취한다는 가정 하에 이 구간에서 함수 $f(x)$아래 그래프의 면적이 확률이 된다.

특정한 점에서 $f(x)$ 아래 그래프는 선이기 때문에 면적이 0이다. 따라서 연속확률변수 X가 어떤 특정한 값에서의 확률은 0이다.

이 장에서는 주로 정규분포와 정규분포의 응용에 대해 설명할 것이다. 정규분포는 폭넓게 사용되는 상대도수분포이다. 이 분포는 통계학적 추론에 있어서 많은 장점을 가진다.

8.1 정규확률분포

연속확률변수의 확률분포 가운데 가장 중요한 것은 **정규확률분포**(normal probability distribution)이다. 간단히 정규분포라고 말한다. 정규분포의 확률변수를 **정규확률변수**(normal random variables)라고 하며 이 확률변수는 사람의 키나 체중, 시험성적, 과학적 측정값, 강수량 등과 같이 실제적인 응용분야에 널리 사용된다.

1) 정규곡선

정규분포의 모양은 아래 그림처럼 종모양의 **정규곡선**(normal curve)으로 그려진다. 또한 확률밀도함수는 정규분포의 정규곡선에 의해 정의된다.

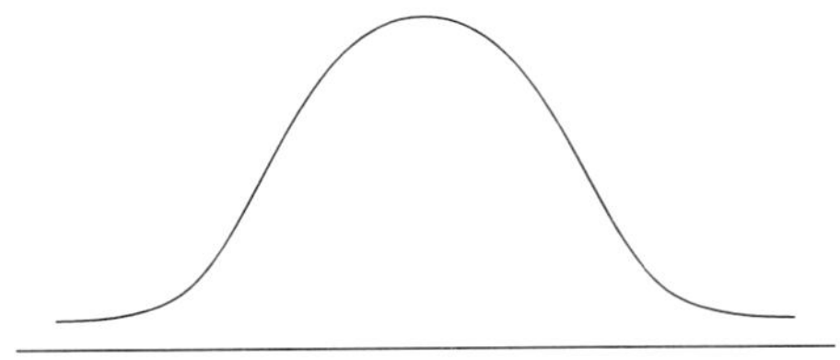

정규분포의 정규곡선

2) 정규확률밀도함수

정규확률밀도함수(normal probability density function)는 다음과 같이 정의된다.

$$f(x) = \frac{1}{\sigma\sqrt{2\pi}} e^{\frac{-(x-\mu)^2}{2\sigma^2}}$$

여기서

μ = 평균

σ = 표준편차

$\pi = 3.141592\cdots$

$e = 2.71828\cdots$

이다.

3) 정규분포

다음은 **정규분포**(normal distribution)의 특성들에 대해 설명한 것이다.

(i) 모든 종류의 정규분포는 두 개의 요소(평균 μ와 표준편차 σ)에 의해 구별된다.
이때 확률변수 X는 평균 μ와 표준편차 σ인 정규분포를 따른다고 할 때 다음 기호

$$X \sim N(\mu,\ \sigma^2)$$

로 표시된다.

(ii) 정규분포는 대칭(비대칭도 = 0)이다. 평균을 중심으로 왼쪽부분과 오른쪽 부분이 모양에서 일치한다. 평균을 중심으로 반을 접으면 완전히 일치하게

된다. 정규곡선의 꼬리부분은 수평축과 결코 만나지 않는다. 즉

$$\forall x \in X,\ f(x) > 0$$

(iii) 평균에서 정규곡선의 최고점이 나타난다. 물론 대칭이기 때문에 중앙값과 최빈값 그리고 평균이 모두 같다.

(iv) 정규분포의 평균은 수치적인 값이기 때문에 음수, 영, 또는 양수인 값을 가질 수 있다.

(v) 표준편차는 정규곡선이 얼마나 넓고 편평한지를 말해준다. 표준편차가 클수록 더 넓고 편평한 곡선의 모양을 한다.

(vi) 확률변수에 대한 확률은 정규곡선 아래의 면적으로 주어진다. 정규분포에서 정규곡선 아래의 전체면적은 1이다.

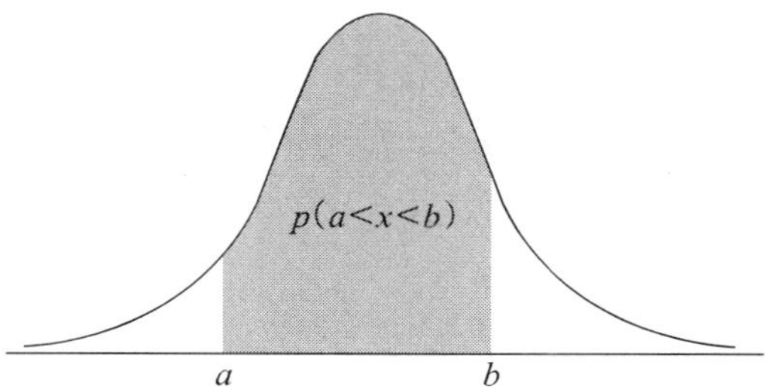

$$p(a \le x \le b) = \int_a^b f(x)\,dx$$

$$p(-\infty \le x \le +\infty) = \int_{-\infty}^{+\infty} f(x)\,dx = 1$$

8.2 표준정규확률분포

평균이 0이고 표준편차가 1인 정규분포를 **표준정규확률분포**(standard normal probability distribution)라고 하고 간단히 표준정규분포라고 말한다. 통계량이 z인 정규분포를 말한다(3장 참고). 이 분포는 정규분포의 모양과 똑같지만 단지 평균과

표준편차가 항상 일정한 값($\mu=0$, $\sigma=1$)을 가진다는 특징이 있다.

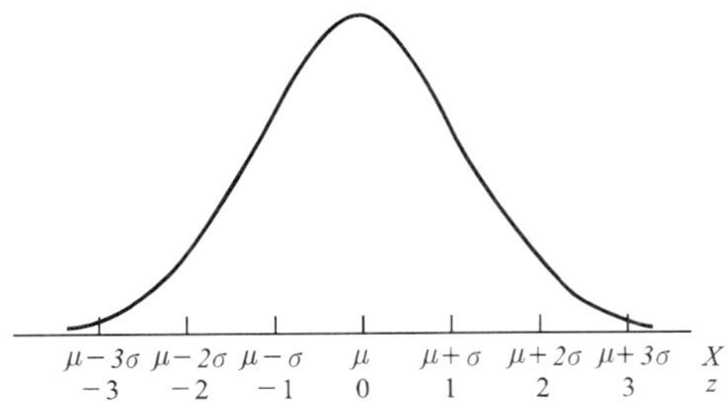

표준정규분포

$\mu=0$, $\sigma=1$이므로 표준정규분포의 확률밀도함수 $f(z)$은 간단히 아래의 식과 같이 요약된다.

$$f(z)=\frac{1}{\sqrt{2\pi}}\,e^{\frac{-z^2}{2}}$$

표준정규분포의 경우, 정규곡선 아래의 면적이 계산되어 있으며 부록의 표Ⅱ를 이용하여 확률을 계산할 수 있다.

예제 1 모집단의 상대도수분포는 평균 $\mu=500$와 표준편차 $\sigma=100$을 가진다고 하자. $x=650$일 때 z값을 구하시오.

풀이 $x=650$은 평균 $\mu=500$에서 위로 150만큼 떨어져 있다. 평균에서 떨어져 있는 거리는 표준편차 σ의 1.5배이다. 즉 $z=1.5$이다. 이것을 직접적으로 계산하면 다음과 같다.

$$z=\frac{x-\mu}{\sigma}=\frac{650-500}{100}=1.5$$

■

예제 2 이 분포가 표준정규분포를 따른다고 했을 때, 평균과 표준편차의 +1.26배되는 점 사이의 면적을 구하시오.

풀이 부록 표Ⅱ에서 $z = 1.26$에 해당하는 면적 $A = 0.3962$이다. ■

예제 3 $z = 0$과 $z = -1.26$사이에 놓여있는 표준정규곡선 아래의 면적을 구하시오.

풀이 $z = -1.26$은 음수이다. 이 값은 평균에서 왼쪽에 놓여 있다. 그런데 표준정규곡선은 대칭이므로 z가 0과 $+1.26$사이의 면적과 정확히 같다. 예제 2에서 이 면적은 0.3962였다. 따라서 $z = -1.26$과 0사이의 면적은 0.3962이다. ■

예제 4 표준정규분포의 확률변수 Z가 평균을 중심으로 표준편차의 2배 안쪽에 놓여 있게 될 확률을 구하시오.

풀이 평균과 $z = +2$사이의 면적은 정확히 평균과 $z = -2$사이의 면적과 정확히 같다. 그래서 단지 평균과 $z = +2$사이의 면적을 구하고 그 값에 2배를 하면 문제의 확률을 구하게 된다. 따라서 확률은 $P = 2 \times 0.4772 = 0.9544$이다. ■

예제 5 표준정규확률변수가 $z > 2$을 만족하는 범위에 놓여 있게 될 확률, 즉 $p(z > 2)$를 구하시오.

풀이 예제 4에서 z가 0과 2사이에 놓일 확률, 즉 $p(0 < z < 2) = 0.4772$을 구하였다. 따라서 $p(z > 2) = 0.5 - p(0 < z < 2) = 0.5 - 0.4772 = 0.0228$이다. ■

예제 6 z가 1.2와1.6사이에 놓여 있을 때, 표준정규곡선 아래의 면적을 구하시오.

풀이 $p(1.2 < z < 1.6) = p(0 < z < 1.6) - p(0 < z < 1.2) = 0.4452 - 0.3849 = 0.0603$이다. ■

8.3 이항분포의 정규근사

정규분포는 우리가 통계를 다룰 때 가장 기본적으로 생각하고 바탕이 되는 확률분포이다. 자연현상의 자료를 수집하여 그래프를 그리면 일반적으로 좌우대칭 종모양의 정규분포의 형태로 나타나게 된다. 정규분포는 구간 내에서 임의 값을 갖는 연속형의 분포이다.

7장에서 n개의 동전을 던져서 r번 앞면이 나오는 기대도수는 이항분포를 따른다는 사실을 알았다.

$n=1$부터 $n=6$까지 64번 동전 던지기 실험을 할 때의 기대도수를 아래 히스토그램으로 나타내었다.

만일 n이 크다면, 이항정리에 의해 도수와 확률을 쉽게 할 수 있다.

예를 들어, $n=2$, $r=1$인 경우를 생각해보자. 그러면 $p(1)={}_2C_1\left(\frac{1}{2}\right)\left(\frac{1}{2}\right)=\frac{1}{2}$이므로 64번 던졌을 때 앞면의 수가 1인 도수 $64\times\frac{1}{2}=32$번을 얻는다. 같은 방법으로 계산하면 $p(0)=p(2)=\frac{1}{4}$이므로 도수 $64\times\frac{1}{4}=16$번을 얻는다.

그러나 실제적인 문제에서는 반복시행이 일반적으로 큰 값이므로 확률을 계산하기 위한 빠른 방법이 요구되어진다. 이 방법이 **정규분포**에서 주어지며, 정규분포는 대부분 연속확률분포에서 나타나며 많은 부분이 통계학적 이론에 근거를 두고 있다. 다음 그림에서 n이 증가할 때 히스토그램의 직사각형 꼭지들을 연결하면 종모양의 곡선을 이루게 된다.

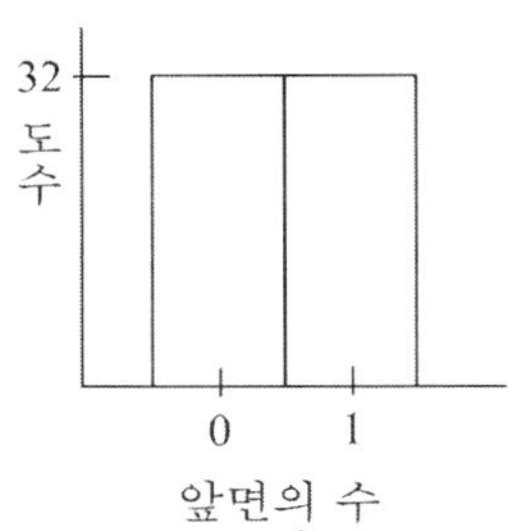

n=1

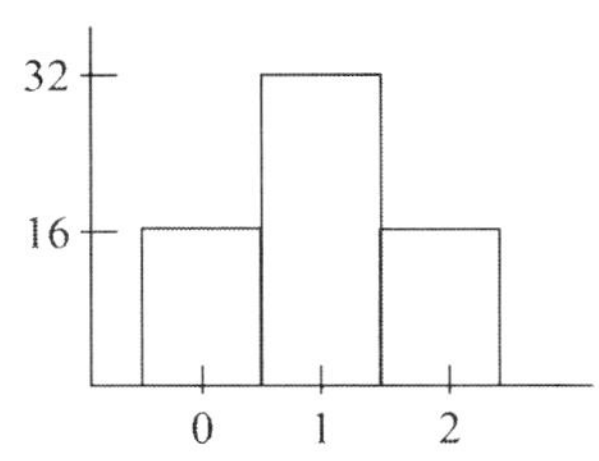

n=2

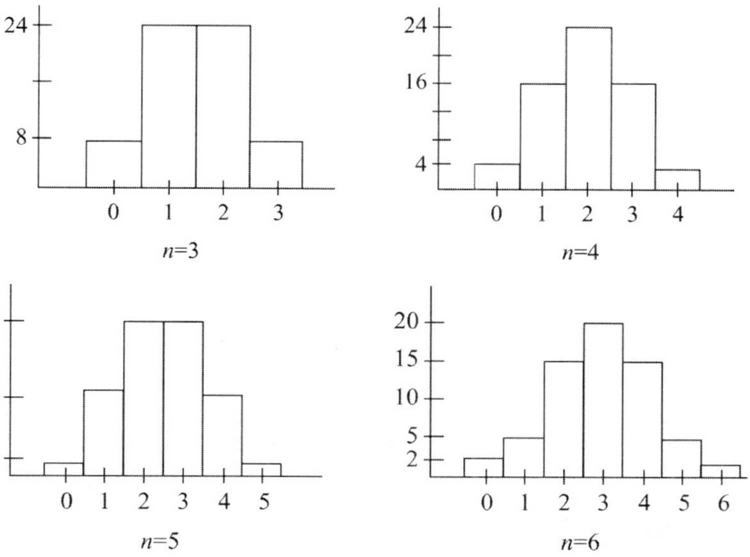

예를 들어보자. 모 대학교 학생들의 100명의 몸무게에 대한 상대도수의 히스토그램을 그렸을 때 다음과 같다.

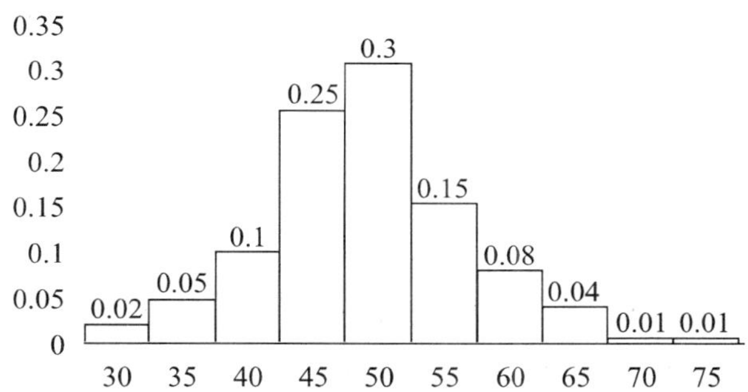

표본 수 100, 계급 폭이 5인 상대도수 히스토그램

위의 그림은 계급구간의 간격이 5인 그래프이다. 이제 표본의 수를 1,000으로 늘렸을 때 상대도수의 히스토그램을 보자.

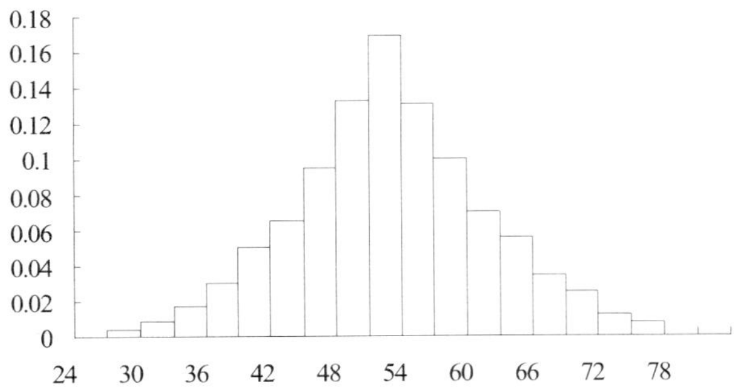

표본 수 1000, 계급 폭이 3인 상대도수 히스토그램

위의 그림은 계급구간의 간격이 3인 그래프이며 더욱 구간의 간격을 세분화시켰다. 이렇게 표본의 수를 늘리고 계급구간의 간격을 줄이면 부드러운 곡선 모양을 하게 된다.

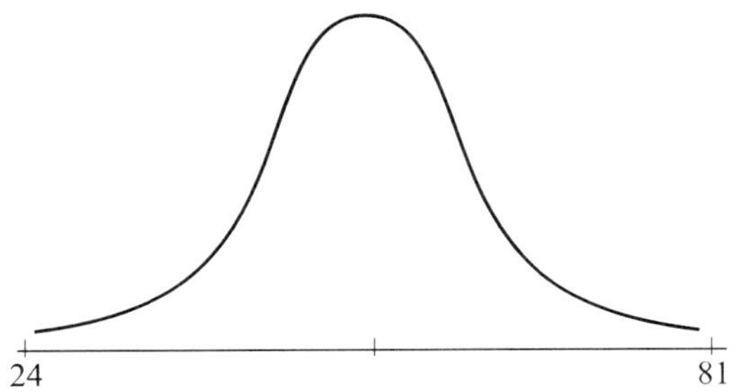

학생 몸무게의 분포

요약해보면 한 번 시행 때 성공확률이 p인 실험을 n번 반복하는 이항분포를 생각할 때, n이 증가하면 히스토그램은 곡선에 가까운 모양을 하게 된다. 그래서 어떤 조건을 만족하게 되면 이항분포의 확률계산을 정규분포에 근사해서 구할 수 있다.

아래 그림은 9개의 동전을 던져 앞면이 나타나는 실험을 512번 반복해서 시행할 때의 앞면 기대도수를 히스토그램으로 나타낸 것이다. 이때 히스토그램은 $n=9$와 같이 큰 수가 아니더라도 정규곡선에 근사함을 알 수 있다.

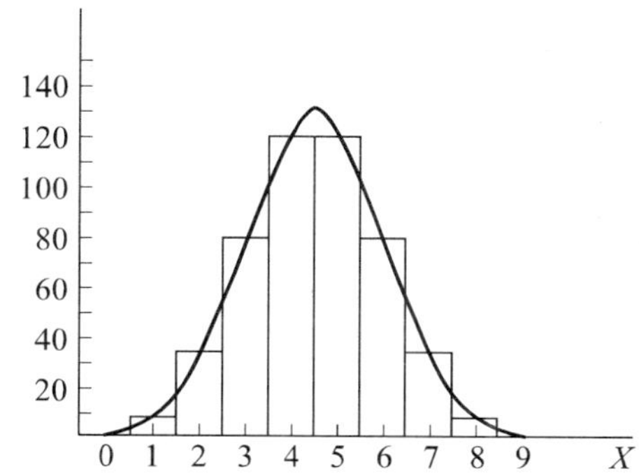

표준정규확률곡선으로부터 $z=0$일 때 $f(z)$는 최댓값을 갖는다. 또한 표준정규곡선은 $z=0$에서 수평축과 수직되게 그은 직선에 대칭인 모양을 갖는다. 왜냐하면 $\pm z$에서 같은 값을 갖기 때문이다. 뿐만 아니라 z의 절댓값이 커질수록 $f(z)$는 더욱 작아지며 거의 0에 가깝게 접근한다. 이것은 표준정규곡선이 수평축에 가깝게 접근하지만 결코 수평축을 지나지 않음을 의미한다.

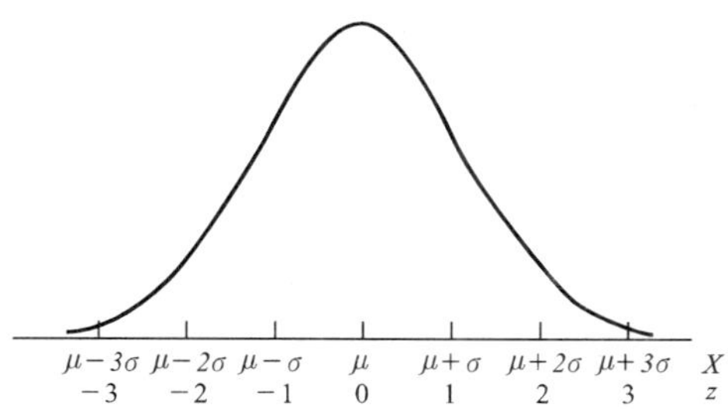

정규곡선은 항상 대칭이지만 이항분포를 그림으로 나타낸 **이항히스토그램**(binominal histogram)은 $p=q=\frac{1}{2}$일 때만 대칭이다. 그러므로 p와 q가 $\frac{1}{2}$이거나 거의 $\frac{1}{2}$에 가까운 값일 때는 정규곡선이 이항히스토그램의 좋은 근사가 된다. p와 q의 값이 $\frac{1}{2}$과 많이 다르다면 정규곡선은 이항히스토그램의 근사로 좋지 않게 된다.

사실 n이 큰 값인데도 불구하고 p가 매우 작다면 정규분포로의 근사는 의미가 없어 사용되지 못한다. 일반적으로 p가 작아서 np가 5보다 작게 된다면(또는 q가 작아서 nq가 5보다 작다면) 이항분포를 정규분포의 근사로 사용하지 않는다. 그러나 이런 경우에는 푸아송분포를 이항분포의 근사로 사용한다.

이항분포의 근사로 정규분포를 이용하여 확률변수 X가 주어진 두 정수 a와 b 사이에 있을 때의 확률을 계산해보자.

7장에서 직사각형의 중심이 $x=a,\ a+1,\ \cdots,\ b$ 일 때 직사각형 면적의 합은 x가 a와 b 사이일 때의 기대도수로 계산하였다.

실제로 $x=a-\dfrac{1}{2}$부터 $x=b+\dfrac{1}{2}$까지 이항히스토그램의 면적을 찾을 필요가 있으며, 정규곡선이 이항분포의 근사임을 가정하였으므로 x가 a와 b 사이일 때 정규곡선 아래의 면적을 구할 필요가 있다.

여기서 정규곡선과 $x=a,\ x=b$로 둘러싸인 부분의 면적은 확률 $p(a \le x \le b)$이다. 표준정규확률변수 Z에 대한 이 곡선 아래의 면적을 부록 표 II에 나타내었다. z값에 따른 정규곡선의 면적을 도표화했으므로 이 곡선의 함수를 주어진 구간에서 정적분을 할 필요는 없다. 단지 표를 이용하여 주어진 구간에서의 확률을 찾으면 된다. 이 과정을 예제 7에 자세히 소개하였다. 그리고 정규곡선 아래의 전체 면적이 1임을 다시 한 번 기억하자.

예제 7 9개의 동전을 던졌을 때 앞면이 3회와 6회 사이 나타날 확률은 이항분포를 따른다. 여기서 정규분포에 근사하여 확률을 구하시오.

풀이 앞에서 동전 9개를 던지는 실험의 히스토그램을 다루었다. 이 히스토그램에서 중심이 $x=3,\ 4,\ 5,\ 6$인 직사각형들의 면적의 합은 앞면이 3회에서 6회까지 나타나는 기대도수를 나타낸 것이다. 그런데 이 히스토그램이 정규곡선에 근사되므로 $x=3$에서 $x=6$까지 면적이 $x=2.5$에서 $x=6.5$까지 정규곡선의 면적으로 계산해야 한다.

부록 표 II에 주어진 면적은 표준정규확률변수 z값에 대한 확률이므로 $x=2.5$와 $x=6.5$에 해당하는 z값을 구할 필요가 있다. 먼저 평균과 표준편차를 구하자.

$$\begin{aligned}\mu &= np \\ &= 9\times\frac{1}{2}\end{aligned}$$

$$= 4.5;$$

$$\sigma = \sqrt{npq}$$
$$= \sqrt{9 \times \frac{1}{2} \times \frac{1}{2}}$$
$$= 1.5;$$

$x = 2.5$일 때

$$z = \frac{2.5 - 4.5}{1.5}$$
$$= -1.33$$

이며 $x = 6.5$일 때

$$z = \frac{6.5 - 4.5}{1.5}$$
$$= 1.33$$

이다.

그러므로 $z = -1.33$에서부터 $z = 1.33$까지 정규곡선의 면적을 구해야 한다. 따라서 부록 표 II로부터 $z = 0$부터 $z = 1.33$까지 면적을 찾은 다음 2배를 하면 원하는 확률을 얻는다.

$$p(-1.33 \leq z \leq 1.33) = 2\,p(0 \leq z \leq 1.33)$$
$$= 2 \times 0.4082$$
$$= 0.8164$$

또한 이항분포로 확률을 구한 값은 다음과 같다. 두 값의 차이가 거의 없음을 알 수 있다.

$$p(3 \leq x \leq 6) = \frac{84 + 126 + 126 + 84}{512}$$
$$= 0.8203$$

■

두 확률의 차이가 전혀 없을 수는 없다. 이렇게 약간의 확률차이가 있는 것은 n이 작은 값이기 때문이다. 보간법 없이 부록에 있는 표를 사용하기 위해서 소수 두 번째 자리까지 모든 z값과 표준편차를 계산해야 한다. 이때 정확한 값과는 약간의 오차가 있을 수 있다. 부록 표 II에서 $z=3.89$
까지 면적을 나타낸 것은 z값이 3.89보다 큰 경우에 소수 네 번째 자리까지의 면적이 0.50000이기 때문이다. 이는 면적이 정확히 $\frac{1}{2}$이란 뜻은 아니다. z값이 커질수록 평균의 오른쪽 부분 면적이 $\frac{1}{2}$에 점점 가까이 접근한다는 것을 의미한다.

예제 8 주사위를 36번 굴린다고 할 때 숫자 '5'가 적어도 7번 나타날 확률을 정규분포에 근사해서 구하시오.

풀이 한 번 주사위를 굴렸을 때 숫자 '5'가 나타날 확률 p는 $\frac{1}{6}$이다. 따라서 $q=1-\frac{1}{6}=\frac{5}{6}$이다.
그래서 $n=36$, $p=\frac{1}{6}$, $q=\frac{5}{6}$이므로 평균과 표준편차는 다음과 같다.

$$\mu = np$$
$$= 36\times\frac{1}{6}$$
$$= 6;$$
$$\sigma = \sqrt{npq}$$
$$= \sqrt{36\times\frac{1}{6}\times\frac{5}{6}}$$
$$= \sqrt{5} \approx 2.24;$$

면적을 구하기 위해선 이항히스토그램과 이것에 근사하는 정규곡선을 대략적으로 그려보는 것이 중요하다. 그림을 그릴 때 정확하게 그릴 필요는 없다. 단지 평균값에서 정점을 이루는 이항 히스토그램(여기선 $x=6$일 때 정점이다)과 이 문제에서 묻고자 하는 X값 $(x \geq 7)$이 포함된 부분을 나타내면 된다(아래 그림 참조). 비록 이항히스토그램은 대칭적이지 않지만 이것의 근사인 정규곡선은 대칭적이다.

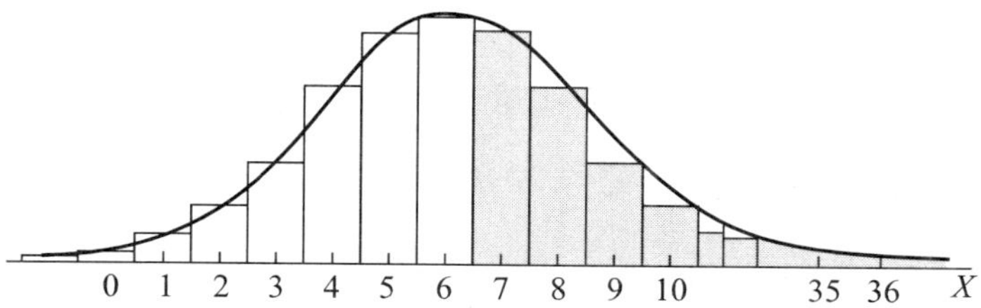

적어도 7번 성공할 확률은 위 그림에서 어둡게 색칠한 직사각형의 면적으로 계산된다. 즉 $x=7,\ 8,\ \cdots,\ 36$에서 중심을 갖는 직사각형의 면적이다. 그러나 정규곡선에 근사하여 면적을 계산할 때 $x=6.5$부터 $x=36.5$까지 정규곡선 아래의 면적을 계산해야 한다. 주어진 구간 앞뒤로 0.5씩을 더하고 빼서 전체적으로 더 넓은 구간에서의 면적을 계산해야 한다.

$$x=6.5\ :\ z=\frac{x-\mu}{\sigma}$$

$$=\frac{6.5-6}{2.24}$$

$$=0.22$$

$$x=36.5\ :\ z=\frac{36.5-6}{2.24}$$

$$=13.62$$

$z=13.62$의 오른쪽 부분의 면적이 거의 0에 가깝기 때문에, 큰 오류 없이 이 부분을 포함시켜 계산해도 상관이 없다. 그래서 오른쪽 끝부분의 면적 0.5에서 $z=0$부터 $z=0.22$까지 면적을 빼서 확률을 계산하면 된다. 즉

$$p(0.22\le z\le 13.62)=p(0\le z)-p(0\le z\le 0.22)$$

$$=0.5-0.0871$$

$$=0.4129$$

■

위 예제 8의 풀이를 통해서 다음과 같은 계산 과정을 말할 수 있다. 정규곡선이

이항분포에 근사한다고 가정하자. $x \geq a$(a : 정수)인 부분의 면적은 $x = a - \frac{1}{2}$의 오른쪽 부분까지 정규곡선 아래 부분의 면적을 계산한다. 또한 $x \leq a$ 부분의 면적은 $x = a + \frac{1}{2}$의 왼쪽 부분까지 면적을 계산한다.

확률변수 X가 정규분포를 따를 때 X의 일차함수로 표시되는 새로운 확률변수 $Y = aX + b$도 정규분포를 따른다(a, b는 상수).

여기서

$$E(Y) = E(aX + b) = aE(X) + b = a\mu + b,$$
$$\sigma^2(aX + b) = a^2\sigma^2(X)$$

이므로

$$Y \sim N(a\mu + b,\ a^2\sigma^2(X))$$

이다.

또한 두 확률변수 X, Y가 서로 독립이고, $X \sim N(\mu_X,\ \sigma^2(X))$이며 $Y \sim N(\mu_Y,\ \sigma^2(Y))$ 라고 한다면, $X + Y$도 정규분포를 따른다. 위와 같은 계산방법에 의해서

$$X + Y \sim N(\mu_X + \mu_Y,\ \sigma^2(X) + \sigma^2(Y))$$

임을 알 수가 있다.

예제 9 $X \sim N(\mu, \sigma^2)$ 일 때 표준정규확률변수 $z = \frac{x - \mu}{\sigma}$는 어떤 분포를 따르는지 설명하시오($\sigma = \sigma(X)$).

풀이

$$E(Z) = E\left(\frac{X - \mu}{\sigma_X}\right)$$
$$= \frac{1}{\sigma}E(X - \mu)$$
$$= \frac{1}{\sigma}E(X) - \frac{1}{\sigma}\mu$$

$$= \frac{1}{\sigma}\mu - \frac{1}{\sigma}\mu$$

$$= 0$$

이고

$$\sigma^2(Z) = \sigma^2\left(\frac{X-\mu}{\sigma}\right)$$

$$= \frac{1}{\sigma^2}\sigma^2$$

$$= 1$$

이므로 $Z \sim N(0,\ 1)$을 따른다. ■

예제 10 어느 학생의 경영학 성적을 확률변수 X_1이라 하고, 통계학 성적의 확률변수를 X_2라고 하자. $X_1 \sim N(80,\ 9)$이고 $X_2 \sim N(70,\ 16)$이었다고 한다. 두 과목의 성적의 합이 140점 이하가 될 확률을 구하시오.

풀이 $Y = X_1 + X_2$라 할 때, $p(y \leq 140)$을 구하는 문제이다. 이때 $Y \sim N(80+70,\ 9+16)$이므로, 즉 $Y \sim N(150,\ 5^2)$이다. 따라서

$$p(y \leq 140) = p\left(z \leq \frac{140-150}{5}\right) = p\left(z \leq \frac{-10}{5}\right) = p(z \leq -2) = p(z \geq 2)$$

$$= 0.5 - p(0 \leq z \leq 2) = 0.5 - 0.4773 = 0.0227 \text{ (부록 표 II)}$$ ■

예제 11 통계학 시험 성적의 분포는 근사적으로 $N(14,\ 4)$을 따른다. 만약 11점 이하를 받은 학생이 재수강을 받아야 한다면 재수강 대상 비율은 얼마인가?

풀이

$$p(x \leq 11) = p\left(z \leq \frac{11-14}{2}\right) = p(z \leq -1.5) = p(z \geq 1.5)$$

$$= 0.5 - p(0 \leq z \leq 1.5) = 0.5 - 0.4332 = 0.0668$$

그러므로 재수강자의 비율은 6.68%이다. ■

예제 12 $N=2{,}000$, $\mu=20$, $\sigma=5$인 확률변수 X의 정규곡선이 주어졌을 때 다음을 구하시오.

① $x=12$에서 $x=22$ 사이 변량의 수

② $x=30$보다 큰 변량의 수

풀이 ① 먼저 $x=12$에서 $x=22$까지 정규곡선 아래의 면적을 찾아야 한다. 즉 $x=12$일 때 $z=\dfrac{12-20}{5}=-1.6$이고 $x=22$일 때 $z=\dfrac{22-20}{5}=0.4$이므로 부록 표 II를 이용하여 $z=-1.6$부터 $z=0.4$까지 정규곡선 아래 면적을 찾으면 된다. 따라서 $z=0$에서 $z=1.6$ 사이의 면적과 $z=0$과 $z=0.4$일 때 면적의 합을 구하면 $p(-1.6 \le z \le 0.4)=p(0 \le z \le 1.6)+p(0 \le z \le 0.4)=0.4452+$ $+0.1554=0.6006$이다. 그러므로 변량의 수는 $0.6006\times 2{,}000=1{,}201$이다.

② $x=30$일 때 $z=\dfrac{30-20}{5}=2$이므로 부록 표 Ⅱ에서 $p(0 \le z \le 2)=0.4773$을 찾는다.

따라서 $p(z>2)=0.5-0.4773=0.0227$이다. 따라서 변량의 수는 $0.0227\times 2000=45$이다. ■

8.4 이항분포의 근사인 푸아송분포

이항분포의 확률계산의 근사로 정규곡선을 사용하는데 있어서 가장 적합한 조건은 p가 $\frac{1}{2}$에 근접한 값이고 n이 클 때이다. 만일 어떤 사건에서 드문 경우지만 p가 매우 작고 $np<5$이면 이항분포는 현저한 비대칭 모양을 해서 정규근사가 정확하지 않게 된다. 많은 사건 가운데는 드물게 발생하는 경우가 있어서 이런 사건들에 대해 적당한 근사계산이 필요하다.

다행히 정규근사가 어려운 조건에서도 근사계산이 가능한 방법인 **푸아송분포**가 있다. 다음 정리에서 자세히 설명하겠다.

정리 1

이항분포에서 만일 n(시행횟수)값이 점점 커지고 반대로 p값이 점점 작아져서 $\lambda=np$가 일정한 상수가 된다면 n번 시행 때 x번의 성공을 얻게 될 때의 이항확률 $p(x)={}_nC_x q^{n-x}p^x$은 다음의 푸아송확률에 근사된다.

$$p(x)=\frac{e^{-\lambda}\lambda^x}{x!}$$

λ가 작으면 푸아송분포는 비대칭이지만 λ가 점차 커지면 점점 대칭성을 갖게 된다. 아래 그림에서와 같이 $\lambda=5$인 경우 푸아송분포는 거의 대칭이다.

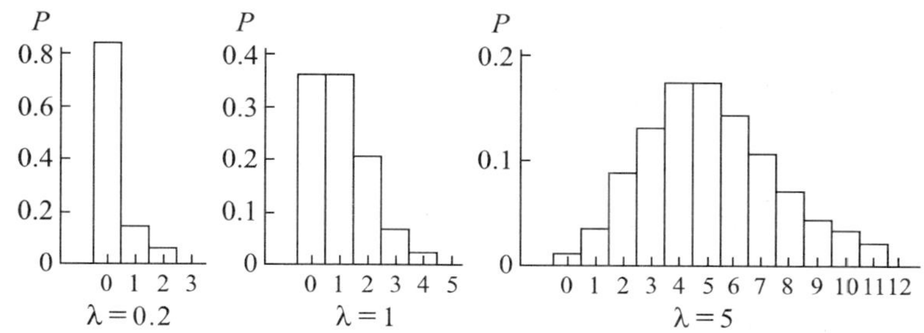

증명 이항분포에서 성공 횟수 x에 대하여, $\lambda=np$가 항상 일정한 상수가 되도록 n이 무한대로 접근하고 $p(x)$는 0에 가깝게 근접한다고 하자. $p=\dfrac{\lambda}{n}$, $q=1-\dfrac{\lambda}{n}$으로 놓을 수 있고 이항확률 $p(x)={}_nC_x\, q^{n-x}p^x$이므로 $p(x)$를 다음과 같이 쓸 수 있다.

$$p(x)=\frac{n(n-1)\cdots(n-x+1)}{x!}\left(1-\frac{\lambda}{n}\right)^{n-x}\left(\frac{\lambda}{n}\right)^x$$

이 식의 오른쪽 항을 다시 정리하면

$$\left(1-\frac{\lambda}{n}\right)^n\left(1-\frac{\lambda}{n}\right)^{-x}\left(\frac{\lambda^x}{x!}\right)\frac{n(n-1)\cdots(n-x+1)}{n^x}$$
$$=\left(1-\frac{\lambda}{n}\right)^n\left(\frac{\lambda^x}{x!}\right)\left\{\left(1-\frac{\lambda}{n}\right)^{-x}\cdot 1\cdot\left(1-\frac{1}{n}\right)\left(1-\frac{2}{n}\right)\cdots\left(1-\frac{x-1}{n}\right)\right\}$$

n이 무한대로 접근하면 중괄호 안의 각 항들은 1로 극한값을 갖는다. 그리고 $\lim_{n\to\infty}\left[1-\left(\frac{\lambda}{n}\right)\right]^n = e^{-\lambda}$, $e \fallingdotseq 2.71828\cdots$. 그래서 n이 점점 커지면 확률 $p(x)$는 $\frac{e^{-\lambda}\lambda^x}{x!}$으로 가깝게 근접하게 된다.

우리의 관심은 성공 횟수 x가 적어도 x 이상일 때 얻게 될 확률을 계산하는 것으로 x의 다양한 값에 대한 푸아송분포의 확률 합을 나타낸 표가 필요할 것이다. 부록 표 III에 확률을 나타내었다.

표에 주어진 각각의 확률은 중심이 x인 직사각형을 포함하여 그 오른쪽까지의 히스토그램에 대한 면적을 표현한 것이다. 이항분포와 마찬가지로 히스토그램의 전체면적은 1이다.

예제 13 어떤 질병에 대한 사망비율이 1,000명당 5명꼴로 나타난다. 이 질병에 걸린 360명을 대상으로 했을 때 다음 물음에 답하시오.

① 3명 또는 그 이상 죽을 확률을 구하시오.

② 정확히 3명이 죽을 확률을 구하시오.

풀이 이 경우

$$p = \frac{5}{1,000} = 0.005, \quad n = 360$$

이고

$$\lambda = np = 360 \times 0.005 = 1.8$$

이며 $x = 3$이다.

① 부록 표 III에서 $\lambda = 1.8$이고 $x \geq 3$일 때의 확률은

$$p(x \geq 3) = 1 - p(x \leq 2) = 1 - 0.7306 = 0.2694$$

이다.

② 정확히 3명 죽을 확률은 부록 표 III에서 $x \leq 3$일 때 확률에서 $x \leq 2$일 때 확률을 빼면 될 것이다. 그러므로

$$p(x = 3) = p(x \leq 3) - p(x \leq 2) = 0.8913 - 0.7306 = 0.1607$$

이다. ■

p는 0, q는 1로 접근하는 이항분포에서 분산 $\sigma^2 = npq$은 np로 접근한다. 즉 푸아송분포에서 분산은 평균과 같다.

푸아송분포는 이항분포의 근사뿐만 아니라 시간이나 공간 위에서 무작위로 분포된 사건을 다루는 모델로도 사용된다. 그러나 이 책에서는 다루지 않겠다.

이 분포는 드물게 발생하는 사건의 여러 상황에 적용된다. 예를 들면, 택배회사 소유의 모든 트럭이 발생시키는 주당 타이어 펑크 사고 건수, 초당 방사성 물질을 분해시키는 원자의 수, 목표물을 맞히는 명중 수, 희귀병으로 보고되는 수, 특정지역의 사거리에서 특정 시간대에 발생하는 교통사고 건수, 특정한 숙주에 기생하는 기생충의 수 등이 있다.

푸아송분포는 많은 양의 물품 가운데 불량품의 비율이 낮다고 기대될 때 제조된 상품의 품질관리나 조사에서 특별히 유용하게 사용된다.

8.5 특정구간에서 정규곡선으로 둘러싸인 부분의 면적

어떤 구간에서 정규곡선의 면적은 여러 가지 응용에 이용되기 때문에 이 절에서 언급하겠다.

$x = \mu - \sigma$에서 $x = \mu + \sigma$까지 (즉 $z = -1$부터 $z = 1$까지) 정규곡선의 면적은 부록 표 II로부터 $0.3413 \times 2 = 0.6826$임을 알 수 있다.

이 의미는 정규분포에서 자료의 68.268% $(\approx \frac{2}{3})$ 가 이 구간에 놓여 있다는 것이다. 또한 이것은 3장에서 언급한 표준편차의 성질을 잘 설명해준다. 즉 많은 도수분포에서(특히 정규분포) 자료의 약 $\frac{2}{3}$ 정도가 평균을 중심으로 표준편차의 ± 1배 안에 놓여 있음을 말해준다.

$x=\mu-2\sigma$부터 $x=\mu+2\sigma$까지 정규곡선의 면적은 0.95450이다. 그러므로 정규분포에서 자료의 약 95% 정도가 평균을 중심으로 $\pm2\sigma$ 안의 구간에 놓여 있다고 말할 수 있다.

마지막으로 $x=\mu-3\sigma$부터 $x=\mu+3\sigma$까지 정규 확률곡선의 면적은 0.99730이다. 이러한 특정한 구간에서의 면적을 아래 그림에 나타냈다.

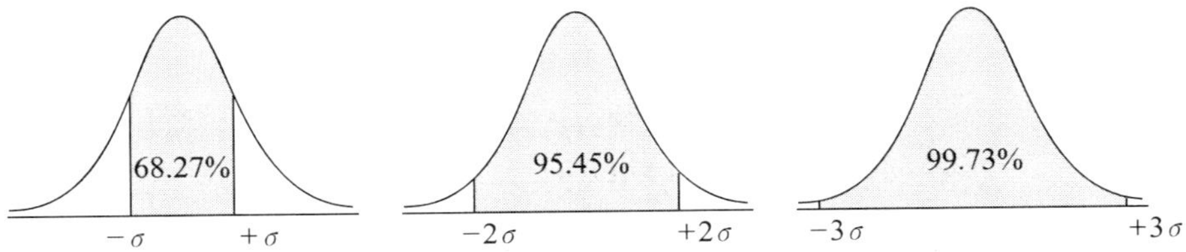

응용되는 여러 분야, 특히 물리학 같은 경우 평균을 중심으로 분포하는 자료의 50%를 포함하는 구간을 찾는 것이 관심이다. 이 구간의 상위 z값은 해당 면적이 $\frac{1}{2}(0.50)=0.25$가 되는 값이어야 한다. 면적이 0.25가 되는 z값을 부록 표 II로부터 찾으면 $z=0.67$이며, 더 정확한 값을 찾으면 $z=0.6745$이다. 결과적으로 정규분포에서 자료의 반은 평균을 중심으로 좌우 0.6745σ 안에 놓여 있다.

연습문제

1. 작년에 C대학교 경영학과 졸업생 취업률은 60%였다. 이것을 확인하기 위해 C대학교의 금년 졸업생 150명을 조사하였다. 졸업생 150명 중 85명 이하가 취업했을 확률은 얼마인지 정규분포를 이용하여 계산하시오.

2. Z는 표준정규분포의 확률변수이다. 다음을 구하시오.

① $p(0 \le z \le 1)$ ② $p(z \le 0.75)$

③ $p(-1.96 \le z \le -1.5)$

3. A슈퍼마켓에서는 농장에서 구입한 포도를 재포장하여 판매하는데 재포장한 포도의 무게를 확률변수 X로 정의하면, X는 평균 600g, 표준편차 100g인 정규분포를 따른다고 한다. 이때 다음 확률을 구하시오.

① $p(505 \le x \le 520)$ ② $p(400 < x < 530)$

4. B회사 입사시험 성적은 평균이 70점이고 표준편차가 10점인 정규분포를 따른다고 한다. 입사 지원자 중 10%만을 선발한다고 할 때, 합격선이 몇 점인지 구하시오.

5. 텔레비전 화상회의, 전자우편 그리고 워드 프로세서는 업무상 회의시간을 줄여 주는 수단들이다. 최근 조사에 의하면 이런 자동화 사무기기의 사용에 따른 회의시간이 줄어들었고 그 감소비율, X는 근사적으로 평균이 15%이고 표준편차가 4%인 정규분포를 따른다고 한다. 이러한 자동화 사무기기를 모든 업무회의에 사용했을 때 다음 물음에 답하시오.

① 회의시간이 22% 이상 감소할 확률을 구하시오.

② 회의시간이 16%를 넘지 않게 될 확률을 구하시오.

6. 마케팅을 수강하는 학생들에게 A가 20%, B가 30%, C가 40%, D 또는 F가 10%로 구성되도록 성적을 부여하려고 한다. 성적 평균이 70점이고 표준편차가 10점이라고 했을 때 다음 물음에 답하시오.

① A를 받기 위해서는 성적이 몇 점 이상이어야 하는가?

② B를 받는 학생은 성적이 몇 점부터 몇 점 사이의 점수를 받았는가?

③ F나 D를 받지 않기 위해서 받아야 하는 최소한의 기말 합산점수는?

7. 멘사(Mensa: 둥근 탁자를 의미하는 라틴어)는 가장 오래된 고지능자들의 모임이다. 비영리 단체로서 인구대비 상위 2%의 지능지수를 가지면 가입할 수 있다. IQ는 평균이 100이고 표준편차가 16인 정규분포를 따른다고 가정할 때, 이 단체에 가입할 수 있는 최저 IQ가 얼마인지 구하시오.

8. 시의원을 준비하고 있는 A씨는 지역구 내 경선투표 참가자의 1,000명 중 400명 이상이 지지하면 소속 정당의 공천을 받을 수 있을 것으로 생각했다. 경선투표 참가자들이 모집단을 완전히 대표한다고 가정할 때 다음 물음에 답하시오.

① 지지율이 45%라고 할 때, 공천을 받을 확률을 구하시오.

② 지지율이 35%라고 할 때, 공천을 받을 확률을 구하시오.

9. 어느 은행에서 예금계좌를 개설하는 고객들의 수에 대한 확률분포는 평균이 1.5이며 표준편차가 250인 정규분포를 따른다고 한다.

① 이 은행에서 새로이 예금계좌를 개설하는 고객에게 5천원 상당의 상품권을 준다면 이 은행이 월 일천 오백만원 이상 지출할 확률을 구하시오.

② 이 은행에서 상품권으로 지출된 평균액을 구하시오.

10. X는 연속확률변수이며, 구간 $[0,\ 1]$에서 확률밀도함수는 아래와 같이 정의된다.

$$f(x) = 3(1-x)^2$$

이때 확률 $p\left(\frac{1}{4} \le x \le \frac{3}{4}\right)$을 구하시오.

제9장
표본분포

9.1 서론

무작위표본표집(random sampling)은 통계학을 연구하는데 가장 중요한 개념 중의 하나다. 그것은 통계학적 이론의 기초이며, 물리학, 생물학, 사회과학, 경제학, 의학, 농학, 그리고 사업, 산업과 같은 모든 분야에서 통계학적 이론을 응용하는데 기본이 된다. 먼저 우리는 모집단과 표본에 대한 기본적 사고를 분명히 해야만 한다.

통계학적 의미에서 모집단은 사물들의 집합이 결코 아니며 항상 측정값의 집합이다. 모집단은 유한 또는 무한히 많은 변량(개수)들로 이루어져 있다.

예를 들어, 과일의 어떤 성장단계에서 특별한 품종의 크기를 연구하는 경우 나무의 어떤 특정한 가지 위에 맺는 과일에 단지 관심을 가질 것이다. 이때 이러한 과일들의 크기가 모집단이 된다. 그러나 만일 우리가 나무의 모든 과일들에 관심을 갖는다면 그것들의 크기가 모집단을 이룬다. 또는 특정한 과수원의 모든 나무에서 생산되는 모든 과일들에 대해 연구할 수도 있다. 이 경우 모집단은 과수원에서 생산되는 모든 과일들의 크기가 될 것이다. 때때로 그런 **유한 모집단**(finite populations)의 수준을 넘어, 말하자면 현재 존재하거나 미래에 존재하게 될 모든 나무에서 어떤 특정한 성장단계 시기에 맺는 모든 과일들을 대상으로 하는 것과 같이 우리는 판단의 적용범위를 확장할 수 있다.

이와 같은 모집단에서 측정된 값은 무궁무진할 것이며 그래서 **무한 모집단**(infinite population)을 이루게 된다.

유한 모집단의 예를 들어보자. 비슷한 환경에서 생산된 1,000개의 퓨즈가 있다고 하자. 그 퓨즈들을 통해 흐르는 '최대 전류'의 집합은 유한 모집단이 된다.

각 퓨즈에서 흐르는 최대 전류는 오직 유일하게 한 번뿐이므로 이러한 전류들은 1,000개의 항목으로 이루어진 유한 모집단을 구성한다.

모집단 전체를 모두 다 조사할 수 없기 때문에 모집단으로부터 선택된 표본들에 의하여 모집단의 결과로 인정되는 결과를 얻게 된다.

제4장의 확률계산에서 어떤 문제는 다음 선택을 하기 전에 선택한 대상물을 다시 되돌려 놓고 연속해서 선택하는 복원추출을 다루고 있는 반면에 다른 문제에서는 선택된 대상을 되돌려 놓지 않는 비복원추출을 다루었다. 표본추출은 **원추출**로

또는 **비복원추출**로 얻을 수 있다.

나무의 특정한 가지에 맺는 과일의 크기를 연구할 때 크기의 측정을 위해 10개의 과일을 선택하게 된다. 만일 과일이 한 개씩 선택되고 그것의 크기가 측정된다면 표본추출은 복원 없이 수행하는 것이 효과적일 것이다. 그러나 만일 과일의 크기가 가지 위에서 측정된다면 즉 가지에서 과일을 따지 않고 가지에 붙어있는 상태에서 측정한다면 이 과정은 복원하는 방법으로 표본추출을 하는 것과 동일하다. 왜냐하면 각각 측정이 끝난 후에도 모집단은 전과 같이 여전히 남아 있으며 벌써 측정된 과일이 다시 선택될 수 있기 때문이다. 많은 표본추출 과정에서 복원추출 방법이 사용된다. 그러나 몇 몇의 모집단은 복원하지 않는 표본추출 방법이 수행될 수도 있을 것이다. 후자인 경우는 표본의 대상들이 측정과정에서 소실될 때 필요하다. 예를 들어, 퓨즈는 최대로 흐르는 전류에 의해서 고장이 발생하므로 더 이상의 전류측정에 사용될 수 없게 된다.

표본을 택하는 가장 중요한 목적은 표본으로부터 얻은 사실들을 기초로 모집단에 관한 어떤 결론을 이끌어내는 것이다.

모집단과 관련된 정확한 판단이 좋은 표본으로부터 이루어지기 때문에 표본과 모집단과의 관계는 통계학적 이론과 실제적용에서 가장 중요한 문제 중의 하나이다. 보증되고 확실한 표본을 얻는다는 것이 항상 쉽지만은 않다. 그러나 일반적으로 그런 표본을 얻을 수 있는데 이것을 단순무작위표본이라고 말한다.

지금부터는 표본과 모집단에 대한 언급이 자주 필요하므로 표본의 평균과 모집단의 평균 사이의 구별, 그리고 표본의 표준편차와 모집단의 표준편차 사이를 구별하겠다. 아래 표는 앞에서 사용된 기호들을 다시 한 번 정리한 것이다.

특성	표본	모집단
변량의 수(크기)	n	N
평균	$\overline{x}$	μ
표준편차	s	σ

위의 표에 의해 n개의 자료 x_1, x_2, x_3, $\cdots$, x_n의 표본평균은 다음과 같이 얻는다.

$$\bar{x} = \frac{\sum_{i=1}^{n} x_i}{n}$$

임의의 자료에 대한 표준편차를 계산했던 것과 같이, 이 표본에 대해서도 같은 방법으로 표준편차를 구할 수 있다. 즉

$$\hat{s} = \sqrt{\frac{\sum_{i=1}^{n} (x_i - \bar{x})^2}{n}}$$

통계학을 다룬 몇 몇의 교과서에서 표본의 표준편차를 다음과 같이 정의하고 있다.

$$s = \sqrt{\frac{\sum_{i=1}^{n} (x_i - \bar{x})^2}{n-1}}$$

이 정의는 표본의 표준편차가 모집단 표준편차의 적절한 예측값을 표현하면서 생겨난 것이다. 모집단으로부터 단지 한 개의 표본이 선택되었을 때, 모집단의 평균 μ의 가장 적합한 예측값은 $\bar{x}$(표본의 평균)가 된다.

그러나 모집단의 표준편차 σ에 가장 적합한 예측값은 표본의 표준편차인 $\hat{s}$가 아니라 차라리 s라고 할 수 있다.

간편하게 둘을 구별하지 않았다. 보통 로마문자는 표본에서 얻은 측정값을 표현하는 데 사용되고, 그런 로마 문자에 해당하는 그리스문자는 모집단의 측정값을 표현하는 데 사용된다. 만일 이런 규칙을 엄격하게 지켰다면 모집단의 크기(모집단의 개수) N을 그리스 문자로 표현을 해야 할 것이다. 그러나 관습적으로 N이 모집단의 크기로 사용되었기에 폭넓게 인정된 이 관계를 따르기로 하겠다.

주어진 모집단의 모수는 모집단의 크기에 근거하기 때문에 모수는 그 모집단에 대해 고정되어 있다. 다시 말해서, 통계량은 모집단의 단지 일부분에 근거하기 때문에 통계량은 항상 표본에 따라 변화한다.

이 책의 나머지 부분에서는 모집단이 유한개의 변량들로 이루어져 있다고 가정하겠다. 사실 약간씩 말을 바꾸면서 이끌어낸 모든 결과들이 또한 무한 모집단의

경우에서도 적용될 수 있다.

모집단의 크기 N이 유한해야 한다는 가정은 별로 중요하지 않다. 왜냐하면 얼마나 큰 N이 될 수 있는지에 대한 제한이 없기 때문이다. 사실 대부분의 경우 비록 N이 유한하더라도 매우 큰 수임을 가정하고 있다.

9.2 표본평균 $\overline{X}$의 분포

평균 μ와 표준편차 σ를 가지며 N개 변량의 모집단이 있다고 하자. 그리고 이 모집단으로부터 n개 변량의 모든 가능한 표본을 추출했을 때 각각의 확률변수를 $\overline{X_1}$, $\overline{X_2}$, $\cdots$, $\overline{X_M}$ 그리고 각 표본의 평균을 $\overline{x_1}$, $\overline{x_2}$, $\cdots$, $\overline{x_M}$ (아래 그림 참조)이라고 놓겠다. 여기서 표본들이 복원추출로 선택되었다고 가정하겠다. 그러면 표본으로 선택될 수 있는 전체 수는 모집단의 크기 N개 중에서 표본의 크기 n개만큼 선택하는 조합의 수와 같다. 여기서 모집단에서 선택된 모든 표본의 수를 M이라고 놓으면, $M = {}_N C_n$이 된다.

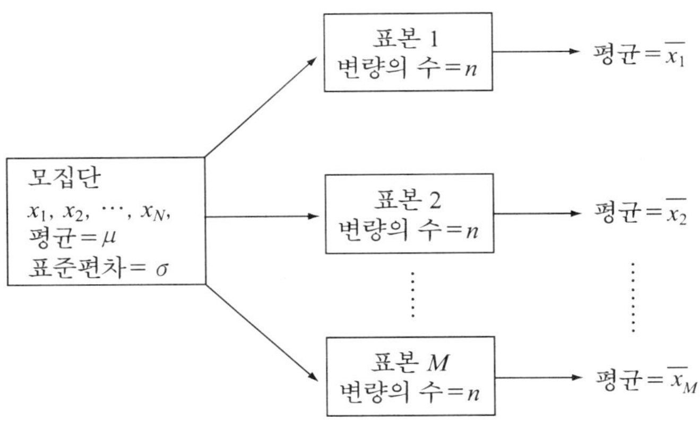

$$\mu_{\overline{X}} = \frac{\sum_{i=1}^{M} \overline{x_i}}{M}$$
$$= \mu_X$$

$$\sigma_{\overline{X}} = \sqrt{\frac{\sum_{i=1}^{M} (\overline{x_i} - \mu)^2}{M}} \quad (N\text{이 클 때})$$

$$= \frac{\sigma_X}{\sqrt{n}}$$

모든 표본평균의 평균을 $\mu_{\overline{X}}$ 또는 $\mu(\overline{X})$라고 표시하고, 표본평균의 표준편차를 $\sigma_{\overline{X}}$ 또는 $\sigma(\overline{X})$이라고 표시하겠다. 엄밀하게 말하자면, 모집단의 확률변수가 X임을 정의하고, 모집단의 평균을 μ_X 또는 $\mu(X)$ 그리고 모집단의 표준편차를 σ_X 또는 $\sigma(X)$로 표현해야 하지만 간략하게 보통 첨자를 생략하여 각각 μ와 σ로 나타내겠다. 이제 다음을 증명해보자.

$$\mu_{\overline{X}} = \mu$$

그리고

$$\sigma_{\overline{X}} = \sigma\sqrt{\frac{N-n}{n(N-1)}}$$

일반적으로 N은 n에 비해 매우 크므로 그런 N에 대해 위의 식을 더욱 간단하게 정리하겠다.

$$\frac{N-n}{n(N-1)} = \frac{N}{n(N-1)} - \frac{1}{N-1}$$

$$= \frac{1}{n\left(1-\frac{1}{N}\right)} - \frac{1}{N-1}$$

그러므로 매우 큰 수 N에 대하여, $\frac{1}{N} \approx 0$이 되기 때문에

$$\frac{N-n}{n(N-1)} \approx \frac{1}{n}$$

이다.

그래서 표본평균의 표준편차 $\sigma_{\overline{X}}$는 다음과 같다.

$$\sigma_{\overline{X}} = \frac{\sigma}{\sqrt{n}}$$

1) 표본평균 $\overline{X}$의 분포

확률변수 $\overline{X}$의 분포를 표본평균의 분포 또는 **표본분포**(sampling distribution)라고 말한다. 표본분포의 개념은 시간과 비용을 절약하기 위해 모집단으로부터 모수를 조사하기 위해 표본을 선택하고 조사하는 데서 시작된다. 이때 선택된 표본에서 관심이 되는 값을 통계량이라고 하며, 통계량이 퍼져 있는 형태를 표본분포라고 한다. 대표적인 표본분포에는 t분포, 카이제곱분포, F분포 등이 있다.

다음은 모집단의 분포모양이나 표본의 크기 n에 따라 $\overline{X}$의 확률분포에 대해 요약한 것이다.

① $\overline{X}$의 분포는 표본의 크기 n에 상관없이 모집단 평균 μ를 중심으로 분포되어 있다.
② 표본의 크기 n을 증가시키면, $\overline{X}$의 분포에서 표준편차가 작아지므로 평균을 중심으로 모여 있게 된다.
③ 표본의 크기 n을 증가시키면, $\overline{X}$의 분포는 점점 대칭에 가까워지며, 표본의 크기가 어느 정도 이상이면 정규분포에 근접한다.

예를 들어, $N=3$이고 $n=2$인 경우 $\mu_{\overline{X}}$와 $\sigma_{\overline{X}}$이 각각 μ와 $\dfrac{\sigma}{\sqrt{n}}$임을 보이겠다.

만일 모집단에 세 개의 자료 x_1, x_2, x_3가 있다고 하자. 이때 $n=2$이므로, 이 모집단으로부터 두 개의 변량을 갖는 모든 가능한 표본은 $\{x_1, x_2\}$, $\{x_1, x_3\}$, $\{x_2, x_3\}$ 이다. 첫 번째 표본 $\{x_1, x_2\}$의 평균을 $\overline{x_1}$, 두 번째 표본 $\{x_1, x_3\}$의 평균을 $\overline{x_2}$, 그리고 마지막 표본 $\{x_2, x_3\}$의 평균을 $\overline{x_3}$라고 놓겠다. 즉

$$\overline{x_1} = \frac{x_1 + x_2}{2}, \quad \overline{x_2} = \frac{x_1 + x_3}{2}, \quad \overline{x_3} = \frac{x_2 + x_3}{2}$$

$\overline{x}_1+\overline{x}_2+\overline{x}_3$의 평균은 $\mu_{\overline{X}}$이며, 즉

$$\mu_{\overline{X}}=\frac{\overline{x}_1+\overline{x}_2+\overline{x}_3}{3}$$

이다.

우리는 $\mu=\dfrac{x_1+x_2+x_3}{3}$와 $\mu_{\overline{X}}=\dfrac{\overline{x}_1+\overline{x}_2+\overline{x}_3}{3}$이 같게 됨을 보이면 된다.

$$\begin{aligned}\mu_{\overline{X}}&=\frac{1}{3}(\overline{x}_1+\overline{x}_2+\overline{x}_3)\\&=\frac{1}{3}\left(\frac{x_1+x_2}{2}+\frac{x_1+x_3}{2}+\frac{x_2+x_3}{2}\right)\\&=\frac{1}{3}\left(\frac{2x_1+2x_2+2x_3}{2}\right)\\&=\frac{1}{3}(x_1+x_2+x_3)\\&=\mu\end{aligned}$$

또한 $\sigma_{\overline{X}}=\sigma\sqrt{\dfrac{1}{4}}$ 또는 $\sigma^2_{\overline{X}}=\left(\dfrac{1}{4}\right)\sigma^2$임을 보이겠다. 모집단의 분산 σ^2은

$$\begin{aligned}\sigma^2&=\frac{\sum_{i=1}^{3}(x_i-\mu)^2}{3}\\&=\frac{2}{9}\left[\sum_{i=1}^{3}x_i^2-(x_1x_2+x_1x_3+x_2x_3)\right]\end{aligned}$$

그리고

$$\begin{aligned}\sigma^2_{\overline{X}}&=\frac{\sum_{i=1}^{3}(\overline{x}_i-\mu)^2}{3}\\&=\frac{1}{18}\left[\sum_{i=1}^{3}x_i^2-(x_1x_2+x_1x_3+x_2x_3)\right]\end{aligned}$$

이다.

그러므로

$$\sigma_{\overline{X}}^2 = \frac{1}{18}\left(\frac{9}{2}\sigma^2\right)$$
$$= \frac{1}{4}\sigma^2$$

이다.

정리 1

> X가 표준편차 σ와 평균 μ를 가지는 정규분포를 따른다고 하자. 만일 n개의 변량을 가진 모든 가능한 표본이 모집단으로부터 표집되었다면, $\overline{X}$는 표준편차 $\frac{\sigma}{\sqrt{n}}$와 평균 μ를 가지는 정규분포를 따른다.

다시 말해서, 확률변수 X의 분포의 그래프가 표준편차 σ와 평균 μ를 가지는 일반적인 정규곡선이라면, $\overline{X}$의 분포도 표준편차 $\sigma_{\overline{X}}$와 평균 $\mu_{\overline{X}}$을 가지는 정규곡선의 그래프를 갖게 된다. 그런데 $\sigma_{\overline{X}} = \frac{\sigma}{\sqrt{n}}$이며 $\mu_{\overline{X}} = \mu$이므로

$$\overline{X} \sim N\left(\mu,\ \frac{\sigma^2}{n}\right)$$

이다.

또한 정규분포를 표준화시키기 위해 z값으로의 변환은 다음 식과 같다.

$$z = \frac{\overline{x} - \mu_{\overline{X}}}{\sigma_{\overline{X}}}$$

z는 표준정규곡선을 만족하며 $\overline{x}$가 주어진 구간 $(a,\ b)$에 놓일 확률은 a와 b에 해당되는 z값의 구간 $\left(\frac{a-\mu}{\sigma_{\overline{X}}},\ \frac{b-\mu}{\sigma_{\overline{X}}}\right)$에서 표준정규곡선의 면적과 같다. 이러한 면적을 부록 표 I에서 얻을 수 있다.

모집단 분포와 함께 변량이 각각 4개, 16개인 표본에 대한 표본평균의 분포들은 아래 그림과 같이 정규분포의 모양을 하며, 표본의 크기에 따라 산포도가 다르게 됨을 알 수 있다.

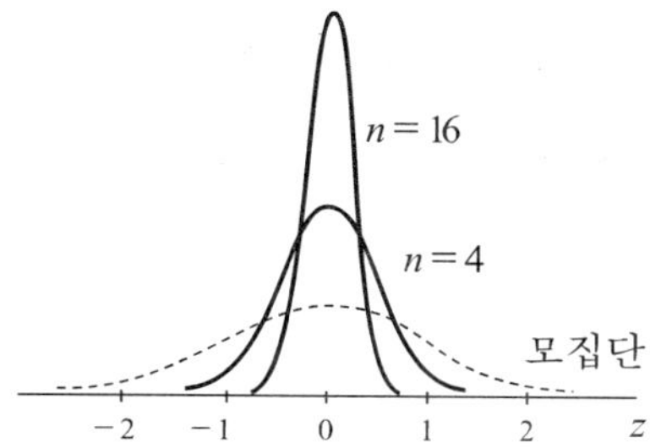

즉 모든 확률곡선들 아래의 면적은 항상 1과 같기 때문에 표본의 크기 n의 값이 증가할수록 정규곡선의 모양은 좁아지면서 높아지게 된다.

비록 정리 1은 모집단이 정규분포일 때 적용되었지만, 다음 중심극한정리는 모집단의 분포에 대해 알려져 있지 않은 일반적인 경우에도 적용될 수 있다. 정리 2를 **중심극한정리**(central limit theorem)라고 한다.

2) 중심극한정리

정리 2

모집단의 분포 모양과 상관없이 표본의 크기 n이 충분히 크면, $\overline{X}$의 분포(표본분포)는 항상 정규분포를 따른다.

모집단의 분포가 정규분포는 아니더라도 대칭에 가깝고 표본의 크기가 30정도만 되어도 표본분포는 정규분포에 근접하게 된다. 모집단의 분포가 매우 비대칭일 때는 표본의 크기가 매우 커야 정규분포에 근접한다.

그러므로 정리 2로부터 큰 수 n에 대하여 $(n > 30)$ $\overline{X}$는 심지어 모집단이 정규분포가 아니더라도 정규분포에 근사됨을 알 수 있다.

정리 1과 정리 2의 증명은 더 많은 수학적 지식을 요구하기 때문에 이곳에서 다루지 않겠다.

3) $\overline{X}$의 분포의 확률계산

중심극한정리에 의해 n이 크면, $\overline{X}$의 분포는 정규분포를 따르므로

$$z = \frac{\bar{x} - \mu_{\overline{X}}}{\sigma_{\overline{X}}} = \frac{\bar{x} - \mu}{\frac{\sigma}{\sqrt{n}}}$$

으로 z값을 얻게 된다.

예제 1 어느 슈퍼마켓에서 쇼핑을 하는 주부들의 구매액은 일인당 평균 15,000원이고 표준편차는 4,900원으로 알려져 있다. 해당지역에 거주하는 총 잠재고객의 수가 2,000명이고 이 중에서 160명의 표본을 무작위로 추출하여 표본평균을 계산하였을 때 그 값이 모집단 평균보다 200원 이상 클 확률을 구하시오.

풀이 $\mu = 15,000,\ \sigma = 4,900,\ n = 160$이므로

$$\sigma_{\overline{X}} = \frac{\sigma}{\sqrt{n}} = \frac{4,900}{\sqrt{160}} = 387.38$$

$$\begin{aligned} p(\bar{x} \geq 15,200) &= p\left(z \geq \frac{15,200 - 15,000}{387.38}\right) \\ &= p(z \geq 0.516) \\ &= 0.5 - p(0 \leq z \leq 0.516) \\ &= 0.5 - 0.1985 \\ &= 0.3015 \end{aligned}$$

■

예제 2 1,000명의 대학생들로 이루어진 집단의 평균키는 68.20인치이고 표준편차는 2.50인치였다. 크기가 100인 표본에서 평균이 68.90인치보다 크게 될 확률을 구하시오.

풀이 정리 2에 의하여, 표본의 평균은

$$\mu_{\overline{X}} = \mu = 68.20$$

이고

$$\sigma_{\overline{X}} = \frac{\sigma}{\sqrt{n}} = \frac{2.50}{10}$$
$$= 0.25$$

인 정규분포를 따른다. 표준정규분포를 이용하기 위해 z값으로 변환해보자.

$$z = \frac{\overline{x} - \mu}{\sigma_{\overline{X}}}$$
$$= \frac{68.90 - 68.20}{0.25}$$
$$= 2.80$$

그러므로

$$p(\overline{x} > 68.90) = p\left(z > \frac{68.90 - 68.20}{0.25}\right)$$
$$= p(z > 2.80)$$
$$= 0.0026$$

따라서 100명의 학생들로 이루어진 표본에서 평균 키가 68.90인치보다 클 확률은 0.0026이다. ■

예제 3 모집단이 정규분포를 이룬다고 했을 때 확률변수 X는 평균이 72.10이고 표준편차가 3.10을 따른다고 하자. 이때 표본의 크기가 90인 표본에서, 평균이 71.70보다 작게 될 확률을 구하시오.

풀이 $X \sim N(72.10, (3.10)^2)$, $n = 90$일 때 $p(\overline{x} < 71.70)$을 구하는 것이다. 여기서 $n > 30$이므로, $\overline{X}$는 정규분포를 따른다. 즉

$$\overline{X} \sim N\left(72.10,\ \frac{(3.10)^2}{90}\right)$$

$$\begin{aligned} p(\overline{x} < 71.70) &= p\left(z < \frac{71.70 - 72.10}{\frac{3.10}{\sqrt{90}}}\right) \\ &= p\left(z < \frac{-0.4}{\frac{3.10}{9.49}}\right) = p\left(z < \frac{-0.4}{0.33}\right) \\ &= p(z < -1.21) = p(z > 1.21) \\ &= 0.5 - p(0 < z < 1.21) \\ &= 0.5 - 0.3869 \\ &= 0.1131 \end{aligned}$$

■

9.3 표본의 표준편차의 분포

평균 μ, 표준편차 σ를 가지는 크기가 N인 모집단이 있고 이 모집단으로부터 크기가 n인 모든 가능한 표본들이 추출되었다고 하자. 그런 표본들이 M개가 있으며 그들의 표준편차를 $\overline{s_1}$, $\overline{s_2}$, $\cdots$, $\overline{s_M}$이라 하겠고 모든 이런 표준편차들의 평균을 $\mu_{\bar{s}}$로, 모든 이런 표준편차들의 표준편차는 $\sigma_{\bar{s}}$로 표시하겠다. 그때 큰 수 n에 대하여 다음이 증명될 수 있다.

$$\mu_{\bar{s}} = \sigma,$$

$$\sigma_{\bar{s}} = \frac{\sigma}{\sqrt{2n}}$$

표준편차의 분포를 설명하는 정리뿐만 아니라 이러한 식들은 실제로 응용되지 않기 때문에, 더 자세한 설명 없이 이 두 식을 단지 소개만 하겠다.

9.4 두 표본평균 사이의 차에 대한 분포

두 모집단이 있고 각각의 평균을 μ_X, μ_Y 그리고 각각의 표준편차를 σ_X, σ_Y라고 하겠다. 두 모집단으로부터 선택될 수 있는 모든 가능한 표본쌍이 M개 있다고 가정하자. 첫 번째 모집단에서 뽑은 첫 번째 표본은 n_1개의 변량을 가지며, 두 번째 모집단에서 뽑은 두 번째 표본은 n_2개의 변량을 가진다. 첫 번째 모집단에서 표본들의 평균을 각각 $\overline{x_1}$, $\overline{x_2}$, $\cdots$, $\overline{x_M}$라고 하고, 두 번째 모집단에서 뽑은 표본들의 평균을 각각 $\overline{y_1}$, $\overline{y_2}$, $\cdots$, $\overline{y_M}$라고 하겠다. 그때 각 표본 쌍에 대해 첫 번째 표본의 평균과 두 번째 표본의 평균 사이의 차에 대해 생각해보자. 그러면 M개의 두 표본의 평균의 차를 얻을 수 있다.

많은 실제적 문제에서, 이러한 M개 차의 표준편차와 평균이 두 모집단의 표준편차들과 평균들에 의한다는 것을 알 필요가 있다. 이러한 M개 차들의 평균과 표준편차를 각각 $\mu_{\overline{X}-\overline{Y}}$, $\sigma_{\overline{X}-\overline{Y}}$라고 하면 다음을 증명할 수 있다.

$$\mu_{\overline{X}-\overline{Y}} = \mu_X - \mu_Y$$

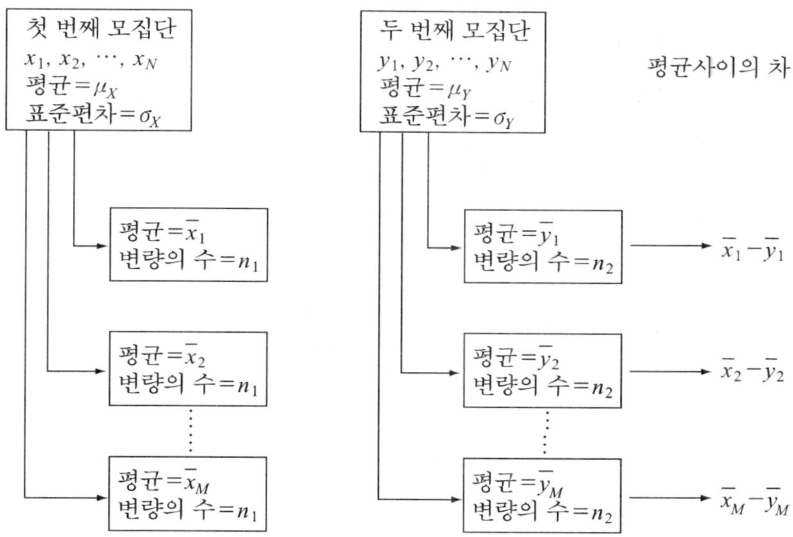

만일 두 모집단이 서로 독립이면, 즉 두 모집단의 특정한 변량들 사이에 어떠한 관계도 없다면

$$\sigma_{\overline{X}-\overline{Y}} = \sqrt{\sigma^2_{\overline{X}} + \sigma^2_{\overline{Y}}}\ ,$$

$$\sigma_{\overline{X}} = \frac{\sigma_X}{\sqrt{n_1}},\quad \sigma_{\overline{Y}} = \frac{\sigma_Y}{\sqrt{n_2}}$$

$$\mu_{\overline{X}-\overline{Y}} = \frac{\sum_{i=1}^{M}(\overline{x}_i - \overline{y}_i)}{M}$$

$$= \mu_X - \mu_Y$$

$$\sigma_{\overline{X}-\overline{Y}} = \sqrt{\frac{\sum_{i=1}^{M}((\overline{x}_i - \overline{y}_i) - \mu_{\overline{X}-\overline{Y}})^2}{M}}$$

$$= \sqrt{\sigma^2_{\overline{X}} + \sigma^2_{\overline{Y}}}$$

정리 3

> 만일 X와 Y가 서로 독립이며, 각각 평균이 μ_X와 μ_Y, 그리고 각각 표준편차 σ_X와 σ_Y인 정규분포를 따른다고 하자. 그리고 표본들의 모든 가능한 쌍이 이러한 모집단들로부터 선택되었다면, 평균 $\mu_{\overline{X}-\overline{Y}} = \mu_{\overline{X}} - \mu_{\overline{Y}}$, 표준편차 $\sigma_{\overline{X}-\overline{Y}} = \sqrt{\sigma^2_{\overline{X}} + \sigma^2_{\overline{Y}}}$ 인 정규분포를 따른다.
>
> 다시 말해서, 확률변수 $\overline{X} - \overline{Y}$의 분포는 평균 $\mu_X - \mu_Y$와 표준편차 $\sqrt{\sigma^2_{\overline{X}} + \sigma^2_{\overline{Y}}}$ 인 정규분포이다. 따라서
>
> $$z = \frac{(\overline{x} - \overline{y}) - \mu_{\overline{X}-\overline{Y}}}{\sigma_{\overline{X}-\overline{Y}}}$$
>
> 라고 놓으면 z는 표준정규곡선을 만족한다.

정리 3의 증명은 더 복잡한 수학적 개념이 필요하기 때문에 생략한다.

예제 4 서로 독립인 두 모집단의 분포가 정규분포를 따르며 두 번째 모집단의 평균이 첫 번째 모집단의 평균보다 0.50만큼 작다. 두 모집단으로부터 추출한 각 표본 쌍은 첫 번째 표본을 첫 번째 모집단에서 뽑고 두 번째 표본을 두 번째 모집단에서 뽑아서 만든 것이다. 만일 첫 번째와 두 번째 모집단으로부터 뽑은 표본의 변량이 각각 90개, 120개이며, 첫 번째와 두 번째 모집단의 표준편차는 각각 10과 8이라고 한다면, 표본들의 쌍에서 첫 번째와 두 번째 표본평균 사이의 차가 절댓값 1.00을 초과할 확률을 구하시오.

풀이 첫 번째 모집단의 확률변수를 X, 두 번째 모집단의 확률변수를 Y라고 하겠다. 따라서

$$\mu_X - \mu_Y = 0.50$$

$$\sigma_X = 10, \quad \sigma_Y = 8, \quad n_1 = 90, \quad n_2 = 120$$

이므로

$$\sigma_{\overline{X}} = \frac{10}{\sqrt{90}}, \quad \sigma_{\overline{Y}} = \frac{8}{\sqrt{120}}$$

을 얻는다.

그러면

$$\begin{aligned}\sigma_{\overline{X}-\overline{Y}} &= \sqrt{\frac{10^2}{90} + \frac{8^2}{120}} \\ &= \sqrt{\frac{100}{90} + \frac{64}{120}} \\ &= \sqrt{1.1111 + 0.53333} \\ &= \sqrt{1.6444} = 1.28\end{aligned}$$

정리 3에 의하면, 크기가 각각 90, 120인 모든 가능한 표본 쌍의 평균들 사이의 차는 평균 $\mu_{\overline{X}-\overline{Y}} = \mu_X - \mu_Y = 0.50$, 표준편차 $\sigma_{\overline{X}-\overline{Y}} = 1.28$인 정규분포를 따른다. 여기에서 이러한 차가 절댓값으로 1.00 초과하는 확률, 즉 차가 1.00보다 크거나 -1.00보다 작게 될 확률을 계산한다.

$\overline{x} - \overline{y} = 1.00$인 경우

$$z = \frac{1.00 - 0.50}{1.28}$$
$$= \frac{0.50}{1.28}$$
$$= 0.39$$

이며, $\overline{x} - \overline{y} = -1.00$인 경우

$$z = \frac{-1.00 - 0.50}{1.28}$$
$$= \frac{-1.50}{1.28}$$
$$= -1.17$$

부록 표 II로부터 z값이 0.39보다 크고 -1.17보다 작은 경우 표준정규확률곡선 아래의 면적을 구하면 된다.

$$\begin{aligned} p(0.39 < z < 1.17) &= (0.5000 - 0.1517) + (0.5000 - 0.3790) \\ &= 0.3483 + 0.1210 \\ &= 0.4693 \end{aligned}$$

■

9.5 표준오차

| 정의 | 통계량의 **표준오차**는 그 통계량의 표본분포의 표준편차를 말한다.

예를 들어, 평균의 평균오차는 평균의 표준편차의 다른 표현이다. 그러므로 9장에서 다루었던 것을 표준오차로 다시 말하면, 평균의 표준오차는 $\frac{\sigma}{\sqrt{n}}$, 표준편차의 표준오차는 $\frac{\sigma}{\sqrt{2n}}$, 서로 독립인 두 모집단으로부터의 표본평균들 사이의 차에 대한 표준오차는 $\sqrt{\sigma_X^2 + \sigma_Y^2}$ 이다.

연습문제

1. 다음 용어를 설명하시오.

모집단 표본 무작위표본 모수 통계량

2. 다음 모집단의 평균, 분산, 표준편차를 구하시오.

종업원	판매량
1	4
2	6
3	8
4	10

3. 모집단의 크기 N이 3이고 표본의 크기 n이 2인 경우 다음 식이 성립함을 보이시오.

$$\sum_{i=1}^{3}(\overline{x_i}-\mu)^2=\frac{1}{6}\left[\sum_{i=1}^{3}x_i^2-(x_1x_2+x_1x_3+x_2x_3)\right]$$

4. 평균이 21이고 표준편차가 6인 모집단에서 단순무작위표집으로 크기가 50인 표본을 선택했다고 한다. 이때 다음 확률을 구하시오.

① $p(\overline{x}<23.1)$ ② $p(\overline{x}>21.7)$

③ $p(22.8<\overline{x}<23.6)$

5. 서해안 어선들의 월간 어획고는 한 척당 평균이 30톤이고 표준편차가 12톤인데 어선들의 월간 어획고가 정규분포를 이룬다.

① 어획고가 33톤 이하인 어선들의 백분율을 구하시오.

② 만일 어선들 중 4척을 표본 추출하였을 때 표본평균 분포의 평균과 표준오차를 구하시오.

③ 어선들 중 4척을 표본 추출했을 때 평균 어획고가 39톤 이상일 확률을 구하시오.

6. 모집단의 분포가 2, 3, 4이다.

① 모집단 분포의 평균과 표준편차를 구하시오.

② 복원추출 방법으로 $n=2$의 가능한 표본을 뽑을 때, 표본평균의 분포를 작성하시오.

③ 위의 표본평균의 분포에서 표본평균의 평균과 표준편차를 구하고, 모집단의 평균, 표준편차와 비교하시오.

7. 평균이 10, 분산이 16인 정규분포를 이루는 모집단으로부터 추출한 100개 표본의 평균과 표준오차를 구하시오.

8. C 대학교 학생들이 일주일에 인터넷 사용하는 시간은 평균 15시간이고 표준편차가 5시간인 정규분포를 가지고 있다.

① 한 학생이 일주일에 인터넷을 20시간 이상 사용할 확률을 구하시오.

② 4명 학생의 평균이 20시간에서 25시간일 확률을 구하시오.

③ 16명 학생의 평균이 정확하게 20시간일 확률을 구하시오.

9. 어떤 집단의 어른 평균 키가 67.42인치이고 표준편차가 2.58인치였다. 만일 이 집단의 키의 분포가 정규분포라고 하자. 25명을 이 집단에서 무작위로 선택했을 때 그들의 평균 키가 68.00인치 이상일 확률을 구하시오.

10. 크기가 25인 모든 표본을 모집단으로부터 표집되었다고 하자. 이때 모집단은 평균이 20이고 표준편차가 4인 정규분포를 따른다. 표본평균 $\overline{X}$를 중심으로 90% 안에 놓여 있게 될 범위를 구하시오.

제10장
추정

모집단의 모수를 표본으로부터 얻은 통계량으로 예측하는 방법을 추정이라고 하며 특히 **점추정**(point estimation)이라고 한다. 예를 들어 대한민국 성인 남자의 평균 키를 조사하기 위하여 성인 남자 100명을 단순무작위표집방법으로 얻은 후 이 표본으로부터 평균 키를 조사하여 얻게 된 값을 대한민국 성인 남자의 평균 키로 추정하는 것이다. 그런데 표본 100명의 평균 키가 대한민국의 성인 남자의 평균 키와 정확히 일치할 확률은 거의 없을 것이다. 왜냐하면 표본의 크기도 작고 표본을 선택할 때 발생할 수 있는 오차가 있을 수 있기 때문이다.

그래서 이와 같은 점추정의 한계를 보완하기 위하여 **구간추정**(interval estimation)을 한다. 구간추정은 점추정에서 얻은 통계량을 중심으로 일정한 범위를 만들어 그 범위 안에 모수가 포함될 확률을 나타낸다. 그러므로 구간추정으로 모집단의 모수를 추정하는 것은 점추정에 비해 신뢰도가 높을 것이다. 그러나 100% 신뢰할 수 있는 것은 아니다. 왜냐하면 점추정에서 얻은 값을 기준으로 일정한 구간을 선택하기 때문이다.

아무튼 모수가 이 구간 안에 포함될 확률을 통계학적으로 **신뢰수준**(level of confidence)이라고 한다.

여기서 추정에 사용된 $\overline{X}$와 같은 통계량을 **추정량**(estimator)이라고 하고, 실제 추정에 사용된 값 $\overline{x}$를 **추정값**(estimate)이라고 한다.

구간추정은 모수가 어떤 구간(신뢰구간) 안에 포함될 확률(신뢰수준)로 나타낸다. 신뢰수준이 클수록 모수가 신뢰구간 안에 포함될 확률은 높아진다. 그러나 정보로서의 가치는 떨어질 것이다. 주로 사용되는 신뢰수준은 0.95이며, 그 이외에도 0.90, 0.99 등이 사용된다. 항상 문제에서 신뢰수준이 주어진다. 즉 주어진 신뢰수준에 따라 구간 안에 모수가 포함될 확률이 결정된다. 한편 이 구간 안에 모수가 포함되지 않을 확률은 (1-신뢰수준)이며, (1-신뢰수준)의 확률을 **유의수준**(significant level)이라고 하고 기호로는 그리스문자 α를 사용한다 따라서 신뢰수준은 확률 $(1-\alpha)$ 또는 백분율 $(100-\alpha)$%로 정의된다.

요약해보면 구간추정에서 중요한 것은 모수가 포함될 것으로 기대되는 범위인 **신뢰구간**(confidence interval)과 그 범위 안에 모수가 포함될 확률(또는 백분율)인 **신뢰수준**(level of confidence)이다.

10.1 모집단 평균 μ의 구간추정

모집단평균 μ의 구간추정은 표본평균 $\overline{X}$의 표본분포로부터 구해진다. $\overline{X}$의 표본분포에서 평균인 $\mu_{\overline{X}}$를 중심($z=0$)으로 신뢰구간을 정하게 된다. 만일 $\overline{X} \sim N(\mu_{\overline{X}},\ \sigma^2_{\overline{X}})$이면, 유의수준 α를 가지고 $\overline{x}$가 $\mu_{\overline{X}}$를 중심으로 $(\mu_{\overline{X}} - z_{\frac{\alpha}{2}}\sigma_{\overline{X}},\ \mu_{\overline{X}} + z_{\frac{\alpha}{2}}\sigma_{\overline{X}})$ 내에 있게 될 것이다. 왜냐하면 다음 두 식

$$-z_{\frac{\alpha}{2}} = \frac{\overline{x} - \mu_{\overline{X}}}{\sigma_{\overline{X}}}, \quad z_{\frac{\alpha}{2}} = \frac{\overline{x} - \mu_{\overline{X}}}{\sigma_{\overline{X}}}$$

을 $\overline{x}$에 의해 풀면 $\overline{x} = \mu_{\overline{X}} - z_{\frac{\alpha}{2}}\sigma_{\overline{X}}$, $\overline{x} = \mu_{\overline{X}} + z_{\frac{\alpha}{2}}\sigma_{\overline{X}}$이기 때문이다.

만일 $\alpha = 0.05$이면,

$$\overline{x} \in (\mu_{\overline{X}} - 1.96\sigma_{\overline{X}},\ \mu_{\overline{X}} + 1.96\sigma_{\overline{X}})$$

이며, 이때 $\mu_{\overline{X}} = \mu$이므로,

$$\overline{x} \in (\mu - 1.96\sigma_{\overline{X}},\ \mu + 1.96\sigma_{\overline{X}})$$

이다. 위의 식을 확률로 나타내면 다음과 같다.

$$p(\mu - 1.96\sigma_{\overline{X}} \le \overline{x} \le \mu + 1.96\sigma_{\overline{X}}) = 0.95$$

예제 1 어느 대학 1학년 전체 학생의 평균 키를 조사하기 위하여 1학년 학생 36명을 단순무작위표집을 하여 평균 키를 재어보니 169.8 cm이었다. 과거의 경험에 의해서 1학년 전체학생들의 키의 표준편차가 5 cm라고 가정한다면 1학년 전체학생 평균 키에 대한 구간추정을 하시오(단 신뢰수준은 0.95).

풀이 전체 학생의 평균키 μ의 95%가 이 구간 $(\overline{x} - 1.96\sigma_{\overline{X}},\ \overline{x} + 1.96\sigma_{\overline{X}})$ 안에 있게 된다. 그런데 $n=36$, $\sigma=5$이므로 $\sigma_{\overline{X}} = \frac{5}{\sqrt{36}} = \frac{5}{6}$이고 $\overline{x} = 169.8$이므로 구간은

$$\left(169.8-1.96\times\frac{5}{6},\ 169.8+1.96\times\frac{5}{6}\right)=(168.17,\ 171.43)$$

이다.

그래서 전체학생의 평균키가 168.17 cm에서 171.43 cm 사이에 있다고 말하면 맞을 확률은 0.95이고, 틀릴 확률은 0.05이다. ■

예제 2 우리나라를 방문하는 관광객이 평균 소비하는 외화를 알아보기 위하여 관광객 100명을 추출하여 물어본 결과 100명의 평균 소비액은 1,700달러이고 표준편차는 200달러였다. 관광객이 한번 방문할 때 우리나라에서 쓰는 외화의 평균 소비액에 대한 구간추정을 하시오(단 신뢰수준은 0.90이다).

풀이 이 경우는 σ의 값은 모르지만 표본의 크기가 큰 경우($n \geq 30$)이므로 구하는 구간은 다음과 같다.

$$(\overline{x}-1.645\sigma_{\overline{X}},\ \overline{x}+1.645\sigma_{\overline{X}})$$

$\overline{x}=1,700,\ \ s=200$이므로 구간은

$$\begin{aligned}&\left(1,700-1.645\frac{200}{\sqrt{100}},\ 1,700+1.645\frac{200}{\sqrt{100}}\right)\\&=(1700-32.9,\ 1700+32.9)\\&=(1667,\ 1732.9)\end{aligned}$$

이다. 따라서 관광객이 평균 소비하는 외화는 1,667달러에서 1,733달러사이에 있을 것으로 추정되며, 이 추정에 오류가 발생할 확률은 0.1이다. ■

10.2 신뢰구간

평균 $\overline{x}$와 표준편차 s를 가지는 n개 변량의 표본이 주어졌다고 가정하자. 이 표본이 추출된 모집단의 평균 μ를 예측하는 문제를 여기서 다루어 보겠다.

설명을 위해서, 크기가 100인 표본을 모집단으로부터 단순무작위표집에 의해 얻었다. 이 표본의 평균은 40이고 표준편차는 11이었다. 이 표본은(평균이 40, 크기가 100) 평균이 40이거나 그 근처의 값인 어떤 모집단에서 표집 되었을 가능성이 있기 때문에 모집단의 평균을 정확히 결정하기가 어렵다. 결과적으로, 우리가 바랄 수 있는 가장 최선은 특정한 확률이나 신뢰도(보통 95%의 신뢰수준)를 가지고 모집단의 평균이 어떤 구간 안에 있을 신뢰한계를 세우는 것이다.

| 정의 1 | x%의 신뢰수준으로 모수가 포함될 구간의 양 끝 값을 모수에 대한 x% **신뢰한계**(confidence limits)라고 말한다.

| 정의 2 | 신뢰한계 사이의 구간을 **신뢰구간**(confidence interval)이라고 말한다.

특정한 신뢰도(또는 확률)가 커질수록 신뢰구간은 더 넓어진다. 크기가 100인 표본을 표집한 모집단의 평균에 대한 95% 신뢰수준에서 신뢰한계를 계산해보기로 하겠다.

9장의 정리 1로부터 $\overline{X}$는 평균 μ와 분산 $\sigma_{\overline{X}}^2$인 정규분포를 따른다고 알고 있다. 이 표본의 크기가 큰 편이기 때문에 모집단의 표준편차 σ가 표본의 표준편차 s에 충분히 근사될 수 있다고 가정할 수 있다. 즉, $\sigma = s$. 이때

$$\sigma_{\overline{X}} = \frac{s}{\sqrt{n}} = \frac{11}{10}$$
$$= 1.01$$

그러므로 표본평균의 95%는 다음 두 방정식을 $\overline{x}$에 관해 풀었을 때 얻게 되는 $\overline{x}$

의 두 값 사이에 놓여 있게 된다.

$$\frac{\overline{x}-\mu}{1.10}=\pm 1.96$$

$$\mu \in (\overline{x}-(1.96\times 1.10),\ \overline{x}+(1.96\times 1.10))$$

여기서 1.96은 $\frac{1}{2}(0.95)=0.475$의 면적에 해당하는 z값으로써 부록 표 II에서 얻은 값이다. $\overline{x}$의 하한과 상한은 다음과 같다.

$$\overline{x}=\mu-2.16, \quad \overline{x}=\mu+2.16$$

그러나 설명에서 $\overline{x}$는 주어졌고 μ가 결정되어야 하므로, 우리는 μ에 관해 위 방정식을 풀어야만 한다. 그때 두 값을 얻는다.

$$\begin{aligned}\mu &= \overline{x}-2.16=40-2.16\\ &=37.84\end{aligned}$$

그리고

$$\begin{aligned}\mu &= \overline{x}+2.16=40+2.16\\ &=42.16\end{aligned}$$

μ의 하한 37.84와 상한 42.16은 모집단 평균 μ에 대한 95% 신뢰수준의 신뢰한계이다. 또는 신뢰한계를 간단히 다음과 같이 표현한다.

$$40\pm 2.16$$

이때 신뢰한계는 0.95의 확률을 가지고 모집단의 평균을 포함하는 구간을 정의한다. 다음 그림에서는 평균의 이런 두 한계 값을 가지고 모집단들로부터 추출된 크기 100인 표본들에 대한 표본평균 $\overline{X}$의 분포를 보여주고 있다.

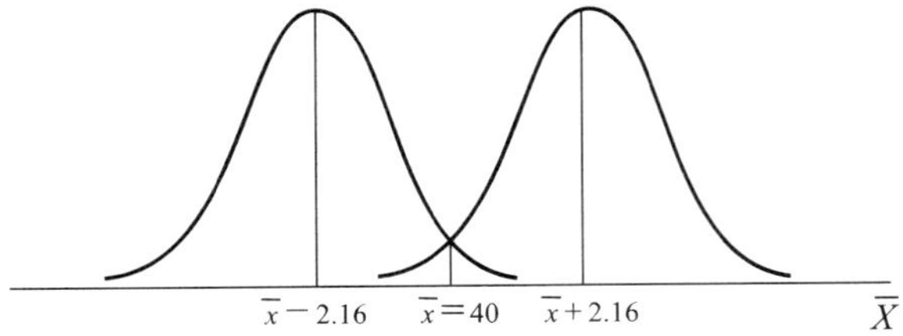

μ에 대한 95% 신뢰구간

신뢰한계를 얻기 위하여 단지 표본의 크기가 큰 경우에 적용될 수 있다. 왜냐하면 그럴 때 표본의 표준편차가 모집단의 표준편차의 근사값으로 사용될 수 있기 때문이다. 크기가 작은 표본들에 대해서는 제12장에서 다루기로 하겠다.

예제 3 70개의 변량을 가지는 표본은 표준편차 4.2, 평균 65를 가진다. 모집단의 평균에 대한 98% 신뢰수준으로 신뢰한계를 구하시오.

풀이 문제에서 주어진 값들은

$$\overline{x}=65,\ \ s=4.2,\ \ n=70;$$

$\sigma=s$로 가정할 때, 다음을 얻는다.

$$\begin{aligned}\sigma_{\overline{X}}&=\frac{s}{\sqrt{n}}\\&=\frac{4.2}{\sqrt{70}}=\frac{4.2}{8.37}\\&=0.50\end{aligned}$$

부록 표 II로부터, 면적 $\frac{1}{2}\times 0.98=0.49$에 해당하는 z값은 2.33이다. 그래서

$$\frac{\overline{x}-\mu}{0.50}=\pm 2.33$$

그러므로

$$\overline{x}-\mu=\pm 1.16$$

이고

$$\mu = \overline{x} \pm 1.16$$
$$= 65 \pm 1.16$$

이 값은 모집단 평균에 대한 98% 신뢰수준 하에서의 신뢰한계이다. ■

예제 4 크기가 100인 표본을 모집단으로부터 단순무작위표집에 의해 얻었다. 이 표본의 평균은 40이고 표준편차는 11이었다. 이때 모집단의 평균에 대한 95% 신뢰수준 하에서의 신뢰한계를 구하시오.

풀이 표본의 크기가 30 이상이므로 표본분포의 확률변수 $\overline{X}$는 정규분포를 따른다. 즉

$$\overline{X} \sim N(\mu,\ \sigma^2_{\overline{X}})$$

표본의 크기 $n = 100$이므로, 모집단의 표준편차 σ가 표본의 표준편차 s에 충분히 근사된다. 즉 $\sigma = s$. 따라서

$$\sigma_{\overline{X}} = \frac{s}{\sqrt{n}} = \frac{11}{10}$$
$$= 1.01$$

이때 표준정규분포로 변환하는 확률변수 Z는 다음과 같이 계산된다.

$$z = \frac{\overline{x} - \mu}{1.10}$$
$$= \pm 1.96$$

위 식에서 모집단 평균 μ의 95% 신뢰구간은

$$\mu \in (\overline{x} - 1.96 \times 1.10,\ \overline{x} + 1.96 \times 1.10)$$

이며, 이 구간의 양 끝 값인 신뢰한계는

$$\mu = \overline{x} - 2.16 = 40 - 2.16$$
$$= 37.84$$

와

$$\mu = \bar{x} + 2.16 = 40 + 2.16$$
$$= 42.16$$

이다.

그러므로 μ에 대한 신뢰수준 95%의 신뢰한계는 40 ± 2.16이다. ■

10.3 표본의 크기

모집단의 몇 퍼센트가 앞으로 있을 선거에 후보로 나온 두 명 가운데 한 명을 지지하는가에 관심을 가지고 있다고 가정하자. 분명히 우리의 첫 번째 문제는 어떤 제시된 정확도를 가지고 이 백분율을 얻기 위하여 만나야 할 사람들의 수를 결정하는 것이다. 많은 그런 문제에서 — 예를 들어, 갤럽여론 조사에서 실시하는 면담 — 정확도는 95%의 신뢰수준에서 후보를 지지하는 모집단의 백분율이 표본으로부터 얻은 백분율의 3% 안쪽에 있도록 제시된다. 이것은 만일 표본에서 43%가 후보를 지지한다면, 후보를 지지하는 전체 모집단의 실제적인 백분율은 대략 40%와 46% 사이에 있게 됨을 의미한다. 가능한 한 정확하게 표본의 크기를 구하기 위해서 모집단에서 백분율이 얼마가 될 것인지에 대한 대략적인 생각이 필요하다. 이런 추정은 이 절의 후반에서 보게 되는 것과 같이 매우 정확하게 할 필요는 없다.

실제적인 실습에서 표본의 크기가 어떻게 결정될 것인지에 대해 알아보겠다.

예제 5 두 명이 입후보한 선거에서 후보 A를 지지하는 모집단의 백분율을 결정하기 위하여 여론조사가 실시되었다. 95% 신뢰수준에 3% 안쪽에 놓이는 모집단의 백분율을 얻기 위하여 조사되어야 하는 표본의 크기를 결정하자. 작은 표본을 가지고 하는 빠른 표본조사는 후보 A를 지지하는 유권자의 백분율이 43%라는 믿음을 가지게 한다.

풀이 표본조사의 결과로부터, 모집단에서 후보 A를 지지하는 유권자의 백분율이 43%임을 가정할 것이다. 우리는 0.95의 확률로 표본에서의 백분율이 모집단의 것과

3% 이상 다르지 않게 표본의 크기를 결정하는데 관심이 있다.
이때

$$\begin{aligned} p &= 0.43, \;\; q = 0.57; \\ \mu &= 0.43n; \\ \sigma &= \sqrt{n(0.43)(0.57)} \\ &= \sqrt{0.2451n} \\ &= 0.495\sqrt{n} \end{aligned}$$

0.95의 확률로 많아야 $0.03n$ 만큼 모집단에서의 그것과 다르도록 후보 A를 지지하는 사람의 수를 원하기 때문에, 이항분포에 근사하는 정규분포를 이용하여 다음을 얻는다.

$$\frac{0.03n}{0.495\sqrt{n}} = 1.96$$

위의 식을 다시 정리하면

$$\begin{aligned} \sqrt{n} &= \frac{1.96(0.495)}{0.03} \\ &= 32.3 \end{aligned}$$

이며, 따라서

$$\begin{aligned} n &= (32.3)^2 \\ &= 1043.29 \end{aligned}$$

이다. 정수 n을 얻기 위해 소수 첫째자리에서 올림하면 $n = 1044$이다. ■

후보 A를 지지하는 실제의 백분율을 얻기 위해 요구되는 표본의 크기를 결정하기에 앞서 후보 A를 지지하는 백분율에 관해 어느 정도의 생각을 가져야 한다는 것에 거북함을 느낄 수도 있다. 이 백분율의 초기 예측은 표본크기의 결정에 대해 전혀 정확하지 않아도 됨이 증명되었다. 즉 만일 예제 4에서 후보를 지지하는 유권자의 백분율이 43%가 아니라 차라리 36%로 가정했다면 얻어진 n의 값은 $n = 986$이며 예제 4에서 얻은 $n = 1044$값과는 약간 차이가 있다.

만일 이전 표본조사가 모집단의 백분율이 후보를 얼마나 지지하는가를 나타내는데 이용된다면, 그것은 가능한 한 조심스럽게 n을 예측하는데 분명히 바람직하다. 즉 n의 가장 큰 값에서 나타나는 p값에 대한 n을 결정하는 것은 바람직하다. 예를 들어, 예제 5에서 후보 A를 지지하는 유권자가 얼마 정도의 백분율을 갖는지에 대한 아무런 정보도 없다고 가정하자. 백분율을 p라 할 때 n에 대해 풀게 될 방정식은 다음과 같다.

$$\frac{0.03n}{\sqrt{np(1-p)}} = 1.96$$

이며 다시 정리하면 다음을 얻는다.

$$\sqrt{n} = \frac{1.96\sqrt{p(1-p)}}{0.03}$$

n(결과적으로 $\sqrt{n}$)이 가장 큰 값을 갖게 되는 p값을 구하기 위해 위의 오른쪽 식에서 제곱근 안의 표현을 다음과 같이 쓸 수 있다.

$$\begin{aligned} p(1-p) &= p-p^2 \\ &= \frac{1}{4}-\left(p^2-p+\frac{1}{4}\right) \\ &= \frac{1}{4}-\left(p-\frac{1}{2}\right)^2 \end{aligned}$$

그래서 오른쪽 식의 두 번째 항이 0이 되는 경우인 즉 $p=\frac{1}{2}$일 때, 가장 큰 값 $\frac{1}{4}$을 얻는다.

같은 이유로 $p=\frac{1}{2}$일 때 n은 가장 큰 값을 가지게 될 것이다. 그래서 이전 표본조사의 자료를 이용할 수 없다고 해도, 표본의 크기는 항상 $p=\frac{1}{2}$일 때 예측되어야 한다.

예제 6 만일 마지막 문장이 생략되었을 때 예제 5를 계산하시오.

풀이 $p=\frac{1}{2}$일 때 n을 풀면,

$$\begin{aligned}\sqrt{n} &= \frac{1.96\sqrt{\frac{1}{2}\times\frac{1}{2}}}{0.03} \\ &= \frac{0.98}{0.03} \\ &= 32.67\end{aligned}$$

따라서 $n=1067.33$이며, 정수 n을 얻기 위해 올림하면 $n=1068$이다. ■

실제로 신중을 기하기 위해서, 그런 수들은 항상 충분히 커지게 된다. 그래서 최근에 여론조사는 항상 1,500명을 대상으로 하며, 그들의 예측은 매우 드물게 3% 정도 벗어나 있게 됨을 확신한다.

여론 조사원이 1,500명 보다 훨씬 더 많은 면담자를 만나지 않는다면 정확도를 증가시킬 수 없으며, 보통 비경제적이다. 예를 들어, 0.95의 확률을 가지고 표본으로부터 얻은 백분율의 1% 안쪽으로 모집단에서의 백분율이 놓이도록 결정하는 것은 훨씬 더 큰 표본을 요구하게 된다. 그리고 게다가 만일 확률이 0.99로 증가되려면, 더욱 더 큰 표본이 요구될 것이다.

연습문제

1. C 대학교 학생 100명의 한 달 용돈을 조사했더니 평균이 159,000원이었다. 모집단의 표준편차가 28,850원이었다면 모집단 평균에 대한 다음 조건의 신뢰구간을 구하시오.
   ① 90% 신뢰수준
   ② 95% 신뢰수준
   ③ 99% 신뢰수준

2. 모집단으로부터 단순무작위표집 방법에 의해 표본 60개를 얻었다. 이때 표본의 평균이 80이었고 모집단의 표준편차가 15였다.
   ① 모집단 평균에 대한 95% 신뢰구간을 구하시오.
   ② 위의 모집단에서 120개의 표본을 얻어 평균을 얻었다고 가정했을 때, 모집단의 평균에 대한 95% 신뢰구간을 구하시오.
   ③ 신뢰구간을 계산하는데 있어서 더 큰 표본이 주는 효과가 무엇인지 설명하시오.

3. 모집단의 평균에 대한 95% 신뢰구간이 152에서 160이었다. 만일 모집단의 표준편차가 15였다면, 이때 사용된 표본의 크기는 얼마인가?

4. C 회사에서 개발한 인터넷 광고의 효과를 측정하기 위해 100명을 대상으로 인터넷 광고를 보여준 후, 일주일이 지난 다음 인터넷 광고의 내용을 기억하고 있는가를 조사하였다. 그 결과 20%의 시청자가 광고의 내용을 기억하고 있었다. 모집단 비율에 대한 신뢰수준 95%의 신뢰구간을 구하시오.

5. 어느 대학교 1학년 학생의 평균 키를 조사하기 위해 1학년 학생 64명을 무작위로 표집을 하여 평균 키를 계산한 결과 170.5 cm를 얻었다. 과거 1학년 학생 키에 대한 표준편차가 7 cm이었다. 1학년 학생 평균 키에 대한 신뢰수준 95%의 신뢰구간을 구하시오.

6. 여론 조사기관은 무작위로 표본의 크기가 n인 표본을 가지고 A후보의 지지율을 추정하려고 한다. 작은 표본을 가지고 표본조사 결과는 A후보를 지지하는 유권자의 백분율이 45%라고 가정하겠다. 신뢰수준 95%로 실제 지지율이 표본지지율에서 0.01 이상의 오차가 발생하지 않기를 원한다면 표본의 크기를 얼마로 잡아야 할지 구하시오.

제11장 가설검정

통계적 추측은 추정과 가설검정으로 나눌 수 있다. 추정은 모집단의 모수를 모르는 경우 표본을 이용하여 모수의 실제 값을 짐작하는 점추정과 모수가 포함될 수 있는 구간을 제시하는 구간추정으로 구분된다. 가설검정은 모수의 값이 얼마일 것이라고 가설하고 모집단으로부터 얻은 표본의 자료를 이용하여 모수에 대한 가설의 합당성 여부를 판단하는 방법이다.

통계적 가설은 통계학에서 사용하는 용어로, 하나의 특정 주장을 모수로 나타낸 형태를 말한다. 예를 들어 "한국 여성의 수명은 길다"라는 가정은 통계적 가설이 될 수 없다. 그러나 "한국 여성의 평균수명은 80세이다"는 통계적 가설이 된다. 평균 수명은 여기서 모집단 특성을 나타내는 모수가 된다.

예를 들어, 어느 고등학교에서 졸업생의 수능평균점수가 260점이라고 주장한다고 하자. 이 주장이 참인지 거짓인지 가설을 세워 검정해보겠다. 표본을 단순무작위로 수집하여 표본평균을 구하고 그 값이 학교 측에서 주장하는 평균점수 260점과 큰 차이가 없으면 그 주장을 받아들이고, 학교 측의 주장과 차이가 크면 학교 측의 주장을 받아들이지 않을 것이다.

과거 이 학교의 졸업생의 수능평균점수에 대한 표준편차가 10점이었다고 한다. 25명을 표본으로부터 표본평균값이 256점을 얻었다. 이때 모집단의 분포는 정규분포를 따른다고 가정하겠다.

$$\overline{x} = 256,\ \sigma = 10,\ n = 25;$$

$$z = \frac{\overline{x} - \mu}{\sigma_{\overline{X}}} = \frac{256 - 260}{\frac{10}{\sqrt{25}}} = -2$$

그러므로

$$p(\overline{x} \leq 256) = p(z \leq -2) = p(z \geq 2) = 0.5 - p(0 \leq z \leq 2) = 0.023$$

표본평균으로부터 수능평균점수가 260점이라는 가정이 사실이라고 가정했을 때 256점 이하가 나올 확률이 0.023이다. 이 확률은 때론 작은 값일 수도 있고 때론 작지 않은 값일 수도 있다. 상대적인 것은 기준이 정해지면 해결된다. 이때 주어지는 기준을 유의수준 α라고 한다. 이것은 정확한 유의수준의 정의는 아니지만 문제를 이해하는데 유용하다. 유의수준은 앞으로 자세히 설명될 것이다.

아무튼 위의 계산에서 얻은 확률 0.023은 매우 작다. 즉 수능평균이 260점이라기보다 260점보다 작아질 가능성이 더 많다고 할 수 있다. 따라서 학교 측의 주장을 기각할 수 있게 된다. 물론 학교 측의 주장을 기각한다면 학교 측의 주장이 참인데도 잘못 기각하는 오류에 빠질 확률이 0.023이 된다는 뜻이다. 이 절에서 통계학에서 가장 중요한 문제 가운데 하나인 가설검정에 대해서 살펴보겠다.

| 정의 1 | 통계적 가설은 통계학에서 사용하는 용어로, 하나의 특정 주장을 모수로 나타낸 형태를 말한다.

11.1 통계적 가설

위의 정의로부터 모든 가설이 다 통계적 가설로 인정되지 않음을 알 수 있다. 다음 가설들은 통계적 가설이 아니다.

(ㄱ) 화성에 생명체가 존재한다.
(ㄴ) 노대통령은 한국의 가장 훌륭한 대통령이다.
(ㄷ) 한국여성의 평균수명은 길다.

이러한 문장들은 모수에 관한 가정이 아니다. 다시 말해서, 문장 (ㄴ)의 단어를 약간만 고치면 다음의 통계적 가설을 얻게 된다.

(ㄴ) 노대통령은 한국 대통령 가운데 지지율이 가장 높다.

이 문장은 노대통령을 좋아하는 사람들의 백분율이 모수이므로 통계적 가설이 된다. (ㄷ) 문장을 통계적 가설로 재구성하면 다음과 같다.

(ㄷ) 한국여성의 평균수명은 80세이다

완전한 확신을 가지고 통계적 가설의 참과 거짓을 말하기 위해서 전체 모집단을 조사할 필요가 있을지도 모른다. 그러나 이와 같은 전체 조사는 가끔 불가능하거나 비현실적이어서 모집단으로부터 수집한 표본을 이용하여 가설이 참인지 거짓인지를 판단해야 한다. 가설의 진실 여부를 결정하도록 하는 **통계적 과정**(statistical procedure) 또는 **결정규칙**(decision rule)을 **통계적 가설검정**(statistical hypothesis test)이라 한다. 이때 검정되는 가설을 귀무가설이라고 하고 기호는 H_0로 표시한다.

| 정의 2 | 가설검정은 모수의 값이 얼마일 것이라고 가정하고, 그 모수로부터 얻은 표본의 자료를 이용하여 모수에 대한 가정이 참인지 거짓인지를 판단하는 검정방법이다.

11.2 귀무가설과 대립가설

표본을 선택하기 전에 모수에 대한 값(μ_0로 표시)에 대한 가정을 한다. 이 가정을 귀무가설이라고 한다. **귀무가설**(null hypothesis)을 H_0로 나타낸다.

| 정의 3 | 검정되는 가설을 항상 귀무가설이라 한다.

이 귀무가설에 대립되는 가설을 **대립가설**(alternative hypothesis)이라고 하며 기호는 H_1(또는 H_a)으로 나타낸다. 귀무가설과 대립가설은 상호 배타적이다. 즉 한 쪽을 선택하면 다른 쪽은 기각되며 그 반대도 마찬가지이다. 이때 가설은 문제의 성격에 따라 다음 세 가지로 분류된다.

① $H_0 : \mu = \mu_0$

$H_1 : \mu \neq \mu_0$

② $H_0 : \mu \geq \mu_0$

$H_1 : \mu < \mu_0$

③ $H_0 : \mu \leq \mu_0$

$H_1 : \mu > \mu_0$

첫 번째 형태를 **양쪽검정**(two-tailed test), 두 번째 형태를 왼쪽검정, 세 번째 형태를 오른쪽검정이라고 한다. 왼쪽검정과 오른쪽검정을 **한쪽검정**(one-tailed test)이라고 말한다.

위의 세 가지 유형에 대한 예를 한 가지씩 들어보겠다.

① 어떤 상품의 규격을 검사하는 과정을 생각해보자. 배에 선적된 상품을 하역하기 위해 검사관은 몇 개의 상품을 임의로 선택하여 그 평균을 측정한다. 이때 이 상품의 평균규격이 10 cm보다 작거나 또는 큰 경우에 이 상품이 불량품이라고 판단하게 된다. 불량품인 경우 이 상품을 배에서 하역하지 않고 공급자에게 되돌려 보내게 될 것이다. 이 경우 귀무가설과 대립가설은 다음과 같은 형태가 될 것이다.

$$H_0 : \mu = 10$$

$$H_1 : \mu \neq 10$$

② A회사에서는 음료수를 2리터 용기에 담아 판매를 한다. 이 회사에서는 2리터 용기에 평균적으로 음료수가 2,028 ml가 채워져 있다고 주장한다. 이 회사에서 생산하는 2리터 용기에 든 표본을 무작위로 선택하여 조사하여 표본의 평균이 회사의 주장과 모순되지 않는다면 회사의 주장이 옳다고 가정하게 된다. 이 경우 귀무가설과 대립가설은 다음과 같은 형태가 될 것이다.

$$H_0 : \mu \geq 2{,}028$$

$$H_1 : \mu < 2{,}028$$

③ 자동차를 생산하는 B회사에서는 자 회사에서 생산한 자동차의 연비를 개선하기 위해 연료주입장치를 개발하였다. 이 회사의 자동차는 과거 평균적으로

1리터에 18 km를 달린다. 이 새로운 연료장치의 성과를 확인하기 위해 이 회사에서 생산하는 자동차에 새 연료주입장치를 장착하여 시험 주행을 하였다. 이 회사의 연구개발팀은 새로운 장비가 연비를 향상시킬 것으로 기대하고 있다. 이 경우 귀무가설과 대립가설은 다음과 같은 형태가 될 것이다.

$$H_0 : \mu \le 18$$
$$H_1 : \mu > 18$$

| 정의 4 | 통계적 가설검정에서 만일 곡선의 단지 한쪽 끝머리의 면적이 사용되었다면, 이 검정을 한쪽검정이라고 한다. 만일 양쪽 끝머리의 면적이 사용되었다면, 양쪽검정이라고 한다.

한쪽검정으로 검정하게 되면 기각영역이 어느 한쪽(왼쪽 또는 오른쪽)에만 있게 되며, 양쪽검증일 때는 기각영역이 양쪽에 있는 것이므로 유의수준 α도 양극단으로 갈라져 한쪽의 면적이 $\frac{\alpha}{2}$가 된다.

예제 1 "한국여성의 평균수명은 80세이다"를 검정하기 위한 가능한 대립가설을 세워보시오.

풀이 μ를 한국여성의 평균수명이라고 놓으면 귀무가설과 대립가설은 다음과 같다.

$$H_0 : \mu = 80$$
$$H_1 : \mu \ne 80$$

■

예제 2 모집단이 정규분포를 이룬다고 하자. 다음 조건 하에서 가설검정을 하려고 했을 때 귀무가설에 대한 기각영역을 구하시오.

① $\alpha = 0.05$, 양쪽검정

② $\alpha = 0.1$, 오른쪽검정

③ $\alpha = 0.01$, 왼쪽검정

풀이 ① $z_0 > 0$라고 가정하자. 이 검정이 양쪽검정이므로 $p(z > z_0) = 0.025$ 또는 $p(z < -z_0) = 0.025$을 만족하는 z_0을 찾는 것이다. 이것은 표준정규분포를 이용해서 구하게 된다. 즉 부록의 표에서 $p(0 < z < z_0) = 0.475$을 만족하는 z_0을 찾는 것과 마찬가지다. 따라서 $z_0 = 1.96$이다. 그러므로 기각영역은 $(1.96, \infty)$이거나 $(-\infty, -1.96)$이다.

② $\alpha = 0.1$이며 오른쪽검정이므로 $p(z > z_0) = 0.1$을 만족하는 z_0을 찾는 것이다. 즉 $p(0 < z < z_0) = 0.4$을 만족하는 $z_0 = 1.28$이므로 기각영역은 $(1.28, \infty)$이다.

③ $\alpha = 0.01$이며 왼쪽검정이므로 $p(z < -z_0) = 0.01$을 만족하는 z_0을 찾는 것이다. 따라서 $p(-z_0 < z < 0) = p(0 < z < z_0) = 0.49$을 만족하는 $z_0 = 2.33$이므로 기각영역은 $(-\infty, -2.33)$이다. ■

11.3 가설검정 절차

① 유의수준 α가 문제에서 주어진다.
② 문제의 성격에 따라 귀무가설과 대립가설을 설정한다.
③ 표본으로부터 검정통계량 z값을 계산한다.
④ 유의수준 α에 따른 기각영역을 분포표를 이용하여 구한다.
⑤ 검정통계량 z값이 기각영역에 포함되는지 그렇지 않은지를 비교한다.
⑥ 통계적 의사결정을 내린다. 즉 검정통계량이 기각영역에 포함되면 귀무가설을 기각하고 그렇지 않으면 귀무가설을 채택하게 된다.

정의 5 **(통계적)** 가설검정에서 계산된 확률이 주어진 유의수준 α보다 크면, 귀무가설이 참이라고 선언하고 귀무가설을 채택한다. 그리고 계산된 확률이 주어진 유의수준 α보다 작으면, 귀무가설이 거짓이라고 선언하고 대립가설을 채택한다.

| 정의 6 | 계산된 확률이 유의수준 α보다 작아서 귀무가설을 기각하는 경우, 그 결과가 **유의**(significant)하다고 말한다.

예제 3 동전의 '정직성(honesty)'을 검정하기로 하자. '정직성'의 가정은 동전을 던졌을 때 나타난 결과의 수가 매우 큰 모집단에 대해 동전 앞면을 얻게 될 확률 p가 $\frac{1}{2}$이라는 가정과 동치이기 때문에 이 가정은 통계적 가설이 된다. 100번 동전을 던졌을 때 60번 앞면을 얻었다면 이 결과로부터 동전의 정직성을 인정하는 판단을 할 수 있는지 검정하시오(단 $\alpha = 0.05$).

풀이 만일 앞면을 50번 또는 50번에 가까운 값을 얻었다면, 동전의 정직성에 어떠한 의심을 하지 않는다. 그러나 얻은 60번은 50번보다 훨씬 많으며 정직성에 대해 약간의 의심을 할 수도 있다. 그러므로 동전을 100번 던졌을 때 앞면이 60번 또는 그 이상 얻게 될 확률(동전의 정직성이 가정 되었을 때)을 계산하는 것은 당연하다. 어떤 조건 하($p \approx 0.5$)에서 이항분포가 정규분포에 근사하므로 다음을 얻게 된다.

$$p = \frac{1}{2},\ n = 100;$$

$$\begin{aligned}\mu &= np \\ &= \frac{1}{2}(100) \\ &= 50;\end{aligned}$$

$$\begin{aligned}\sigma &= \sqrt{np(1-p)} \\ &= \sqrt{100 \times \frac{1}{2} \times \frac{1}{2}} \\ &= 5;\end{aligned}$$

이때 이항분포는 이산형 확률변수를 가지며 정규분포는 연속형 확률변수를 가지므로, 이산형의 자료는 약간의 보정이 필요하다(8장). 따라서 $\overline{x} = 60$이지만 연속형인 정규분포에 근사시킬 때는 $\overline{x} = 59.5$로 보정해야 한다.

$$z = \frac{\overline{x} - \mu}{\sigma_{\overline{X}}}$$

$$= \frac{59.5 - 50}{5}$$

$$= 1.90;$$

이 문제는 동전의 정직성에 관한 것이며 동전이 정직한가? 그렇지 않은가는 동전을 100번을 던졌을 때 예상되는 앞면의 수와 얼마나 큰 오차가 있느냐에 달려 있다. 따라서 50번보다 훨씬 적게 나타나거나 또는 50번보다 훨씬 많게 앞면이 나오면 동전은 정직하지 않다고 결론내릴 수 있을 것이다. 그러므로 동전의 정직성 검사는 양쪽검정을 하는 것이 바람직하다. 그래서 귀무가설과 대립가설을 다음과 같이 세울 수 있다.

$$H_0 : \mu = 50$$

$$H_1 : \mu \neq 50$$

$$\begin{aligned} p(\overline{x} > 59.5) &= p(z > 1.90) \\ &= 0.5000 - p(0 < z < 1.90) \\ &= 0.5000 - 0.4713 \\ &= 0.0287 \end{aligned}$$

또한 $\overline{x} = 40$인 경우 보정된 값은 $\overline{x} = 40.5$이다. 따라서

$$z = \frac{\overline{x} - \mu}{\sigma_{\overline{X}}}$$

$$= \frac{40.5 - 50}{5}$$

$$= -1.90;$$

이므로

$$\begin{aligned} p(\overline{x} < 40.5) &= p(z < -1.90) \\ &= 0.5000 - p(-1.90 < z < 0) \\ &= 0.5000 - p(0 < z < 1.90) \\ &= 0.5000 - 0.4713 \end{aligned}$$

$$= 0.0287$$

그러므로 만일 정직한 동전을 100번 던진다면 앞면이 60번 이상 나타날 확률은 0.0287이며, 40번 이하 나타날 확률도 0.0287이다.

위에서 계산된 확률 $2 \times 0.0287 = 0.0574$는 유의수준 0.05보다 크기 때문에 결과는 유의하지 않으며, 그래서 0.05 유의수준 하에서 동전이 정직하다는 귀무가설을 채택하고 대립가설을 기각한다.

위에서 확률을 이용한 가설검정을 소개하였다. 같은 의미로 기각영영을 이용하여 가설검정을 할 수 있다.

유의수준 $\alpha = 0.05$이므로 아래 식을 만족하는 $z = \pm z_{\frac{\alpha}{2}}$을 찾을 수 있다.

$$p(0 < z < z_{\frac{\alpha}{2}}) = 0.5 - 0.025$$
$$= 0.475$$

따라서 표준정규분포를 이용하여 $\pm z_{\frac{\alpha}{2}} = \pm 1.96$임을 찾을 수 있다.

그러므로 기각영역은 $\{z | z > 1.96$ 또는 $z < -1.96\}$이다. 그러나 검정통계량 $z = 1.90$은 이 기각영역에 포함되지 않으므로 귀무가설 H_0를 채택한다. 즉 동전의 정직성을 인정한다고 말할 수 있다. ■

사용될 검정이 한쪽검정인지 아니면 양쪽검정인지를 결정하는 데는 전적으로 대립가설에 따르며, 대립가설은 문제에서 요구하는 질문에 의존한다. 만일 문제에서 매우 낮은 결과에 관심을 갖는다면, 대립가설은 분명히 모수가 가설의 값보다 더 작다는 것이 되어 한쪽검정이 요구된다. 그러나 만일 문제의 초점이 얻은 결과와 기대한 값에 차이(즉 더 낮든지 또는 더 높든지)가 있다는 것에 관심이 있다면, 대립가설은 모수와 가설의 값이 다르다는 것이 된다. 이때 양쪽검정이 요구된다. 주어진 문제로부터 대립가설을 한쪽(오른쪽이나 왼쪽)검정 또는 양쪽검정으로 해야 하는지를 판단해야 한다.

$\alpha = 0.05$이고 양쪽검정을 한다고 가정했을 때, z값이 아래 그림의 기각영역에 놓여 있다면, 결과는 유의하다.

보통 관례로 계산된 확률이 $\alpha = 0.05$보다 작다면 **유의**(significant)한 결과로, 그리고 계산된 확률이 $\alpha=0.01$보다 작다면 결과가 매우 유의하다(highly significant)고 받아들인다.

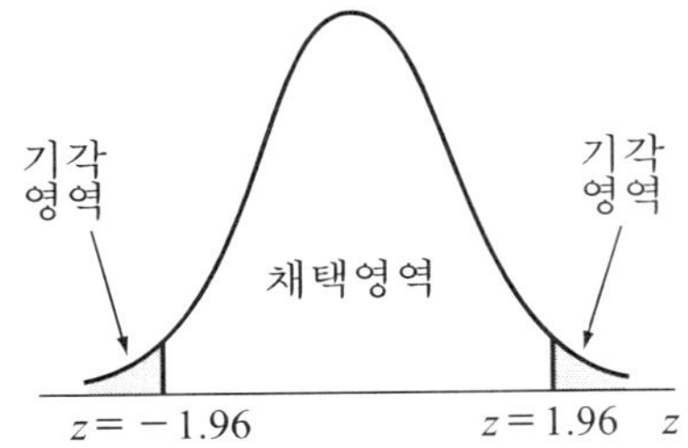

다시 말해서, 만일 $z>1.96$ 또는 $z<-1.96$이면 (여기서 1.96은 어둡게 칠한 각 분분의 면적이 0.0250되는 z를 부록 표 II에서 얻은 값), 그 결과는 유의하다고 말한다.

마찬가지로 $\alpha=0.05$이고 한쪽(특히 오른쪽)검정인 경우 z값이 아래 그림의 어두운 부분에 놓여 있다면, 즉 $z=1.64$는 어두운 부분의 면적이 0.05되는 z값이고, 표본에서 계산된 검정통계량 z가 기각영역 $\{z \mid z>1.64\}$에 포함되면 결과는 유의하다고 말한다. 즉 귀무가설 H_0을 기각하고 대립가설 H_1을 채택하게 된다. 이러한 z값을 기각값 또는 **임계값**(critical values)이라고 말한다.

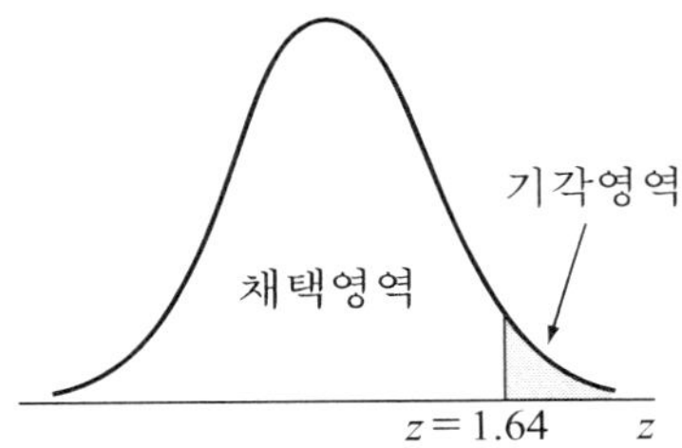

예제 4 유전의 멘델법칙으로부터 완두콩의 이종교배는 3 : 1의 비율로 노란콩과 녹색콩이 나타난다. 어떤 실험에서 179개의 노란콩과 49개의 녹색콩을 얻었다. 이 결과는 0.05의 유의수준에서 멘델법칙으로부터 유의한 편차라고 판단할 수 있는가?

풀이 여기서 노란콩을 얻게 될 확률 p가 $\frac{3}{4}$인 통계적 가설검정을 한다. 표본의 수가

228개이므로 가설에 따라 $\frac{3}{4} \times 228 = 171$개의 노란콩을 기대할 수 있다. 이 문제의 초점은 멘델법칙과의 편차에 있으며, 편차는 기대되는 결과의 양쪽에서 일어날 수 있기 때문에 여기서는 대립가설을 $H_1 : \mu \neq 171$ (양쪽검정)으로 세워야 한다. 그러나 만일 문제의 질문이 "이 결과로부터 노란콩의 수가 유의하게 큰 수라고 판단되는가?"라고 했다면 오른쪽검정 $H_1 :\ \mu > 171$로 대립가설을 세워야 한다. 따라서 여기서는 228개 완두콩 표본에서 기대되는 완두콩 개수보다 편차가 8개 혹은 그 이상(즉, 179개 이상 혹은 163개 이하의 노란콩)인 확률을 계산한다. 이항분포의 근사인 정규분포를 이용한다.

$$H_0 : \mu = 171$$
$$H_1 : \mu \neq 171$$

이때

$$p = \frac{3}{4},\ q = \frac{1}{4},\ n = 228;$$
$$\mu = 228 \times \frac{3}{4} = 171;$$
$$\sigma = \sqrt{228 \times \frac{3}{4} \times \frac{1}{4}} = \sqrt{42.75} = 6.54;$$

그리고 $\overline{x} = 179$이지만 이산형 자료를 연속형 자료로 보정하기 위해 $\overline{x} = 178.5$으로 대신한다. 그래서

$$z = \frac{178.5 - 171}{6.54}$$
$$= 1.15;$$

유의수준 0.05일 때 양쪽검정의 기각영역은 예제 2에서 얻은 결과와 같이 $(1.96,\ \infty)$이거나 $(-\infty,\ -1.96)$이다. 그러나 위에서 계산한 검정통계량 $z = 1.15$이 기각영역에 포함되지 않으므로 귀무가설을 채택하고 대립가설을 기각한다. 즉 이 결과는 유의수준 0.05에서 멘델법칙으로부터 유의한 편차라고 말할 수 없다. 다시 말해서 멘델의 법칙을 지지하게 된다. ■

11.4 가설검정의 오류

통계적 가설검정은 가설의 참 또는 거짓에 대한 수학적 증명이 요구되지 않는다. 불행하게도 도달한 결론이 옳다는 절대적 확신은 없다. 사실 통계적 가설검정에서 두 가지 형태의 잘못된 결론이 가능하다.

| 정의 7 | 만일 검정되고 있는 가설이 사실은 참인데 표본으로부터 가설이 거짓이라고 결론을 내린다면, 제 I 종 오류를 범했다고 말한다.

예제 3에서 동전을 100번 던져서 60번 앞면이 나타난 경우 한쪽 검정은 가설이 기각되어야 하는 즉 동전은 정직하지 않다는 결론을 내렸다. 만일 동전이 실제로는 정직하다면, 제 I 종 오류를 범한 것이다.

제 I 종 오류를 범할 확률은 유의수준 α와 정확히 같다. 그래서 α의 값이 작으면 작을수록 제 I 종 오류를 범할 확률은 더욱 작아지게 된다.

| 정의 8 | 만일 검정되고 있는 가설이 사실은 거짓인데, 표본으로부터 가설이 참이라고 결론을 내린다면, 우리는 제 II 종 오류를 범했다고 말한다.

예제 4에서 완두콩의 이종교배에 대해 멘델법칙이 옳다는 결론을 내렸다. 만일 이 가설이 실제로는 참이 아니라면, 제 II종 오류를 범한 것이다.

제 II 종 오류를 범하는 확률은 항상 β로 표시된다. 관찰에 의해 주어진 수에 대해서, 만일 α가 주어지게 되면 β는 결정될 수 있고, 만일 α가 감소되면 β는 증가된다. 이것은 고정된 표본의 크기에 대해, 제 I 종 오류를 범하게 될 확률이 작아지면, 제 II 종 오류를 범하게 될 확률은 커지는 것을 의미한다. 또한 그 역도 성립한다. 만일 동시에 두 종류의 오류를 줄이기 원한다면, 단지 표본의 크기를 늘리는 방법밖에 없다.

가설로 주장된 것이 참인지 아니면 거짓인지에 달려 있으며, 표본으로부터 내려진 결론에 의존하므로, 아래 표에 요약된 네 가지의 가능성이 있다.

결 론	가정된 귀무가설이 참이다	가정된 귀무가설이 거짓이다
귀무가설을 기각	제I종 오류	옳은 결론
귀무가설을 채택	옳은 결론	제II종 오류

가설을 반박하고 싶을 때마다, 우리는 당연히 가설이 참일 확률로써 가능한 한 가장 작은 값이길 원한다. 그 확률이 작으면 작을수록 주장된 가설이 거짓이며 기각되어야 한다고 더욱 더 확신한다. 그러므로 가설을 검정하는 과정은 법정에서 피의자가 유죄임을 입증하기 위하여 노력하는 것과 비슷하다. 그런 재판에서 가정은 항상 피의자는 무죄하다는 것이다. 기소하는 검사는 이런 상황이 존재하는 확률이 극히 작다는 것을 증명하려고 한다. 비록 대부분의 사건에서, 검사가 실제로 관련된 확률을 계산하지 않아도 이 확률이 실제로 계산되어 있는 재판결과가 있다. 다음 사건에서 이 부분을 설명하겠다.

몇 년 전 캘리포니아 버클리에서 14세 소녀가 학교에서 집으로 오는 길에 실종되었다. 탐색하는 과정에서 그 소녀는 산속 무덤에 매장되었다는 사실을 알게 되었다. 곧 그 이후 버클리에서 멀지 않은 곳인 오클랜드에 살고 있는 사람을 체포했다. 그 피의자는 모든 사건정황을 부인했다. 속개된 재판에서 다음 사실들이 밝혀졌다. 그 소녀가 실종된 그 날에 입었던 스웨터의 종류가 알려졌다. 피소된 차는 깨끗하게 비어 있었지만 그 소녀의 스웨터로부터 떨어진 것으로 보이는 어떤 털실이 발견되었다. 그녀가 입었던 스웨터와 같은 색깔과 그리고 정확하게 같은 재질의 섬유로 만들어진 것이었다. 현존하는 스웨터의 수를 조사한다면, 이 털실이 그 소녀의 스웨터에서 온 것이 아니라는 확률이 계산된다. p_1으로 표시되는 이 확률은 매우 작다고 알려졌다. 그러나 피의자의 유죄를 증명하기에는 충분히 작은 확률은 아니다.

따라서 더 많은 계산이 고려되었다. 피의자의 것으로 지하실에서 발견된 신발은 소녀가 매장된 근처의 흙과 비슷한 것으로 덮여 있었고, 우연히도 소녀의 매장지는 피의자의 여름 별장에서 가까운 곳에 있었다. 신발에 묻은 흙이 소녀의 매장지에서 채취한 흙과 같지 않다는 확률계산을 하였다. p_2로 표시되는 이 확률 또한 매우 작다고 알려졌다. 차에서 발견한 털실이 소녀의 스웨터로부터 온 것이 아니고 신발의 흙도 소녀의 매장지로부터 온 것이 아닐 확률은 p_1p_2이다. 이 값은 p_1과 p_2가 모두 작기 때문에 대단히 작은 수가 된다. 이는 피의자가 무죄라는 가설이 매우 큰 신뢰를 가지고 기각될 수 있지만 확신을 가지고는 아님을 의미한다.

피의자의 생명이 달린 문제이므로 그가 무죄라는 확률이 작게 되어 더 이상 그의 유죄를 의심할 여지가 없을 때까지 더욱 더 확률을 계산하였다. 그럼에도 불구하고 그는 유죄 판결을 받았다.

법정재판은 죄와의 연루관계에 따라 피의자의 유죄나 무죄를 결정하는 방법이며 같은 의미에서 가설검정도 불확실한 가운데 가설의 진실 또는 거짓을 결정하는 방법이다.

예제 5 어떤 종류의 코드는 상당한 경험적 실험에 의해서 절단에 대한 강도의 평균이 18.3 kg이며 표준편차는 2 kg이었다. 이 코드를 생산하기 위하여 기계를 새로 구입하여 이 기계로부터 생산된 100개의 표본을 가지고 측정한 결과 절단에 대한 평균 강도는 17.8 kg이었다. 0.01의 유의수준에서 이 표본은 품질이 떨어진다고 말할 수 있겠는가?

풀이 여기서 새 기계의 명백히 열등한 성과가 임의로 주어진 모집단으로부터 추출된 100개의 표본평균에서 어떤 자연스런 변화가 있었다는 사실에 기인하는 것인지 아니면 새 기계의 생산품이 이전 경험으로부터 세워진 것과 같이 동일한 모집단으로부터 추출됐다고 가정할 수 없는 사실에 기인하는 것인지를 결정하려고 한다. 다시 말해서, 새 기계가 이전에 사용했던 기계에서 생산한 제품보다 열등하다는 책임에 무죄인지 아니면 유죄인지 결정하기를 원한다. 따라서 가설 $H_0 : \mu \geq 18.3$을 검정하고 새 기계가 열등한 제품을 생산하는지에 단지 관심이 있으므로 대립가설로서 $H_1 : \mu < 18.3$으로 놓으면 된다.

그러므로 평균 17.8 kg 이하의 강도를 가진 100개의 표본과 모평균 18.3 kg이며 표준편차 2 kg을 가지는 모집단으로부터 얻어지는 확률을 계산한다. 만일 확률이 0.01보다 작게 된다면, 귀무가설을 기각한다. 그렇지 않으면 귀무가설을 채택한다. 표본평균의 분산과 관련 있는 9장의 정리 2를 상기하면 다음의 계산들이 필요하다.

$$H_0 : \mu \geq 18.3$$
$$H_1 : \mu < 18.3$$

이때

$$\sigma = 2, \ \bar{x} = 17.8, \ n = 100;$$
$$\sigma_{\overline{X}} = \frac{2}{\sqrt{100}} = \frac{2}{10} = 0.2;$$

그러므로 z값은 아래와 같이 얻게 된다.

$$z = \frac{17.8 - 18.3}{0.2} = -2.5$$

예제 2의 ③에 의하면 기각영역은 $(-\infty, \ -2.33)$이다. 검정통계량 $z = -2.5$는 기각영역에 포함되므로 귀무가설을 기각하고 대립가설을 채택한다. 따라서 그 결과는 매우 유의하다고 말할 수 있다. 즉 이 기계는 열등한 성과에 대한 책임에 유죄이다. ■

때때로 통계학에서 검정된 가설은 두 모집단의 평균이 같다는 것을 가정한다. 주어진 두 개의 표본의 크기가 n_1과 n_2라고 하고 이러한 표본들(각각 $\bar{x}$ 와 $\bar{y}$)의 평균을 계산했다고 가정하겠다. 우리는 이러한 표본들을 표집한 두 모집단이 같은 평균을 가진다는 가설을 검정하기 원한다. 이것은 같은 평균들을 가진 두 모집단으로부터 표본의 평균의 차가 $|\bar{x} - \bar{y}|$ 또는 그 이상인 두 표본들을 표집하는 확률의 계산에 의해서 결정된다. 비록 한쪽검정이 오히려 더 나을지도 모르는 경우가 드물게 있지만 두 평균들이 같다(또는 평균들 사이의 차가 0이다)는 가설을 검정하는 데 양쪽검정이 일반적으로 사용된다. 이 경우 표본평균들 사이의 차에 대한 분포를 가지고 다루기 때문에 9장의 정리 3이 적용된다.

예제 6 A사에서 제조한 50대의 가솔린 자동차로 주행거리를 측정하여 보았더니 리터당 평균주행거리 17.9 km와 편차 2.5 km의 결과를 얻었다. 반면에 B사에서 제조한 70대 차에 대해서는 리터당 평균주행거리 18.6 km와 편차 3.0 km의 결과를 얻었다. 다음 물음에 답하시오.

① 두 회사에서 제조된 자동차의 연비에 차이가 있다고 생각하는가?(단 $\alpha = 0.05$)

② B사에서 생산된 자동차가 A사에서 제조된 자동차에 비해 연비가 높다고 말할 수 있겠는가?(단 $\alpha = 0.01$)

풀이 A사와 B사에서 생산한 자동차의 가솔린 1리터당 주행거리(연비)를 각각 확률변수 X와 Y로 표시하겠다. 비록 이런 형태의 문제에서는 거의 일반적이지만, 두 모집단의 표준편차 σ_X와 σ_Y는 알려져 있지 않다. 그러나 두 표본들의 크기가 매우 크기 때문에, 각 모집단의 표준편차가 두 모집단에서 표집한 표본의 표준편차와 같다고 가정해도 심각한 오류는 발생하지 않는다. 만일 각각의 표본들의 크기가 30을 초과한다면 이와 같은 가정은 일반적으로 허용된다. 30보다 작은 표본들에 대해서는 이 가정을 사용할 수 없다. 작은 표본들에 대한 적당한 접근방법을 제12장에서 설명하였다. 계산 과정은 다음과 같다.

이 문제는 두 모집단의 평균에 차이가 있다는 통계적 가설검정이다. 즉

$$H_0 : \mu_X = \mu_Y$$
$$H_1 : \mu_X \neq \mu_Y$$

이때

$$\bar{x} = 17.9,\ \bar{y} = 18.6,\ \sigma_X \approx s_X = 2.5,\ \sigma_Y \approx s_Y = 3.0,\ n_1 = 50,\ n_2 = 70;$$

$$\sigma_{\bar{X}} = \frac{\sigma_X}{\sqrt{n_1}} = \frac{2.5}{\sqrt{50}},\quad \sigma_{\bar{Y}} = \frac{\sigma_Y}{\sqrt{n_2}} = \frac{3.0}{\sqrt{70}};$$

$$\begin{aligned}\sigma_{\bar{X}-\bar{Y}} &= \sqrt{\sigma_{\bar{X}}^2 + \sigma_{\bar{Y}}^2} \\ &= \sqrt{\frac{(2.5)^2}{50} + \frac{(3.0)^2}{70}} \\ &= \sqrt{\frac{6.25}{50} + \frac{9.00}{70}}\end{aligned}$$

$$= \sqrt{0.1250+0.1286}$$
$$= \sqrt{0.2536}$$
$$= 0.5\,;$$

그리고

$$z = \frac{(\overline{x}-\overline{y})-(\mu_X-\mu_Y)}{\sigma_{\overline{X}-\overline{Y}}}$$
$$= \frac{17.9-18.6}{0.5}$$
$$= \frac{-0.7}{0.5} = -1.4$$

예제 2의 ①에서 $\alpha = 0.05$일 때 양쪽검정의 기각영역은 $(1.96, \infty)$이거나 $(-\infty, -1.96)$이었다. 위의 검정통계량 $z=-1.4$는 기각영역에 포함되지 않으므로 귀무가설 H_0를 채택한다. 즉 두 회사에서 제조된 자동차의 연비는 유의수준 0.05 하에서 같다고 말할 수 있다.

② A사에서 제조된 자동차의 연비가 B사에서 제조된 자동차의 연비보다 작은지를 결정하는 문제이므로 왼쪽검정의 가설을 다음과 같이 세우겠다.

$$H_0 : \mu_X \geq \mu_Y$$
$$H_1 : \mu_X < \mu_Y$$

예제 2의 ③에서 유의수준 $\alpha = 0.01$의 왼쪽검정에 대한 기각영역을 이미 구하였다. 기각영역은 $(-\infty, -2.33)$이었다. 그런데 앞에서 얻은 검정통계량 $z=-1.4$는 이 기각영역에 포함되지 않는다. 그러므로 유의수준 0.01에서 귀무가설을 채택한다. 즉 A사에서 제조된 자동차의 연비가 B사에서 제조된 자동차의 연비보다 작다고 말할 수 없다. ■

연습문제

1. 다음 중 귀무가설이 실제로는 참인데 거짓이라고 잘못 판단할 가능성이 가장 낮은 것을 고르시오.

① $\alpha = 0.1$　　② $\alpha = 0.05$

③ $\alpha = 0.025$　　④ $\alpha = 0.01$

2. 다음 중 귀무가설로 가장 적합한 형태를 고르시오.

① $H_0 : \mu = \mu_0$　　② $H_0 : \mu < \mu_0$

③ $H_0 : \mu > \mu_0$　　④ $H_0 : \mu \neq \mu_0$

3. 화이트 호텔의 매니저는 주말동안 호텔을 이용하는 고객의 평균 지불액수가 50만원이라고 주장한다. 이 호텔의 경리책임자는 최근 한 달 동안 호텔이용 고객의 지불액수가 증가하고 있다고 말했다. 회계사는 매니저의 주장을 검정하기 위해 주말에 이 호텔을 이용하는 고객을 표본으로 조사할 것이다.

① 매니저의 주장을 검정하기 위해 사용될 수 있는 가설의 형태를 고르시오.

㉠ $H_0 : \mu \geq 500{,}000$, $H_1 : \mu < 500{,}000$

㉡ $H_0 : \mu \leq 500{,}000$, $H_1 : \mu > 500{,}000$

㉢ $H_0 : \mu = 500{,}000$, $H_1 : \mu \neq 500{,}000$

② H_0가 기각될 수 있을 때 어떤 결론을 내리게 되는지 설명해보시오.

③ H_0가 기각될 수 없을 때 어떤 결론을 내리게 되는지 설명해보시오.

4. 다음의 가설검정을 생각해보자.

$$H_0 : \mu \leq 50$$
$$H_1 : \mu > 50$$

60개의 표본을 이용하였으며 모집단의 표준편차는 8이었다. 다음 표본의 결과들에 대한 각각의 결론을 내리시오(단 $\alpha = 0.05$).

① $\bar{x} = 52.5$　　② $\bar{x} = 51$

③ $\bar{x} = 51.8$　　④ $\bar{x} = 48.5$

5. 하나전기 주식회사는 자신의 공장에서 생산하는 형광등의 평균수명이 1,500시간이라고 주장하고 있다. 하지만 소비자 보호협회에서는 회사에서 주장하는 평균수명 시간보다 더 수명이 짧다고 주장하고 있다. 이 사실을 검정하기 위해 36개의 형광등을 무작위로 추출하여 평균수명을 계산해보니 1,420시간이었다. 모집단 표준편차는 200시간이고 유의수준 0.05로 하여 소비자 보호협회의 주장을 검정하시오.

6. C회사는 신제품 타이어를 개발하였다. 이 타이어의 평균수명이 50,000 km를 넘는다고 주장하고 있는데 이 주장이 옳다면 시판하려고 한다. 이 회사의 연구팀의 주장을 확인하기 위해서 400명의 소비자를 대상으로 주행테스트를 실시한 결과 타이어 수명의 분포는 평균이 50,280 km이며 표준편차가 3,000 km인 정규분포를 따른다고 할 때 연구팀의 주장이 옳다고 할 수 있는가?
① 유의수준 0.1로 가설검정을 하시오.
② 유의수준 0.05로 가설검정을 하시오.

7. A지역 아파트 주택단지 내의 소음이 환경기준을 넘는다고 주장하고 있다. 아파트 회사에서는 이 지역의 소음이 환경기준 이내인 것으로 주장한다. 회사에서는 주민들의 주장이 맞지 않다는 것을 증명하기 위해 임의로 정한 시간대에 36번의 소음측정을 하였다. 이때 평균 소음이 60데시벨이었고 표준편차가 10데시벨이었다. 다음 물음에 답하시오.
① 귀무가설 H_0와 대립가설 H_1을 설정하시오.
② 유의수준 0.05로 가설검정을 하시오.

8. 서울 시민은 서울 한강의 수질이 환경오염 기준치를 넘어선다고 주장하고 있다. 이 기준치를 넘어선다는 것을 증명하기 위해 한강의 50곳을 임의로 선정하여 수질조사를 하였다.
① 귀무가설과 대립가설을 설정하시오.
② 제 I 종 오류와 제 II 종 오류를 기술하시오.
③ 0.05의 유의수준에서 한강의 수질이 환경 기준치 이내라고 할 수 있겠는가?

제12장

Student의 t–분포

12.1 모집단의 표준편차 측정

앞 장에서 표본의 크기가 작을 때(30 이하일 때), 표본의 표준편차 $\hat{s}$가 모집단의 표준편차의 근사값으로 더 이상 사용될 수 없다. 일반적으로 표본에 있는 자료에서 보다 모집단에 있는 자료들의 폭이 더 크게 변하기 때문에, 보통 σ는 $\hat{s}$보다 어느 정도 클 것으로 기대한다. 물론 $\hat{s}$에 의해서 σ를 정확히 표현한다는 것은 불가능하다. 왜냐하면 동일한 모집단으로부터 추출한 표본들은 상당히 큰 차이의 표준편차들을 가질 수 있기 때문이다. 그러나 대부분의 경우에 다음의 양

$$\sqrt{\frac{n}{n-1}}\ \hat{s}$$

은(비록 σ와 정확히 같지는 않지만) σ의 근사값으로 사용해도 손색이 없을 것이다. 이 값을 기호 s로 표시하겠다. 즉

$$s=\sqrt{\frac{n}{n-1}}\ \hat{s}$$

은 표본으로부터 얻어진 것으로써 모집단의 표준편차로 사용하기에는 가장 적당한 측정값이다. 항상 s가 σ를 매우 잘 표현한 근사값이 아님을 기억해야 한다. 특별한 경우 $\hat{s}$가 s보다 σ에 더 근접한 값일 때가 있다.

위의 식으로부터 n이 크다면, 근호안의 값이 1에 가깝게 접근하므로 전에 표시한 것과 같이 $\hat{s}$를 σ의 근사값으로 생각할 수 있다.

위의 식은 다음과 같이 정당화 될 수 있다. 변량의 개수가 큰 모집단을 생각하자. 그때 모든 표본의 분산들 $\hat{s}^2$의 평균은 다음과 같이 나타날 수 있다.

$$\mu_{\hat{s}^2}=\frac{n-1}{n}\sigma^2$$

대부분의 $\hat{s}^2$은 $\mu_{\hat{s}^2}$와 많이 다르지 않기 때문에 $\hat{s}^2$에 의해서 $\mu_{\hat{s}^2}$을 대신하고, 표준편차의 측정값인 s에 의해서 σ를 대신하기로 하겠다. 그러면 위의 식은

$$\hat{s}^2 = \frac{n-1}{n} s^2$$

이 된다.

모집단의 표준편차의 측정값을 다음 3절에서 소개한다.

n개의 변량 $x_1,\ x_2,\ \cdots,\ x_n$ 의 표본이 주어졌다고 가정하자. 이때 모집단의 표준편차의 측정값은 다음과 같다.

$$\begin{aligned} s &= \sqrt{\frac{n}{n-1}}\,\hat{s} \\ &= \sqrt{\frac{n}{n-1}}\sqrt{\frac{\sum(x-\bar{x})^2}{n}} \\ &= \sqrt{\frac{\sum(x-\bar{x})^2}{n-1}} \end{aligned}$$

그리고

$$s = \sqrt{\frac{\sum(x-\bar{x})^2}{n-1}}$$

은 표본의 n개 변량들이 잘 알려져 있을 때 모집단의 표준편차의 측정값을 나타낸다. s와 $\hat{s}$에 대한 식에서 단지 전자는 분모로 $n-1$을 가지는 반면에 후자는 분모로 n을 가지는 정도의 차이가 있다.

통계학의 많은 교재에서 '표본의 표준편차'를 위의 s로 사용한다. 이 장에서는 표본의 표준편차를 $\hat{s}$로 표시하겠다. 모집단의 표준편차가 알려져 있지 않고 통계량이 표준편차의 측정값으로부터 계산해야만 할 때 해당되는 식에서 s에 의해 σ를 대신한다. 그래서 n개의 표본들의 평균에 대한 표준편차의 근사값을 $s_{\overline{X}}$로 표시하고 다음과 같이 정의한다.

$$s_{\overline{X}} = \frac{s}{\sqrt{n}}$$

12.2 Student의 t-분산

모집단의 표준편차를 모르며 그것의 근사값으로써 표본으로부터 얻은 s를 사용해야 하는 경우에 대해 생각해보자. 우리는 먼저 σ를 대신해서 s를 사용했을 때 어떤 영향을 받는지를 결정해야 한다. 이 문제는 'Student'라는 익명을 사용했던 통계학자 W. S. Gosset에 의해 처음으로 연구되었다.

이와 같이 대체로 얻게 된 결과는 정규분포를 더 이상 만족하지 않으며, 이전과 다른 형태의 분산, 즉 Student의 t-분산이라고 하는 분산을 만족한다.

정리 1

만일 변수 t에 대한 분산이 다음과 같이 주어졌다면

$$y = c\left(1+\frac{t^2}{\nu}\right)^{-\frac{(\nu+1)}{2}}$$

이 분산을 Student의 ***t*-분산**이라 부르고, 위의 식에서 ν를 **자유도**(number of degree of freedom)라고 부르고, c는 ν에 의존하는 상수이며 확률곡선 y 아래의 전체 면적이 1이 되도록 상수 c가 선택된다.

자유도는 통계학에서 가끔 사용되는 값으로 아래와 같이 정의된다.

정의 2

어떤 조건을 가진 집합이 주어졌다고 할 때, **자유도**(d.f.)는 변량들의 나머지가 완전히 결정되기 전에 자유롭게 할당(즉 계산되거나 추정)될 수 있는 변량들의 최대수이다. 즉 그것은 변량의 전체 수에서 그것들 가운데서 독립적인 관계를 가지고 있는 수를 뺀 값이다.

다양한 ν의 값에 대해 곡선 y의 그래프를 그려보면, ν의 모든 값에 대해 곡선은 $t=0$일 때 최댓값을 가지고, $t=0$에서 수평축과 직각으로 만나는 직선에 관해서 대칭적으로 그려진다.

아래 그림은 $\nu=3$이고 $\nu=7$일 때 y의 그래프를 나타낸 것으로 또한 표준정규곡선을 보여준다.

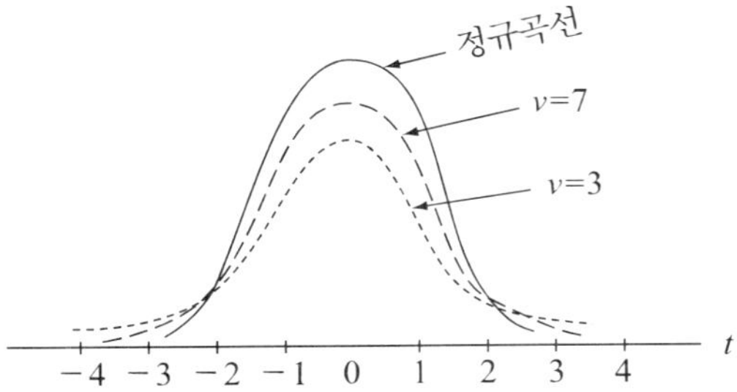

정리 1의 y는 정규곡선에서 수평축에 접근하는 것보다 더 완만하게 접근한다. 그러나 ν가 커지면 커질수록 y의 곡선은 정규곡선에 근접하게 된다.

Student의 t-분산은 연속변수의 확률밀도함수(또는 분산)의 또 다른 예이므로, 곡선 y에서 t가 놓여 있는 구간에서의 면적을 계산해서 확률을 구한다. 이러한 면적들은 다양한 ν값과 t값에 대해 해당하는 양쪽꼬리면적(two-tail area)을 보여주는 부록 표 Ⅳ를 이용하면 된다. 예를 들어, $\nu=20$일 때 양쪽꼬리면적이 0.05가 되는 t값, 즉 $t=2.086$을 찾게 된다. 이것은 $\nu=20$에 대해 $t>2.086$이거나 $t<-2.086$인 경우 Student의 t-분산으로부터 얻게 되는 확률이 0.05임을 의미한다.

12.3 평균의 분산

9장의 정리 1에서 σ를 s로 대신하여 얻어진 결과를 다음 정리에 소개하겠다.

정리 1

만일 변수 X가 정규분포를 만족하고 평균 μ을 가지며, n개 변량을 가지는 모든 가능한 표본들이 이 모집단으로부터 추출되고 그것들의 평균을 $\bar{x}$로 표시한다면, 이때

$$t=\frac{\bar{x}-\mu}{s_{\bar{X}}}$$

는 (여기서 $s_{\bar{X}}=\dfrac{s}{\sqrt{n}}$) 자유도가 $n-1$인 Student의 t-분포를 만족한다.

여기서 9장의 정리 1과 12장의 정리 1의 차이는 $\sigma_{\overline{X}}$ 대신 $s_{\overline{X}}$를 사용한 것이며, z가 정규분포를 만족하는 반면에 t는 Student의 t-분포를 만족한다는 것뿐이다.

위의 식에서 사용된 s의 값은 물론 앞에서 소개한 값이다. 단지 s에 대한 이 특별한 식이 사용될 때 정리 1의 식에서 주어진 값 t는 Student의 t-분포를 만족한다. 위의 정리 1의 증명은 고등 수학의 이론을 요구하기 때문에 여기서는 생략하기로 하겠다.

예제 1 16개의 변량으로 이루어진 표본은 평균값 28.0과 표준편차가 3.0을 가진다. 0.05의 유의수준으로 검정했을 때 모집단의 평균이 30.0이라는 가설을 기각할 수 있겠는가?

풀이 $\mu=30.0$을 가설검정하기 위해서 $\mu=30.0$인 모집단으로부터 16개 변량들로 이루어진 표본의 평균이 28.0이거나 28.0보다 작은 경우 또는 32.0이거나 32.0보다 더 큰 경우를(양쪽검정을 가정할 때) 선택하여 확률을 계산한다. 사실 유의수준이 0.05이므로 이 확률이 0.05보다 큰지 혹은 작은지를 결정하면 된다. 그 계산은 다음과 같다.

$$H_0 : \mu=30.0$$

$$H_1 : \mu\neq 30.0$$

이때

$$\hat{s}=3.0;$$

$$s=\sqrt{\frac{16}{15}}\times 3.0=\frac{12}{\sqrt{15}};$$

$$s_{\overline{X}}=\frac{s}{\sqrt{16}}=\frac{1}{\sqrt{16}}\times\frac{12}{\sqrt{15}}=\frac{3}{\sqrt{15}}=0.78;$$

$$t=\frac{28.0-30.0}{0.78}=\frac{-2.0}{0.78}=-2.56$$

자유도 $\nu=15$일 때 $t_{.05}=2.131$이다. 그런데 $|t|=2.56>2.131$이므로 위에서 언급한 확률은 0.05보다 작아서 귀무가설을 기각한다. ■

선형보간법에 의해, 28이거나 28보다 작은 경우 또는 32이거나 32보다 큰 경우의 확률은 선형보간법의 특성상 정확하지 않은 결과 0.0266을 얻는다.

만일 실수로 표본의 크기가 큰 것을 사용한다면, 즉 s에 의해 σ의 근사값을 가지고 정규곡선을 사용해서 얻게 되는 확률을 계산하는 것은 흥미로운 일이다. 위의 예제에서 다음을 얻게 된다.

$$\sigma = \hat{s} = 3.0;$$

$$\sigma_{\overline{X}} = \frac{3}{\sqrt{16}} = 0.75;$$

$$z = \frac{28.0 - 30.0}{0.75} = \frac{-2.0}{0.75} = -2.67;$$

$$P = (0.5000 - 0.4962)2 = (0.0038)2 = 0.0076$$

이 값은 0.0266보다 훨씬 작은 값이다.

이것은 적당하게 Student의 t-분포가 적용되어야 하는데 표본의 크기가 큰 것(큰 표본이용 방법)을 가지고 잘못 사용되면 확률이 기대하는 값보다 작게 나타나게 됨을 보여준다. 비록 실제로 그렇게 되진 않지만 종종 유의한 결과를 얻게 될 수도 있다. 큰 표본이용 방법(정규곡선)의 사용은 주어진 t의 값에 대해 양쪽꼬리의 면적은, 위의 그림에서 보듯이, Student의 t-분포에서보다 정규곡선에서 상당히 작게 나타난다.

예제 2 어떤 종류의 전지 평균수명이 21.5시간이라고 회사 측은 주장한다. 이 회사에서 생산된 6개의 전지를 연구소에서 실험해보았다. 그 결과로 수명(시간)이 각각 19, 18, 22, 20, 16, 25를 얻었다. 이 결과로 이런 종류의 전지수명이 회사 측에서 주장하는 것보다 수명이 더 짧다고 말할 수 있겠는가?(0.05의 유의수준)

풀이 $\mu = 21.5$임을 가설검정하기 위하여, $\mu = 21.5$를 가지는 모집단으로부터 실험에서 얻은 것보다 작은 평균값을 가지는 6개 변량으로 이루어진 표본을 선택하여 확률을 계산해보자. 여기서는 한쪽검정을 사용한다.

$$H_0 : \mu \geq 21.5$$

$$H_1 : \mu < 21.5$$

이때

x	$x-\bar{x}$	$(x-\bar{x})^2$
19	−1	1
18	−2	4
22	2	4
20	0	0
16	−4	16
25	5	25
120	0	50

그리고

$$\bar{x} = \frac{120}{6} = 20.0$$

$$s = \sqrt{\frac{50}{5}} = \sqrt{10}$$

$$s_{\overline{X}} = \frac{\sqrt{10}}{\sqrt{6}} = \sqrt{1.67} = 1.29,$$

$$t = \frac{20.0 - 21.5}{1.29} = \frac{-1.5}{1.29} = -1.16$$

우리는 한쪽검정을 사용하기 때문에, 양쪽꼬리면적이 0.10을 만족하는 t를 찾는 것과 같은 방법으로 좌측의 면적이 0.05를 만족하는 t의 값을 찾는 것이 필요하다. 그래서 ν가 5인 경우, $t_{0.10} = 2.015$를 얻게 된다.

지금 $|t| = 1.16 < 2.015$이므로 위에서 계산한 확률이 0.05를 초과하므로 그 결과는 유의하지 않는다. 결과적으로 이런 종류의 전지가 회사가 주장했던 것보다 수명이 짧다고 말할 수 없다. ■

계산기를 이용하여 편차의 제곱의 합을 계산하려면 다음 식을 이용하는 것이 매우 편리하다.

$$\sum(x-\bar{x})^2=\sum x^2-\frac{(\sum x)^2}{n}$$

예제 2에서는 매우 작은 표본과 간단한 숫자가 사용되었기 때문에 위의 식을 이용하여 계산하지 않았다. 그러나 대개는 위의 식을 사용하지 않을 때 계산이 복잡해지고 많은 시간이 소요되므로 이 식을 사용하여 계산할 것을 권한다.

예제 3 25개의 변량을 가지고 있는 표본의 평균과 표준편차가 각각 38.5와 2.3이었다. 모집단의 평균에 대한 95% 신뢰한계를 구하시오.

풀이 이 경우에 다음의 값을 얻는다.

$$s=\sqrt{\frac{25}{24}}\times 2.3=\frac{11.5}{\sqrt{24}}$$

$$s_{\overline{X}}=\frac{1}{\sqrt{25}}\times\frac{11.5}{\sqrt{24}}=\frac{2.3}{\sqrt{24}}=\frac{2.3}{4.90}=0.47$$

평균 μ에 대한 95% 신뢰한계를 결정하기 위하여, 부록 표 IV로부터 자유도가 24일 때 양쪽꼬리의 면적이 0.05가 되는 t의 값이 $t_{0.05}=2.064$임을 알 수가 있다. 그러므로

$$\frac{\bar{x}-\mu}{0.47}=\pm 2.064$$

이고, μ에 대해 풀면

$$\mu=\bar{x}\pm 0.970=38.5\pm 0.970$$

이다.

큰 표본 이용 방법으로 잘못 계산했을 때 얻게 되는 신뢰한계는 $\mu=38.5\pm 0.902$으로 상대적으로 크기가 큰 표본으로 인하여 위의 결과와는 뚜렷한 차이가 나지 않는다. ■

12.4 평균들 사이의 분산

이 절에서는 가끔 있는 경우로, 두 모집단의 표준편차를 알고 있지 않을 때 9장의 정리 3에 있는 결과가 어떻게 변하는지를 살펴보도록 하겠다. 적절한 근사값에 대해 언급하기 전에, 먼저 두 모집단의 표준편차가 동일하다고 가정하겠다. 이런 가정이 상당히 심각한 제한이라고 이 책의 독자들은 생각할지도 모른다. 그러나 대부분의 경우에 이런 가정이 만족됨을 알게 될 것이다. 만일 동일한 표준편차를 가지는 서로 다른 두 모집단으로부터 확률변수 $X_1,\ X_2,\ \cdots,\ X_{n_1}$과 확률변수 $Y_1,\ Y_2,\ \cdots,\ Y_{n_2}$인 두 개의 표본이 주어졌다고 한다면, 공통적으로 가지는 표준편차의 근사값을 얻기 위하여 위의 모든 확률변수들의 사용은 당연한 것처럼 보인다. 표준편차 s를 구하는 식은 두 표본의 편차의 제곱의 합을 두 표본의 자유도의 합으로 나눌 때 표준편차를 얻게 된다. 이와 같은 방법으로 측정된 표준편차는 모집단들의 평균들 사이에 발생할 수도 있는 어떠한 차이에도 영향을 받지 않는다. 그 결과를 다음의 식으로 나타내었다.

$$s = \sqrt{\frac{\sum_{i=1}^{n_1}(x_i - \overline{x})^2 + \sum_{i=1}^{n_2}(y_i - \overline{y})^2}{n_1 + n_2 - 2}}$$

다음 정리 2는 9장의 정리 3의 σ_X와 σ_Y를 대신하여 $s_{\overline{X}}$와 $s_{\overline{Y}}$를 사용해서 얻은 결과이다.

정리 2

X와 Y를 정규적이며 독립적으로 분포된 두 모집단의 확률변수라고 하자. 이때 두 모집단의 평균을 각각 $\mu_X,\ \mu_Y$라고 하고 동일한 표준편차를 가진다고 하겠다. 이들 모집단으로부터 각각 크기가 n_1과 n_2인 표본들을 모두 추출했을 때 그들의 평균을 각각 $\overline{x}$와 $\overline{y}$로 표시하겠다. 그리고 표본평균들 사이의 차 $\overline{x} - \overline{y}$에 대하여 생각해보면, 다음 식

$$t = \frac{(\overline{x} - \overline{y}) - \mu_{\overline{X} - \overline{Y}}}{s_{\overline{X} - \overline{Y}}}$$

은 자유도가 n_1+n_2-2인 Student의 t-분포를 만족한다. 이때

$$s_{\overline{X}-\overline{Y}} = \sqrt{s_{\overline{X}}^2 + s_{\overline{Y}}^2}, \quad s_{\overline{X}} = \frac{s}{\sqrt{n_1}}, \quad s_{\overline{Y}} = \frac{s}{\sqrt{n_2}}$$

$$(s = \sqrt{\frac{\sum_{i=1}^{n_1}(x_i-\overline{x})^2 + \sum_{i=1}^{n_2}(y_i-\overline{y})^2}{n_1+n_2-2}})$$

이 정리는 두 개의 주어진 표본들로부터 각 모집단들이 같은 또는 다른 평균을 가지는지를 결정하는 매우 실제적인 문제를 해결해 준다.

예제 4 두 종류의 모직에 대한 내구성시험 결과가 제곱센티미터 당 무게(g)로 주어졌다.

종류 A: 138, 127, 134, 125
종류 B: 134, 137, 135, 140, 130, 134

두 종류의 내구성에 대한 평균의 차로부터 어떤 것이 다른 것보다 더 강하다는 결론을 내릴 수 있겠는가?(0.05의 유의수준)

풀이 종류 A의 표본에 대한 확률변수를 X라고 하고, 종류 B의 표본에 대한 확률변수를 Y라고 하겠다. 그리고 두 개의 모집단에서 추출한 두 개의 표본들은 동일한 표준편차 s를 가진다고 가정하겠다. 그러면 다음 식을 얻는다.

x	y	$x-\overline{x}$	$(x-\overline{x})^2$	$y-\overline{y}$	$(y-\overline{y})^2$
138	134	7	49	−1	1
127	137	−4	16	2	4
134	135	3	9	0	0
125	140	−6	36	5	25
	130			−5	25
	134			−1	1
524	810	0	110	0	56

$$H_0 : \mu_X = \mu_Y \text{ 또는 } \mu_X - \mu_Y = 0$$
$$H_1 : \mu_X \neq \mu_Y$$

이때

$$\bar{x} = \frac{524}{4} = 131, \quad \bar{y} = \frac{810}{6} = 135$$
$$s = \sqrt{\frac{110+56}{8}} = \sqrt{\frac{166}{8}} = \sqrt{20.75}$$
$$s_{\overline{X}} = \frac{\sqrt{20.75}}{\sqrt{4}} = \sqrt{5.19}, \quad s_{\overline{Y}} = \frac{\sqrt{20.75}}{\sqrt{6}} = \sqrt{3.46}$$
$$s_{\overline{X}-\overline{Y}} = \sqrt{5.19+3.46} = \sqrt{8.65} = 2.94$$
$$t = \frac{(131-135)-0}{2.94} = \frac{-4}{2.94} = -1.36$$

자유도 $\nu = 8$에 대하여, $t_{0.05} = 2.306$이다.
$|t| = 1.36 < 2.036$이므로, 동일한 평균과 동일한 표준편차를 가지는 두 모집단으로부터 두 개의 표본을 추출한다고 할 때, 이들의 평균들이 절댓값 4 이상 차이가 나도록 두 표본이 추출될 확률이 0.05 이상이라는 결론을 내리게 된다.
이것은 결론이 유의하지 않음을 의미하며, 두 종류의 평균들 사이의 차가 두 종류의 섬유에 대한 내구성에 분명한 차이가 있다고 증명하기에는 충분하지 않음을 의미한다. ■

이런 형태의 문제에서 두 모집단들은 동일한 표준편차를 가진다는 가정이 정당화될 필요가 있다. 어떤 모집단의 확률변수가 $X_1, X_2, \cdots, X_N$이라 할 때, 새로운 모집단이 만들어져서 이것의 확률변수가 $Y_1, Y_2, \cdots, Y_N$이라고 하자. 이때 새 확률변수 Y_i는 확률변수 X_i에 일정한 값 d를 더하여 만든 것이라고 하겠다. 그러면 Y_i들로 이루어진 모집단의 평균 μ_Y는 다음과 같다.

$$\mu_Y = \frac{\sum_{i=1}^{N}(x_i + d)}{N} = \frac{(\sum_{i=1}^{N} x_i) + Nd}{N} = \frac{\sum_{i=1}^{N} x_i}{N} + d = \mu_X + d$$

그래서 평균은 d만큼 차이가 난다. 다음으로 모집단들의 표준편차를 비교해보자.

$$\sigma_Y^2 = \frac{1}{N}[\sum_{i=1}^{N}(y_i - \mu_Y)^2] = \frac{1}{N}\sum_{i=1}^{N}[(x_i + d) - (\mu_X + d)]^2$$

$$= \frac{1}{N}[\sum_{i=1}^{N}(x_i - \mu_X)^2] = \sigma_X^2$$

그러므로 표준편차에는 아무런 변화가 일어나지 않는다. 그러므로 단순히 덧셈을 했을 때는 평균의 변화는 있지만 표준편차는 동일하다는 것을 알 수 있다.

연습문제

1. K신문에 따르면 한국남성의 1인당 월간 평균 육류 소비량은 5,000g으로 정규분포를 이룬다고 한다. C연구소는 이 보도가 사실인지를 확인하기 위해서 성인 남성 25명을 표본추출하여 월간 육류 소비량을 조사하였다. 조사 결과 평균이 5,031g이었고 표준편차가 100g이었다. 다음을 가설검정 하시오(유의수준 0.1).
   ① 평균 육류 소비량이 5,000g이 넘는지를 검정하시오.
   ② 평균 육류 소비량이 5,000g인지를 검정하시오.

2. H사의 생수의 표준편차는 10ml를 넘지 않도록 품질관리가 이루어지고 있는데 최근 50개의 생수병을 임의로 선택하여 생수의 양을 측정해보았더니 평균이 1.99리터였다. 이 생수의 양이 2리터에 미달한다는 주장에 대해 유의수준 0.05로 검정하시오.

3. C회사는 자사에서 제조한 모터의 전류가 평균 0.8암페어 이상이라고 주장한 바, 이 회사의 모터 18개를 시험한 결과 $\overline{x}=0.663$, $s=0.255$로 조사되었다. 0.05의 유의수준으로 다음의 가설을 검정하시오.
   ① $H_0 : \mu \geq 0.8,\ H_1 : \mu < 0.8$
   ② $H_0 : \mu \leq 0.8,\ H_1 : \mu > 0.8$

4. H신문사의 정기구독자 중 적어도 25%는 대학생이라고 생각해서 임의로 선택하여 조사한 결과 41명이 대학생이었다. 이 회사의 주장이 옳은지를 유의수준 0.05로 검정하시오.

5. L신문에 의하면 고등학교 3학년 재학생 중 50% 이상 학생이 한 달에 1회 이상 음주를 한다고 해서 교육부는 이 기사의 신빙성을 조사하기 위해 500명의 고등학교 3학년 학생을 대상으로 조사하였다. 조사 결과 220명의 학생이 한 달에 1회 이상의 음주를 했다는 응답을 받았다. H신문의 기사내용이 옳은지 0.05의 유의수준으로 검정하시오.

제13장

분산분석

대부분의 통계적 추론의 방법들은 일반적으로 모집단에 대한 분포를 알고 있다는 가정 하에서 전개된다. 이러한 것들에 대한 분석 방법들은 모집단이 정규분포를 따른다는 가정하에 한 모집단의 평균이나, 두 모집단의 평균 차에 대한 t-검정(t-test)으로 추론하며, 세 집단 이상의 평균 비교는 **분산분석**에서 ***F*-검정**(F-test)을 사용하여 추론한다.

t-검정은 두 집단 간 차이의 유의도만 다룰 수 있다. 그러나 3개 이상 집단들 간의 유의도 검정에는 적합하지 않다. 3개 이상 집단 간에 다중 t-검정을 적용하여 여러 개의 t값을 얻었을 때 그것에 대한 해석에 문제점이 있을 수 있다. 더욱 문제가 되는 것은 여러 집단들 간 차이의 유의성을 t-검정할 경우 제1종 오류가 엄청나게 커진다는 점이다.

예를 들어 A, B, C 세 집단의 평균을 비교하기 위하여 A와 B, B와 C, A와 C의 세 쌍을 만들어 세 번의 t-검정을 실시하면 신뢰수준은 $0.95 \times 0.95 \times 0.95 = 0.8574$로 되고 유의수준이 0.1426으로 통계적 유의도가 없어진다. 이상의 문제점들을 해결하기 위해 분산분석에서 F-검정(F-test)을 사용한다.

13.1 분산분석

ANOVA(analysis of variance)라고도 부르는 분산분석은 평균값을 기초로 하여 여러 집단을 비교하고, 이들 집단 간에 차이점이 있는지 가설 검정을 통해서 상관관계를 파악하는 통계분석 기법이다.

t-검정은 두 개 집단의 평균을 비교할 때 사용한다면, 분산분석은 3개 이상의 집단 간의 차이를 알아보는데 유용한 분석방법이다. 예를 들어, t-검정은 남자와 여자 또는 교육을 받은 자와 받지 아니한 자와 같은 두 가지로 구분이 가능한 집단의 차이점을 분석하는 방법이지만, 분산분석은 계층구분(상류층, 중산층, 빈민층)과 같이 3개 이상의 집단 간 차이점을 분석하는 데 사용한다.

분산분석이 사회에 적용되는 범위는 매우 다양하다. 마케팅 조사, 인력관리, 광고효과 등 각종 산업연구에 유용하게 사용된다. 만약 세 집단(10~20대, 30~40대, 50~60대)이 어떤 상품의 광고로 인해 반응하는 효과를 이 상품의 매출액 차이로 알아보려고 한다. 이때 모든 조사과정을 **실험**(experiments)이라고 하고, 각 집단을 **실험단위**라고 말한다. 실험의 결과에 영향을 미치는 요인을 **독립변수**(independent variables) 또는 **실험요인**이라고 하고, 실험결과와 관련된 변수를 **종속변수**(dependent variables) 또는 **결과변수**라고 말한다.

실험요인의 수에 따라 일원분산분석과 이원분산분석으로 분류된다. 실험요인의 수가 한 개인 분산분석을 일원분산분석이라 하고, 실험요인의 수가 두 개인 분산분석을 이원분산분석이라고 말한다.

13.2 분산분석의 종류

1) 일원분산분석(one-way of analysis of variance)

일원분산분석을 이용하여 한 개의 독립변수(요인변수)에 의해 종속변수에 대한 평균값의 차이를 검정한다. 범주들 간의 경향을 검정할 수 있고 비교를 정의할 수도 있으며, 그리고 범위검정의 다양성을 이용할 수도 있다. 즉 일원분산분석은 독립변수가 1개이며, 독립변수의 집단이 3개 이상인 경우에 사용된다.

예를 들어, 학력에 따른 의복구매 정도의 차이에 대한 연구를 할 때, 학력이 독립변수(변인)가 된다. 이때 학력의 구분을 중졸, 고졸, 대졸 등 3개의 독립집단이 되게 한다.

분산분석의 경우 독립변수의 집단이 3개 이상이므로 집단 간의 정확한 차이를 알기 위해 사후분석을 실시한다. Duncan이나 Scheffe **분석**이 많이 사용되며 분석자의 결정에 의해 결론을 내린다.

2) 이원분산분석(two-way of analysis of variance)

이원분산분석은 일원분산분석과는 달리 독립변수의 수로 두 개를 가진다. 그렇다면 복잡한 이원분산분석을 할 필요 없이 일원분산분석을 두 번 하면 되지 않겠는가?

그러나 그렇게 하면 이원분산분석에서 얻게 되는 상호작용 효과를 알 수 없게 된다. 예를 들어, 연령을 독립변수로 하고 직무에 대한 만족도를 종속변수로 한 일원분산분석 연구에서는 연령에 따른 만족도의 차이밖에는 알 수가 없다.

그러나 2개의 독립변수(성별변수와 연령변수)에 따라 직무 만족도가 어떻게 차이가 나는지를 알아보고자 한다면 이원분산분석으로 설계를 해야 한다. 즉 남자는 연령이 높아질수록 직무 만족도가 증가하고, 여자는 연령이 낮을수록 직무 만족도가 높아진다면 직무만족도에 있어서 성별변수와 연령변수 간에는 상호작용 효과가 있다고 말할 수 있을 것이다.

위의 예에서 연령층에 따른 세 모집단의 평균매출액을 각각 μ_1, μ_2, μ_3라고 하겠고, 세 모집단의 매출액에 대한 분산을 각각 σ_1^2, σ_2^2, σ_3^2이라 놓겠다. 세 모집단의 평균의 차를 검정하려고 할 때 μ_1, μ_2, μ_3로 표시된 세 모집단의 평균이 같고 따라서 모집단 전체의 평균 μ와 일치한다고 예상할 수 있을 것이다. 그래서 각 표본의 평균인 $\overline{y_1}$, $\overline{y_2}$, $\overline{y_3}$가 모두 일치할 것이라고 추정할 수 있다. 그러나 일반적인 예상과는 다르게 μ_1, μ_2, μ_3가 모두 동일하지 않을 수도 있을 것이다.

그래서 일반적으로 분산분석은 $k(k \geq 3)$개의 모집단으로부터 얻은 표본의 평균이 동일 모집단으로부터 얻어진 것이며, 모두 동일하다는 **귀무가설** H_0을 검정하는 방법이다. 다음과 같이 가설을 놓게 된다.

$$H_0 : \mu_1 = \cdots = \mu_k$$

$$H_1 : \text{적어도 하나는 } \mu_i \neq \mu_j (i \neq j)$$

만일 H_0를 기각할 수 없다면 종속변수의 값의 평균이 차이가 없다는 의미이며, 독립변수(실험요인)가 종속변수에 영향을 미친다고 말할 수 없다. 위의 예에서 살펴본다면, 각각의 연령층에 따른 광고효과는 없다고 말하게 된다.

분산분석은 F 검정을 사용하는데 이 F값은 **집단 간 제곱의 합**, SSB(sum of square between groups)의 평균을 **집단 내 제곱의 합**, SSW(sum of square within groups)의 평균으로 나눈 값을 말한다.

사실 SSB의 평균은 SSB를 관련된 자유도 df_1로 나눈 값을 말하며, SSW의 평균은 SSW를 관련된 **자유도** df_2로 나눈 것을 말한다.

여기서 전자를 **집단 간 분산**, 즉 MSB(mean square between groups)라고 하고, 후자를 **집단 내 분산**, 즉 MSW(mean square within groups)라고 한다.

$$MSB = \frac{SSB}{df_1}, \quad MSW = \frac{SSW}{df_2}$$

그리고 **총 제곱의 합**을 SST(sum of square total)라고 표시하고 관련된 자유도를 df로 표시하겠다. 그러면 ***F*값**은 다음과 같이 정의한다.

$$F = \frac{\frac{SSB}{df_1}}{\frac{SSW}{df_2}} = \frac{MSB}{MSW}$$

유의수준 α, df_1, df_2인 F-검정통계량 $F(df_1,\ df_2,\ \alpha)$보다 위에서 계산된 F값이 더 크다는 것은 집단 간 평균값의 차이가 유의하다는 것을 뜻한다. 그래서 기각영역에 포함되므로 귀무가설 H_0를 기각하고 H_1을 채택하게 된다. 그러나 F값이 검정통계량 $F(df_1,\ df_2,\ \alpha)$보다 작으면 집단 평균값의 차이가 유의하지 않다는 것을 뜻하므로 귀무가설 H_0를 기각하지 못한다.

표본 집단의 개수를 k, j번째 집단 내 사례 수를 l_j라 하자. 이때 SSB, SSW, SST를 식으로 표현하면 다음과 같다.

① 전체평균 $\bar{y} = \dfrac{\sum_{j=1}^{k}\sum_{i=1}^{l_j} y_{ij}}{kl-1}$

② 집단 간 제곱합$(SSB) = \sum_{j=1}^{k} l_j(\overline{y_j} - \bar{y})^2$

③ 집단 내 제곱합$(SSW) = \sum_{j=1}^{k}\sum_{i=1}^{l_j}(y_{ij} - \overline{y_j})^2$

④ 총 제곱합$(SST) = \sum_{j=1}^{k}\sum_{i=1}^{l_j}(y_{ij} - \bar{y})^2$

그러므로 총 제곱합(SST)=집단 간 제곱합(SSB)+집단 내 제곱합(SSW)이다. SSW의 자유도는 SST의 자유도와 SSB의 자유도 간의 차(difference)와 같을 것이다. 그래서 이것을 식으로 간단히 표현하면 다음과 같다.

$$\begin{aligned} df_2 &= df - df_1 \\ &= (kl-1) \cdots (k-1) \\ &= kl-k \end{aligned}$$

그러므로 df_2는 (전체 사례 수)−(표본 집단의 수)이다.

13.3 분산분석표

각 표본 집단의 크기가 동일($=l$)하고, 표본 집단의 개수가 k인 경우 **분산분석표**는 다음 표와 같이 요약될 수 있다.

	제곱 합	자유도	제곱의 평균	F
집단 간	$SSB = \sum_{j=1}^{k} l(\overline{y_j} - \overline{y})^2$	$k-1$	$MSB = \dfrac{SSB}{k-1}$	$F = \dfrac{MSB}{MSW}$
집단 내	$SSW = \sum_{j=1}^{k}\sum_{i=1}^{l}(y_{ij} - \overline{y_j})^2$	$kl-k$	$MSW = \dfrac{SSW}{kl-k}$	
총	$SST = \sum_{j=1}^{k}\sum_{i=1}^{l}(y_{ij} - \overline{y})^2$	$kl-1$		

예제 1 세 가지 학습방법에 따른 학습효과의 차이를 발견하기 위해 15명의 학생을 무작위로 뽑아 5명씩 3개 집단으로 나누어 1년 동안 다른 학습방법을 가지고 실험한 후 언어영역 성적을 아래에 나타냈다. 세 가지 학습방법이 다음과 같다. 변량 SST, SSB, SSW를 구하시오.

실험 1 : 학교 야간자율학습

실험 2 : TV방송 교육

실험 3 : 방과 후 학원

학생	실험 1	실험 2	실험 3
1	$y_{11}=80$	$y_{12}=80$	$y_{13}=82$
2	$y_{21}=79$	$y_{22}=75$	$y_{23}=91$
3	$y_{31}=87$	$y_{32}=86$	$y_{33}=80$
4	$y_{41}=85$	$y_{42}=85$	$y_{43}=78$
5	$y_{51}=90$	$y_{52}=87$	$y_{53}=86$
합계	421	413	417
평균	$\overline{y_1}=84.2$	$\overline{y_2}=82.6$	$\overline{y_3}=83.4$
전체평균	$\overline{y}=83.4$		

풀이 ① 전체평균 $\overline{y}=\dfrac{\sum_{j=1}^{3}\overline{y_j}}{3}=\dfrac{84.2+82.6+83.4}{3}=\dfrac{250.2}{3}=83.4$

② 총 제곱합(SST) $=\sum_{j=1}^{3}\sum_{i=1}^{5}(y_{ij}-\overline{y})^2$

$$=(80-83.4)^2+(79-83.4)^2+\cdots+(86-83.4)^2=301.6$$

③ 집단 간 제곱합(SSB) $=\sum_{j=1}^{3}5(\overline{y_j}-\overline{y})^2$

$$=5(84.2-83.4)^2+5(82.6-83.4)^2+5(83.4-83.4)^2$$
$$=6.4$$

④ 집단 내 제곱합(SSW) $=\sum_{j=1}^{3}\sum_{i=1}^{5}(y_{ij}-\overline{y_j})^2$

$$=(80-84.2)^2+\cdots+(80-82.6)^2+\cdots+(82-83.4)^2$$
$$=295.2$$

■

예제 2 위의 예제에서 세 가지 학습방법에 따른 언어영역의 평균성적이 세 집단 간 차이가 없다는 귀무가설을 검정하시오(유의수준 0.05).

풀이 표본 집단의 수가 3이고, 집단 내 사례 수가 5이므로 $k=3$, $l=5$이다.

$$H_0 : \mu_1 = \mu_2 = \mu_3$$
$$H_1 : \text{ 적어도 } \mu_i \neq \mu_j,\ i \neq j$$

위의 예제에서 변량들 SSB, SSW에 대한 값을 이용해보자. $SSB=6.4$, $SSW=295.2$이므로

$$F = \frac{\frac{SSB}{k-1}}{\frac{SSW}{kl-k}} = \frac{\frac{6.4}{2}}{\frac{295.2}{12}} = \frac{3.2}{24.6} = 0.13$$

이다.

반면, 부록의 표V를 이용해서 F-검정통계량을 구하면 다음과 같다.

$$F(df_1,\ df_2,\ \alpha) = F(2,\ 12,\ 0.05) = 3.88$$
$$F < F(2,\ 12,\ 0.05)$$

따라서 F값이 기각영역에 포함되지 않으므로 귀무가설 H_0는 기각하지 않는다. 즉 세 가지 학습방법에 따른 학습효과(언어영역)의 차이가 없다고 말할 수 있다. ■

예제 3 상품을 구매할 때 고객들이 이용하는 다양한 방법들이 상품구매 만족도에 어떤 영향을 주는지 조사하려고 한다. 다음 아래 방법들을 이용하여 세 개의 표본 집단들로 나누었다. 집단 간 상품구매 만족도에 차이를 보이지 않는다는 귀무가설을 유의수준 0.01로 검정하시오. 만족도는 1점부터 10점까지이며 점수가 높을수록 만족도가 높다는 것을 의미한다.

방법 1 : 직접 구매

방법 2 : 인터넷 구매

방법 3 : 홈쇼핑 구매

구매자	집단1 만족도	집단2 만족도	집단3 만족도
1	$y_{11}=7$	$y_{12}=8$	$y_{13}=9$
2	$y_{21}=6$	$y_{22}=8$	$y_{23}=8$
3	$y_{31}=8$	$y_{32}=9$	$y_{33}=10$
4	$y_{41}=7$	$y_{42}=7$	$y_{43}=9$

풀이 $H_0 : \mu_1 = \mu_2 = \mu_3$

H_1: 적어도 $\mu_i \neq \mu_j, i \neq j$

표본 집단의 수 $k=3$, 집단 내 사례 수 $l=4$, 자유도 $df_1=2$, 자유도 $df_2=9$

$$\text{총 평균 } \bar{y} = \frac{\sum_{j=1}^{3}\sum_{i=1}^{4} y_{ij}}{12} = \frac{(y_{11}+y_{21}+\cdots+y_{12}+\cdots+y_{43})}{12} = \frac{96}{12} = 8$$

$$\text{집단1의 평균 } \bar{y_1} = \frac{\sum_{i=1}^{4} Y_{i1}}{4} = \frac{y_{11}+y_{21}+y_{31}+y_{41}}{4} = \frac{28}{4} = 7$$

$$\text{집단2의 평균 } \bar{y_2} = \frac{\sum_{i=1}^{4} y_{i2}}{4} = \frac{y_{12}+y_{22}+y_{32}+y_{42}}{4} = \frac{32}{4} = 8$$

$$\text{집단3의 평균 } \bar{y_3} = \frac{\sum_{i=1}^{4} y_{i3}}{4} = \frac{y_{13}+y_{23}+y_{33}+y_{43}}{4} = \frac{36}{4} = 9$$

$$SSB = \sum_{j=1}^{3} 4(\bar{y_j} - \bar{y})^2 = 4(7-8)^2 + 4(8-8)^2 + 4(9-8)^2 = 4+0+4 = 8$$

$$MSB = \frac{SSB}{k-1} = \frac{8}{2} = 4$$

$$SSW = \sum_{j=1}^{3}\sum_{i=1}^{4}(y_{ij} - \bar{y_j})^2 = (7-7)^2 + + (6-7)^2 + (8-7)^2 + (7-7)^2 + (8-8)^2$$
$$+ (8-8)^2 + (9-8)^2 + (7-8)^2 + (9-9)^2 + (8-9)^2 + (10-9)^2 + (9-9)^2$$
$$= 6$$

$$MSW = \frac{SSW}{kl-k} = \frac{6}{9} = 0.67$$

$$F = \frac{MSB}{MSW} = \frac{4}{0.67} = 5.97$$

$F(df_1,\ df_2,\ \alpha) = F(2,\ 9,\ 0.05) = 4.26$, $F > F(2,\ 9,\ 0.05)$이므로 기각영역에 포함된다. 따라서 H_0를 기각하고 H_1을 채택한다. 이것은 상품 만족도에 따른 집단 간 차이가 없다고 말할 수 없음을 의미한다. ■

연습문제

1. 다음은 총 편차를 분해한 식이다. 이 식의 양변을 제곱했을 때 어떤 결과를 얻을 수 있겠는가?

$$\sum\sum(y_{ij}-\overline{y}) = \sum(\overline{y_i}-\overline{y}) + \sum\sum(y_{ij}-\overline{y_i})$$

2. 분산분석표를 이용하여 다음 $F(df_1,\ df_2,\ \alpha)$를 구하시오.

① $F(2,\ 2,\ 0.05)$ ② $F(2,\ 2,\ 0.01)$

③ $F(20,\ 40,\ 0.10)$ ④ $F(12,\ 9,\ 0.025)$

3. 다음 확률을 구하시오.

① $p(F \le 2.88),\ df_1 = 20,\ df_2 = 21$

② $p(F > 3.52),\ df_1 = 15,\ df_2 = 15$

4. 분산분석을 사용하여 표본자료를 분석한 결과 집단 간 제곱의 합은 88.5이고, 집단 간 자유도는 3, 집단 내 제곱의 합은 38, 자유도는 20이었다. 분산분석표를 작성하고, 귀무가설을 적절하게 세워 유의수준 0.05에서 이 가설을 검정하시오.

5. 어떤 알루미늄 제품을 만들 때에 크롬 함유율이 알루미늄 제품의 강도에 영향을 미치는지를 조사하려 한다. 크롬 함유율 A: 3.0%, B: 3.5%, C: 4.0%, D: 4.5%에서 반복 각 5회, 총 20회를 무작위로 처리한 후 강도를 측정한 결과를 아래 표에 나타내었다. 함유율에 따른 제품의 강도에 차이가 있는지에 대한 적절한 가설을 세우고 유의수준 0.05에서 검정하시오.

	A	B	C	D
1	23	48	49	47
2	22	27	62	61
3	28	47	31	51
4	42	38	46	58
5	25	25	51	46
평균	28.0	37.0	47.8	52.6

6. 4개 회사 A, B, C, D에서 입하된 전지의 기전력을 비교하기 위하여 각 회사로부터 6개씩의 기전력(단위는 volt)을 측정한 결과 다음의 자료를 얻었다. 이 자료에 대하여 회사 간에 기전력의 차이가 있는지 유의수준 0.05로 검정하시오.

	A	B	C	D
1	1.55	1.52	1.57	1.48
2	1.54	1.50	1.59	1.47
3	1.57	1.50	1.60	1.46
4	1.56	1.49	1.58	1.50
5	1.56	1.52	1.57	1.48
6	1.55	1.53	1.59	1.48

7. A카드 회사는 자사의 카드 사용고객들의 평균 채무액을 고객들의 연간소득에 따라 아래의 표와 같이 세 집단으로 나누어 비교하고자 한다. 각 집단으로부터 10명의 고객들이 표본으로 선정되어 각각 해당되는 채무액이 기록되었다.

연간소득액(백만 원)	12미만	12이상 ~ 25미만	25이상
채무액(천 원)	148	513	335
	76	264	643
	393	433	216
	520	94	536
	236	535	128
	134	327	723
	55	214	258
	166	135	380
	415	280	594
	153	304	465
계	2,296	3,099	4,278

제14장

회귀분석

14.1 회귀방정식

14.2 추정회귀방정식

14.3 결정계수

14.4 추정회귀방정식의 유의성 검정

경영자의 결정은 종종 둘 또는 그 이상의 변수들 사이의 관계에 기초한다. 예를 들어 광고비 지출과 판매 사이의 관계를 고려한 후 마케팅 관리자는 주어진 광고비에 따라 판매를 예측하려고 할 것이다. 때때로 관리자는 두 변수들의 관계 정도에 따라 직관적인 판단에 의존할 것이다. 그러나 자료를 얻게 된다면, 회귀분석이라고 부르는 통계적 분석과정을 통하여 변수들 사이에 얼마나 관계가 있는지를 나타내는 방정식을 세울 것이다.

회귀분석에서 사용되는 용어로서 **종속변수**(dependent variables)가 있는데 이것은 예견되는 변수를 말한다. 종속변수의 값을 예견하는 데 사용되는 변수를 **독립변수**(independent variables)라고 한다. 예를 들어, 판매에 미치는 광고비의 효과를 분석할 때 마케팅 판매가 종속변수가 될 것이다. 통계적인 기호로 종속변수를 y, 독립변수를 x로 표시한다.

이와 같이 **회귀분석**(regression analysis)은 독립변수와 종속변수간의 관계를 검증하여 독립변수가 종속변수에 미치는 영향력을 알아보거나 독립변수의 변화에 따라 종속변수의 변화를 예측하기 위해서 사용하는 통계적 분석방법이다.

이 장에서는 한 개의 독립변수와 한 개의 종속변수 사이의 관계성이 대략적으로 직선에 의해 나타내지는 가장 간단한 형태의 회귀분석에 대해 소개한다. 이것을 **단순선형회귀분석**(simple linear regression analysis)라고 말한다. 즉 한 개의 독립변수와 한 개의 종속변수 사이의 관계를 알아내어 독립변수가 종속변수에 어떤 영향을 주는지를 분석하는 것이다.

두 개 또는 그 이상의 독립변수들을 포함한 회귀분석을 **다중회귀분석**(multiple regression analysis)이라고 말한다. 즉 여러 개의 독립변수와 한 개의 종속변수 사이의 관계를 알아보는 분석방법을 말한다. 그러나 여기서는 다루지 않겠다.

회귀분석의 역사는 19세기 영국의 인류학자 프란시스 갤톤(Francis Galton)의 연구로부터 시작되었다. 그는 부모의 키와 자녀들의 키 사이의 연관성을 연구하면서 부모와 자녀의 키 사이에는 선형적인 관계가 있고 키가 커지거나 작아지는 것보다는 평균키로 회귀하려는 경향이 있다는 가설을 세웠다. 그리고 그는 이러한 분석방법을 '회귀분석'이라고 하였다. 이러한 경험적 연구 후에 칼 피어슨(Karl Pearson)은 아버지와 아들의 키를 조사한 결과를 바탕으로 함수 관계를 수학적으로 세우기도 했다.

14.1 회귀방정식

다음의 예를 생각해보자. A프랜차이즈 커피직영점의 매출액 y와 이곳으로부터 반경 5 km 이내 살고 있는 주민 수 x와 어떤 관계가 있는지 조사하려고 한다. 이 커피숍의 관리자는 매출액이 일정한 거리 안의 거주민 수와 매우 비례할 것이라고 믿는다. 즉 그곳 거주민 수가 많으면 매출액도 일반적으로 많게 될 것이고 반대로 그곳 거주민 수가 적으면 매출액도 적게 될 것이라고 생각한다는 것이다. 여기 회귀분석을 사용하여, 종속변수 y가 독립변수 x와 얼마나 관계가 있는지를 보여주는 방정식을 세울 것이다.

모집단은 A프랜차이즈의 모든 커피직영점이 될 것이다. 모집단에 속한 모든 커피직영점에 대해 x값(매장을 중심으로 일정한 거리 안의 인구 수)과 y값(매장의 매출액)이 있을 것이다. x와 y의 관련성과 오차항에 대해 설명을 주는 방정식을 단순선형회귀모형(simple linear regression model) 또는 간단히 회귀모형이라고 한다. 다음은 회귀모형을 나타낸 것이다.

$$y = \alpha + \beta x + \epsilon$$

여기서 β를 회귀계수라고 한다. 회귀모형에서 α는 y축 절편, β는 직선의 기울기, ϵ(epsilon)은 오차항을 의미하는 확률변수이다.

서로 다른 x에 해당하는 부분 모집단을 생각할 수 있다. 예를 들어, 일정한 거리 안의 인구 수 x에 따라 y의 분포가 정해진다. 즉 y의 분포는 5,000명이 거주하는 지역에서 영업을 하는 커피직영점과 연관이 있을 것이며, 또한 y의 분포는 6,000명이 거주하는 지역에서 영업을 하는 커피직영점과 연관이 있을 것이다. 그렇다면 각각의 y분포에 대한 평균 또는 기댓값 $E(y)$을 가지게 된다. y의 기댓값 $E(y)$이 x와 어느 정도 관계가 있는지를 설명하는 방정식을 단순선형회귀방정식(simple linear regression equation) 또는 간단히 회귀방정식이라고 말한다. 회귀방정식은 다음과 같다.

$$E(y) = \alpha + \beta x$$

회귀방정식의 그래프는 직선이며 이때 α는 회귀선의 y절편, β는 기울기, 그리고 $E(y)$는 주어진 x값에 대한 y의 평균 또는 기댓값이다.

가능한 회귀선(regression lines)들의 예를 아래 그림에 나타내었다. 첫 번째 그림의 회귀선은 y의 기댓값이 x와 양의 방향(정비례)으로 관련 있음을 보여주고 있으며, 두 번째 그림의 회귀선은 y의 기댓값이 x와 음의 방향(반비례)으로 관련 있음을 보여주고 있다. 마지막 그림은 회귀선이 y의 기댓값과 x와 아무런 관련이 없음을 보여준다. 즉 y의 기댓값은 x의 모든 값과 동일하다.

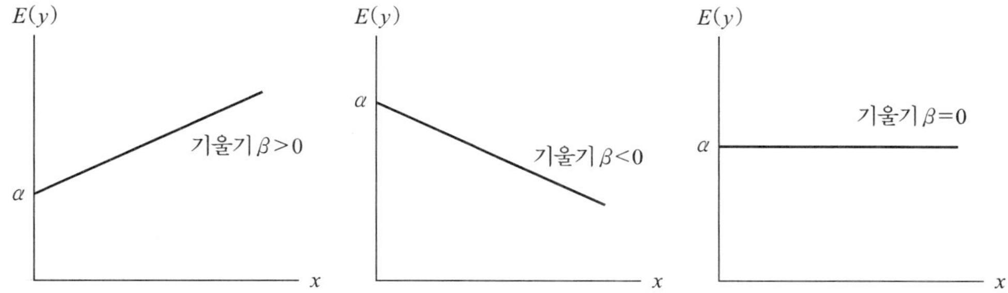

14.2 추정회귀방정식

만일 모수들 α와 β가 알려져 있다면, 주어진 x값에 대한 y의 기댓값 $E(y)$을 계산하기 위하여 회귀방정식을 사용할 수 있다. 현실적으로 이러한 모수들은 알려져 있지 않다. 따라서 모집단으로부터 얻은 표본을 가지고 이러한 모수들을 추정해야 한다. 표본통계량 a와 b는 모수 의 추정값이다. α와 β의 추정값으로 a와 b를 사용하여 얻게 되는 방정식을 **추정회귀방정식**(estimated regression equation)이라고 한다. 추정회귀방정식은 다음과 같다.

$$\hat{y} = a + bx$$

추정회귀방정식의 그래프를 추정회귀선이라고 한다. 이때 a는 그래프의 y절편, b는 기울기가 된다. 추정회귀방정식의 a와 b를 얻는 방법을 **최소제곱법**(least squares method)이라고 한다.

최소제곱법은 종속변수의 모든 관찰값 y_i와 그에 다른 추정값 $\hat{y_i}$의 차이를 제곱하여 더한 값이 최소가 되게 하는 α와 β의 추정값인 a, b를 구하는 방법이다.

즉 $\sum_{i=1}^{n}(y_i-\hat{y_i})^2=\sum_{i=1}^{n}(y_i-a-bx_i)^2$이 최소가 되는 a, b를 구한다(여기서 n은 표본의 수).

여기서 $L=\sum_{i=1}^{n}(y_i-\hat{y_i})^2=\sum_{i=1}^{n}(y_i-a-bx_i)^2$ 라고 놓자.

L을 최소화하기 위해서 L을 a와 b 각각에 대하여 편미분하여 0으로 놓고 풀면 된다. 즉

$$\frac{\partial L}{\partial a}=\sum_{i=1}^{n}(-2)(y_i-a-bx_i)=0$$

$$\frac{\partial L}{\partial b}=\sum_{i=1}^{n}(-2x_i)(y_i-a-bx_i)=0$$

위의 두 식으로부터 다음 식을 얻게 된다.

$$\sum_{i=1}^{n}y_i-na-b\sum_{i=1}^{n}x_i=0$$

$$\sum_{i=1}^{n}x_iy_i-a\sum_{i=1}^{n}x_i-b\sum_{i=1}^{n}x_i^2=0$$

이 두 식을 연립하여 풀면 a와 b를 얻는다.

$$b=\frac{n\sum_{i=1}^{n}x_iy_i-\sum_{i=1}^{n}x_i\sum_{i=1}^{n}y_i}{n\sum_{i=1}^{n}x_i^2-(\sum_{i=1}^{n}x_i)^2} \quad \text{또는} \quad b=\frac{\sum_{i=1}^{n}(x_i-\bar{x})(y_i-\bar{y})}{\sum_{i=1}^{n}(x_i-\bar{x})^2}$$

$$a=\bar{y}-b\bar{x}$$

$$(\bar{x}=\frac{\sum_{i=1}^{n}y_i}{n},\ \bar{y}=\frac{\sum_{i=1}^{n}x_i}{n})$$

예제 1 A프랜차이즈 커피직영점 10군데의 인구 수 x(단위: 천명)에 대한 매출액 y(단위: 백만 원)를 아래 표로 나타내었다. 최소제곱법을 이용하여 추정회귀방정식을 구하시오.

풀이

i	x_i	y_i	$x_i-\overline{x}$	$y_i-\overline{y}$	$(x_i-\overline{x})(y_i-\overline{y})$	$(x_i-\overline{x})^2$
1	3	50	−11	−80	880	121
2	5	104	−9	−26	234	81
3	8	96	−6	−34	204	36
4	10	119	−4	−11	44	16
5	12	116	−2	−14	28	4
6	16	132	2	2	4	4
7	19	162	5	32	160	25
8	20	170	6	40	240	36
9	22	148	8	18	144	64
10	25	203	11	73	803	121
계	140	1,300			2741	508
	$\overline{x}=14$	$\overline{y}=130$			$\sum(x_i-\overline{x})(y_i-\overline{y})$ $=2741$	$\sum(x_i-\overline{x})^2$ $=508$

$$b=\frac{\sum_{i=1}^{n}(x_i-\overline{x})(y_i-\overline{y})}{\sum_{i=1}^{n}(x_i-\overline{x})^2}=\frac{2741}{508}\approx 5.4,\quad \therefore b=5.4$$

$$a=\overline{y}-b\overline{x}=130-(5.4)(14)=130-75.6=54.4,\quad \therefore a=54.4$$

따라서 추정회귀방정식은

$$\hat{y}=54.4+(5.4)x$$

이다. ■

위의 예로부터 인구 수 x에 따른 매출액 y와의 관계성을 추정회귀방정식 $\hat{y}=54.4+(5.4)x$에 의해 설명할 수 있다. 그런데 추정회귀방정식이 자료와 얼마나 일치하느냐가 문제이다. 다음 절에서 위의 문제를 측정할 수 있는 결정계수에 대해 소개한다.

14.3 결정계수

i번째 관찰 값 y_i와 추정 값 $\hat{y_i}$의 차, $(y_i - \hat{y_i})$를 i번째 잔차(residual)라고 한다. i번째 잔차는 y_i를 추정하기 위해 $\hat{y_i}$를 사용했기 때문에 발생하는 값이다. 이러한 잔차(또는 오차)들의 제곱의 합은 최소제곱법에 의해 최소화된 값이다. 이 값을 잔차의 제곱의 합이라고 말하고 SSE(sum of squares due to error)로 표시한다. 즉

$$SSE = \sum_{i=1}^{n} (y_i - \hat{y_i})^2$$

따라서 SSE는 표본에서 종속변수의 값을 추정하기 위해 추정회귀방정식을 사용하므로 발생하는 오차의 양이다. i번째 관찰 값에 대해 다음의 식을 얻을 수 있다.

$$(y_i - \bar{y}) = (\hat{y_i} - \bar{y}) + (y_i - \hat{y_i})$$

$$\sum_{i=1}^{n} (y_i - \bar{y})^2 = \sum_{i=1}^{n} (\hat{y_i} - \bar{y})^2 + \sum_{i=1}^{n} (y_i - \hat{y_i})^2$$

이때 $\sum_{i=1}^{n} (y_i - \bar{y})^2$을 SST(total sum of squares)로 표시하고 총변동이라고 말한다.

$$SST = \sum_{i=1}^{n} (y_i - \bar{y})^2$$

또한 $\sum (\hat{y_i} - \bar{y})^2$을 SSR(sum of squares due to regression)로 표시하고 추정회귀방정식으로 설명되는 변동을 의미한다.

$$SSR = \sum_{i=1}^{n} (\hat{y_i} - \bar{y})^2$$

반면에 잔차의 제곱의 합 SSE는 추정회귀방정식으로 설명되지 않는 변동을 의미한다. 앞에서 정의한 SST, SSR, SSE는 다음 식을 만족하게 된다.

$$SST = SSR + SSE$$

예제 2 예제 1에서 주어진 자료를 이용하여 SST, SSR, SSE를 구하시오.

풀이

i	x_i	y_i	$\hat{y} = 54.4 + (5.4)x$	$(y_i - \hat{y}_i)$	$(y_i - \hat{y}_i)^2$
1	3	50	70.6	−20.6	424.7
2	5	104	81.4	22.6	510.8
3	8	96	97.6	−1.6	2.6
4	10	119	108.4	10.6	112.4
5	12	116	119.2	−3.2	10.2
6	16	132	140.8	−8.8	77.4
7	19	162	157	5	25
8	20	170	162.4	7.6	57.8
9	22	148	173.2	−25.2	635.0
10	25	203	189.4	13.6	185.0
					$SSE = 2,041$

i	x_i	y_i	$y_i - \bar{y}$	$(y_i - \bar{y})^2$
1	3	50	−80	6,400
2	5	104	−26	676
3	8	96	−34	1,156
4	10	119	−11	121
5	12	116	−14	196
6	16	132	2	4
7	19	162	32	1,024
8	20	170	40	1,600
9	22	148	18	324
10	25	203	73	5,329
계		1,300		$\sum(y_i - \bar{y})^2 = 16,830$
		$\bar{y} = 130$		$SST = 16,830$

그러므로 $SSE = 2,041$와 $SST = 16,830$으로부터 SSR을 구할 수 있다.

$$\therefore \ SSR = SST - SSE = 16,830 - 2,041 = 14,789$$ ■

추정회귀방정식의 적합도를 측정하기 위해 SST, SSR, SSE를 이용하게 된다. 만일 모든 y_i값이 추정회귀선(추정회귀방정식의 그래프) 위에 놓여 있다면 이 추정회귀방정식은 오차가 없는 완전한 값을 줄 것이다. 이 경우 $SSE = 0$이므로 $SSR = SST$가 된다. 즉 모든 변동이 추정회귀방정식에 의해 설명할 수 있게 된다. 이 비율을 계산해보면 $\dfrac{SSR}{SST} = 1$이 된다. 그러나 $SSE = SST$라면 $SSR = 0$이므로 비율 $\dfrac{SSR}{SST} = 0$이 된다.

따라서 $0 \le \dfrac{SSR}{SST} \le 1$이 될 것이다. 여기서 이 비율을 **결정계수**(coefficient of determination)라고 하고 r^2으로 표시한다.

결정계수 r^2은 종속변수의 변동의 $\left(r^2 \times \dfrac{1}{100}\right)$%는 독립변수 (추정회귀방정식으로 설명되는 부분)로 설명할 수 있으며, 나머지 $\left((1-r^2) \times \dfrac{1}{100}\right)$% 만큼은 독립변수로 설명할 수 없음을 의미한다.

위의 예에서, $r^2 = 0.89$이므로 매출액 변동의 89%는 독립변수 x(지역인구 수)에 의해 설명할 수 있으며, 11%는 독립변수에 의해 매출액의 변동을 설명할 수 없음을 의미한다.

표본상관계수(sample correlation coefficient) r은 결정계수 r^2의 양의 제곱근으로 정의된다.

r은 두 변수간의 상관정도를 -1과 $+1$ 사이의 값 $(-1 \le r \le 1)$으로 나타내며 그 관계의 방향뿐만 아니라 관계의 정도도 알려준다.

① $r = 1.0$: 완전한 양의 상관관계(positive correlation)
② $r = -1.0$: 완전한 음의 상관관계(negative correlation)
③ $r = 0$: 상관관계가 전혀 없다.

예제 3 예제 1의 자료를 이용하여 결정계수와 표본상관계수를 계산하시오.

풀이

$$r^2 = \frac{SSR}{SST} = \frac{14,789}{16,830} \approx 0.89$$

$$r = \sqrt{0.89} = 0.94$$

매출액 변동의 94%는 매장을 중심으로 반경 5km 내의 인구규모에 의해 설명될 수 있다. ■

14.4 추정회귀방정식의 유의성 검정

다음은 추정회귀방정식의 유의성 검정을 진행하는 과정이다.

① 추정회귀방정식 $\hat{y} = a + bx$의 회귀계수 b가 양수라면 x값이 증가할수록 $\hat{y}$ 값이 증가할 것이다. 즉 지역 인구규모가 클수록 매장의 매출액도 증가한다고 말할 수 있을 것이다.

② 그러나 주어진 표본자료를 근거로 b가 양수이기 때문에 위의 결론을 일반화할 수는 없다. 회귀계수 β의 추정값 b는 자료의 수에 따라 변할 수 있는 값이다.

③ 따라서 표본통계량 b를 근거로 모수 β가 과연 0이 아닌지의 여부를 일정한 유의수준 하에서 검정할 필요가 있다.

④ 가설을 다음과 같이 세운다.

$$H_0 : \beta = 0$$

$$H_1 : \beta \neq 0$$

⑤ 회귀계수 β에 대한 가설검정은 분산분석을 이용하여 F검정을 한다.

i. F검정통계량 $= \dfrac{\dfrac{SSR}{\text{자유도}}}{\dfrac{SSE}{\text{자유도}}} = \dfrac{\dfrac{SSR}{1}}{\dfrac{SSE}{n-2}}$

($\because$ SST의 $df = SSR$의 $df_1 + SSE$의 df_2)

ii. 임계값 $F(df_1,\ df_2,\ \alpha)$

iii. $F(df_1,\ df_2,\ \alpha) <$ F검정통계량이면 귀무가설 H_0을 기각(즉 대립가설 $H_1 : \beta \neq 0$을 채택)하고, F검정통계량 $< F(df_1,\ df_2,\ \alpha)$이면, 귀무가설 H_0을 채택한다.

예제 4 예제 1에서 찾은 추정회귀방정식의 유의성 검사를 F검정에 의해 하시오.

$(\alpha = 0.05)$

풀이

$$H_0 : \beta = 0$$

$$H_1 : \beta \neq 0$$

$$F\text{검정통계량} = \frac{\dfrac{SSR}{1}}{\dfrac{SSE}{n-2}} = \frac{14,789}{\dfrac{2,041}{8}} = \frac{14,789}{255.13} \approx 57.97\ ;$$

$F(df_1,\ df_2,\ \alpha) = F(1,\ 8,\ 0.05) = 5.32$;

$F(1,\ 8,\ 0.05) <$ F 검정통계량이므로, 귀무가설 $H_0 : \beta = 0$을 기각하고 대립가설 $H_1 : \beta \neq 0$을 채택한다. ■

연습문제

1. 두 개의 변수(독립변수 x_i와 종속변수 y_i)에 관한 5개의 관찰값을 표로 나타내었다. 다음 물음에 답하시오.

x_i	1	2	3	4	5
y_i	7	16	13	26	33

① 추정회귀방정식을 구하시오.

② 추정회귀방정식을 이용하여 $x=3$일 때 y값을 추정해보시오.

2. 주어진 자료로부터 다음 물음에 답하시오.

x_i	1	2	3	4	5
y_i	3	7	5	11	14

① 추정회귀방정식을 구하시오.

② SST, SSR, SSE를 구하시오.

③ 결정계수 r^2을 계산하고, 추정회귀방정식의 적합성에 대해 말해보시오.

④ 표본상관계수 r을 계산하시오.

3. 다음은 1인당 GNP(단위 : 달러)에 따른 1인당 연평균 가솔린 사용량(단위: 리터)과의 관계를 알아보려고 한다. 아래 자료를 이용하여 회귀방정식을 추정하고, 결정계수와 회귀방정식에 대한 유의성 검정을 하시오(유의수준은 0.05).

국민 총생산 x_i	원유도입량(million barrel) y_i
6,347.70	211.2
6,908.74	237.1
7,305.01	205.2
8,377.08	303.5
9,009.39	283.5
9,644.24	332.0
11,016.39	297.7
12,175.23	386.1
13,877.09	511.0
14,759.09	625.4

APPENDIX

부록

〈표 I〉 누적이항분포

$$p(x \le k) = \sum_{x=0}^{k} {}_nC_x\, p^x (1-p)^{n-x}$$

n	k	0.05	0.10	0.15	0.20	0.25	0.30	0.35	0.40	0.45
1	0	0.9500	0.9000	0.8500	0.8000	0.7500	0.7000	0.6500	0.6000	0.5500
2	0	0.9025	0.8100	0.7225	0.6400	0.5625	0.4900	0.4225	0.3600	0.3025
	1	0.9975	0.9900	0.9775	0.9600	0.9375	0.9100	0.8775	0.8400	0.7975
3	0	0.8574	0.7290	0.6141	0.5120	0.4219	0.3430	0.2746	0.2160	0.1664
	1	0.9928	0.9720	0.9393	0.8960	0.8438	0.7840	0.7182	0.6480	0.5748
	2	0.9999	0.9990	0.9967	0.9920	0.9844	0.9730	0.9571	0.9360	0.9089
4	0	0.8145	0.6561	0.5220	0.4096	0.3164	0.2401	0.1785	0.1296	0.0915
	1	0.9860	0.9477	0.8905	0.8192	0.7383	0.6517	0.5630	0.4752	0.3910
	2	0.9995	0.9963	0.9880	0.9728	0.9492	0.9163	0.8735	0.8208	0.7585
	3	1.0000	0.9999	0.9995	0.9984	0.9961	0.9919	0.9850	0.9744	0.9590

n	k	0.50	0.55	0.60	0.65	0.70	0.75	0.80	0.85	0.90	0.95
1	0	0.5000	0.4500	0.4000	0.3500	0.3000	0.2500	0.2000	0.1500	0.1000	0.0500
2	0	0.2500	0.2025	0.1600	0.1225	0.0900	0.0625	0.0400	0.0225	0.0100	0.0025
	1	0.7500	0.6975	0.6400	0.5775	0.5100	0.4375	0.3600	0.2775	0.1900	0.0975
3	0	0.1250	0.0911	0.0640	0.0429	0.0270	0.0156	0.0080	0.0034	0.0010	0.0001
	1	0.5000	0.4252	0.3520	0.2818	0.2160	0.1406	0.1040	0.0608	0.0280	0.0072
	2	0.8750	0.8336	0.7840	0.7254	0.6570	0.5625	0.4880	0.3859	0.2710	0.1426
4	0	0.0625	0.0410	0.0256	0.0150	0.0081	0.0039	0.0016	0.0005	0.0001	0.0000
	1	0.3125	0.2415	0.1792	0.1265	0.0837	0.0508	0.0272	0.0120	0.0037	0.0005
	2	0.6875	0.6090	0.5248	0.4370	0.3483	0.2617	0.1808	0.1095	0.0523	0.0140
	3	0.9375	0.9085	0.8704	0.8215	0.7599	0.6836	0.5904	0.4780	0.3439	0.1855

n	k	0.05	0.10	0.15	0.20	0.25	0.30	0.35	0.40	0.45
5	0	0.7738	0.5905	0.4437	0.3277	0.2373	0.1681	0.1160	0.0778	0.0503
	1	0.9774	0.9185	0.8352	0.7373	0.6328	0.5282	0.4284	0.3370	0.2562
	2	0.9988	0.9914	0.9734	0.9421	0.8965	0.8369	0.7648	0.6826	0.5931
	3	1.0000	0.9995	0.9978	0.9933	0.9844	0.9692	0.9460	0.9130	0.8688
	4	1.0000	1.0000	0.9999	0.9997	0.9990	0.9976	0.9947	0.9898	0.9815
6	0	0.7351	0.5314	0.3771	0.2621	0.1780	0.1176	0.0754	0.0467	0.0277
	1	0.9672	0.8857	0.7765	0.6554	0.5339	0.4202	0.3191	0.2333	0.1636
	2	0.9978	0.9842	0.9527	0.9011	0.8306	0.7443	0.6471	0.5443	0.4415
	3	0.9999	0.9987	0.9941	0.9830	0.9624	0.9295	0.8826	0.8208	0.7447
	4	1.0000	0.9999	0.9996	0.9984	0.9954	0.9891	0.9777	0.9590	0.9308
	5	1.0000	1.0000	1.0000	0.9999	0.9998	0.9993	0.9982	0.9959	0.9917
7	0	0.6983	0.4783	0.3206	0.2097	0.1335	0.0824	0.0490	0.0280	0.0152
	1	0.9556	0.8503	0.7166	0.5767	0.4449	0.3294	0.2338	0.1586	0.1024
	2	0.9962	0.9743	0.9262	0.8520	0.7564	0.6471	0.5323	0.4199	0.3164
	3	0.9998	0.9973	0.9879	0.9667	0.9294	0.8740	0.8002	0.7102	0.6083
	4	1.0000	0.9998	0.9988	0.9953	0.9871	0.9712	0.9444	0.9037	0.8471
	5	1.0000	1.0000	0.9999	0.9996	0.9987	0.9962	0.9910	0.9812	0.9643
	6	1.0000	1.0000	1.0000	1.0000	0.9999	0.9998	0.9994	0.9984	0.9963
8	0	0.6634	0.4305	0.2725	0.1678	0.1001	0.0576	0.0319	0.0168	0.0084
	1	0.9428	0.8131	0.6572	0.5033	0.3671	0.2553	0.1691	0.1064	0.0632
	2	0.9942	0.9619	0.8948	0.7969	0.6785	0.5518	0.4278	0.3154	0.2201
	3	0.9996	0.9950	0.9786	0.9437	0.8862	0.8059	0.7064	0.5941	0.4770
	4	1.0000	0.9996	0.9971	0.9896	0.9727	0.9420	0.8939	0.8263	0.7396
	5	1.0000	1.0000	0.9998	0.9988	0.9958	0.9887	0.9747	0.9502	0.9115
	6	1.0000	1.0000	1.0000	0.9999	0.9996	0.9987	0.9964	0.9915	0.9819
	7	1.0000	1.0000	1.0000	1.0000	1.0000	0.9999	0.9998	0.9993	0.9983

		p									
n	k	0.50	0.55	0.60	0.65	0.70	0.75	0.80	0.85	0.90	0.95
5	0	0.0312	0.0185	0.0102	0.0053	0.0024	0.0010	0.0003	0.0001	0.0000	0.0000
	1	0.1875	0.1312	0.0870	0.0540	0.0308	0.0156	0.0067	0.0022	0.0005	0.0000
	2	0.5000	0.4069	0.3174	0.2352	0.1631	0.1035	0.0579	0.0266	0.0086	0.0012
	3	0.8125	0.7438	0.6630	0.5716	0.4718	0.3672	0.2627	0.1648	0.0815	0.0226
	4	0.9688	0.9497	0.9222	0.8840	0.8319	0.7627	0.6723	0.5563	0.4095	0.2262
6	0	0.0156	0.0083	0.0041	0.0018	0.0007	0.0002	0.0001	0.0000	0.0000	0.0000
	1	0.1094	0.0692	0.0410	0.0223	0.0109	0.0046	0.0016	0.0004	0.0001	0.0000
	2	0.3438	0.2553	0.1792	0.1174	0.0705	0.0376	0.0170	0.0059	0.0013	0.0001
	3	0.6562	0.5585	0.4557	0.3529	0.2557	0.1694	0.0989	0.0473	0.0158	0.0022
	4	0.8906	0.8364	0.7667	0.6809	0.5798	0.4661	0.3446	0.2235	0.1143	0.0328
	5	0.9844	0.9723	0.9533	0.9246	0.8824	0.8220	0.7379	0.6229	0.4686	0.2649
7	0	0.0078	0.0037	0.0016	0.0006	0.0002	0.0001	0.0000	0.0000	0.0000	0.0000
	1	0.0625	0.0357	0.0188	0.0090	0.0038	0.0013	0.0004	0.0001	0.0000	0.0000
	2	0.2266	0.1529	0.0963	0.0556	0.0288	0.0129	0.0047	0.0012	0.0002	0.0000
	3	0.5000	0.3917	0.2898	0.1998	0.1260	0.0706	0.0333	0.0121	0.0027	0.0002
	4	0.7734	0.6836	0.5801	0.4677	0.3529	0.2436	0.1480	0.0738	0.0257	0.0038
	5	0.9375	0.8976	0.8414	0.7662	0.6706	0.5551	0.4233	0.2834	0.1497	0.0444
	6	0.9922	0.9848	0.9720	0.9510	0.9176	0.8665	0.7903	0.6794	0.5217	0.3017
8	0	0.0039	0.0017	0.0007	0.0002	0.0001	0.0000	0.0000	0.0000	0.0000	0.0000
	1	0.0352	0.0181	0.0085	0.0036	0.0013	0.0004	0.0001	0.0000	0.0000	0.0000
	2	0.1445	0.0885	0.0498	0.0253	0.0113	0.0042	0.0012	0.0002	0.0000	0.0000
	3	0.3633	0.2604	0.1737	0.1061	0.0580	0.0273	0.0104	0.0029	0.0004	0.0000
	4	0.6367	0.5230	0.4059	0.2936	0.1941	0.1138	0.0563	0.0214	0.0050	0.0004
	5	0.8555	0.7799	0.6846	0.5722	0.4482	0.3215	0.2031	0.1052	0.0381	0.0058
	6	0.9648	0.9368	0.8936	0.8309	0.7447	0.6329	0.4967	0.3428	0.1869	0.0572
	7	0.9961	0.9916	0.9832	0.9681	0.9424	0.8999	0.8322	0.7275	0.5695	0.3366

n	k	0.05	0.10	0.15	0.20	0.25	0.30	0.35	0.40	0.45
9	0	0.6302	0.3874	0.2316	0.1342	0.0751	0.0404	0.0207	0.0101	0.0046
	1	0.9288	0.7748	0.5995	0.4362	0.3003	0.1960	0.1211	0.0705	0.0385
	2	0.9916	0.9470	0.8591	0.7382	0.6007	0.4628	0.3373	0.2318	0.1495
	3	0.9994	0.9917	0.9661	0.9144	0.8343	0.7297	0.6089	0.4826	0.3614
	4	1.0000	0.9991	0.9944	0.9804	0.9511	0.9012	0.8283	0.7334	0.6214
	5	1.0000	0.9999	0.9994	0.9969	0.9900	0.9747	0.9464	0.9006	0.8342
	6	1.0000	1.0000	1.0000	0.9997	0.9987	0.9957	0.9888	0.9750	0.9502
	7	1.0000	1.0000	1.0000	1.0000	0.9999	0.9996	0.9986	0.9962	0.9909
	8	1.0000	1.0000	1.0000	1.0000	1.0000	1.0000	0.9999	0.9997	0.9992
10	0	0.5987	0.3487	0.1969	0.1074	0.0563	0.0282	0.0135	0.0060	0.0025
	1	0.9139	0.7361	0.5443	0.3758	0.2440	0.1493	0.0860	0.0464	0.0233
	2	0.9885	0.9298	0.8202	0.6778	0.5256	0.3828	0.2616	0.1673	0.0996
	3	0.9990	0.9872	0.9500	0.8791	0.7759	0.6496	0.5138	0.3823	0.2660
	4	0.9999	0.9984	0.9901	0.9672	0.9219	0.8497	0.7515	0.6331	0.5044
	5	1.0000	0.9999	0.9986	0.9936	0.9803	0.9527	0.9051	0.8338	0.7384
	6	1.0000	1.0000	0.9999	0.9991	0.9965	0.9894	0.9740	0.9452	0.8980
	7	1.0000	1.0000	1.0000	0.9999	0.9996	0.9984	0.9952	0.9877	0.9726
	8	1.0000	1.0000	1.0000	1.0000	1.0000	0.9999	0.9995	0.9983	0.9955
	9	1.0000	1.0000	1.0000	1.0000	1.0000	1.0000	1.0000	0.9999	0.9997
15	0	0.4633	0.2059	0.0874	0.0352	0.0134	0.0047	0.0016	0.0005	0.0001
	1	0.8290	0.5490	0.3186	0.1671	0.0802	0.0353	0.0142	0.0052	0.0017
	2	0.9638	0.8159	0.6042	0.3980	0.2361	0.1268	0.0617	0.0271	0.0107
	3	0.9945	0.9444	0.8227	0.6482	0.4613	0.2969	0.1727	0.0905	0.0424
	4	0.9994	0.9873	0.9383	0.8358	0.6865	0.5155	0.3519	0.2173	0.1204
	5	0.9999	0.9978	0.9832	0.9389	0.8516	0.7216	0.5643	0.4032	0.2608
	6	1.0000	0.9997	0.9964	0.9819	0.9434	0.8689	0.7548	0.6098	0.4522
	7	1.0000	1.0000	0.9994	0.9958	0.9827	0.9500	0.8868	0.7869	0.6535
	8	1.0000	1.0000	0.9999	0.9992	0.9958	0.9848	0.9578	0.9050	0.8182
	9	1.0000	1.0000	1.0000	0.9999	0.9992	0.9963	0.9876	0.9662	0.9231
	10	1.0000	1.0000	1.0000	1.0000	0.9999	0.9993	0.9972	0.9907	0.9745
	11	1.0000	1.0000	1.0000	1.0000	1.0000	0.9999	0.9995	0.9981	0.9937
	12	1.0000	1.0000	1.0000	1.0000	1.0000	1.0000	0.9999	0.9997	0.9989
	13	1.0000	1.0000	1.0000	1.0000	1.0000	1.0000	1.0000	1.0000	0.9999
	14	1.0000	1.0000	1.0000	1.0000	1.0000	1.0000	1.0000	1.0000	1.0000

		p									
n	k	0.50	0.55	0.60	0.65	0.70	0.75	0.80	0.85	0.90	0.95
9	0	0.0020	0.0008	0.0003	0.0001	0.0000	0.0000	0.0000	0.0000	0.0000	0.0000
	1	0.0195	0.0091	0.0038	0.0014	0.0004	0.0001	0.0000	0.0000	0.0000	0.0000
	2	0.0898	0.0498	0.0250	0.0112	0.0043	0.0013	0.0003	0.0000	0.0000	0.0000
	3	0.2539	0.1658	0.0994	0.0536	0.0253	0.0100	0.0031	0.0006	0.0001	0.0000
	4	0.5000	0.3786	0.2666	0.1717	0.0988	0.0489	0.0196	0.0056	0.0009	0.0000
	5	0.7461	0.6386	0.5174	0.3911	0.2703	0.1657	0.0856	0.0339	0.0083	0.0006
	6	0.9102	0.8505	0.7682	0.6627	0.5372	0.3993	0.2618	0.1409	0.0530	0.0084
	7	0.9805	0.9615	0.9295	0.8789	0.8040	0.6997	0.5638	0.4005	0.2252	0.0712
	8	0.9980	0.9954	0.9899	0.9793	0.9596	0.9249	0.8658	0.7684	0.6126	0.3698
10	0	0.0010	0.0003	0.0001	0.0000	0.0000	0.0000	0.0000	0.0000	0.0000	0.0000
	1	0.0107	0.0045	0.0017	0.0005	0.0001	0.0000	0.0000	0.0000	0.0000	0.0000
	2	0.0547	0.0274	0.0123	0.0048	0.0016	0.0004	0.0001	0.0000	0.0000	0.0000
	3	0.1719	0.1020	0.0548	0.0260	0.0106	0.0035	0.0009	0.0001	0.0000	0.0000
	4	0.3770	0.2616	0.1662	0.0949	0.0473	0.0197	0.0064	0.0014	0.0001	0.0000
	5	0.6230	0.4956	0.3669	0.2485	0.1503	0.0781	0.0328	0.0099	0.0016	0.0001
	6	0.8281	0.7340	0.6177	0.4862	0.3504	0.2241	0.1209	0.0500	0.0128	0.0010
	7	0.9453	0.9004	0.8327	0.7384	0.6172	0.4474	0.3222	0.1798	0.0702	0.0115
	8	0.9893	0.9767	0.9536	0.9140	0.8507	0.7560	0.6242	0.4557	0.2639	0.0861
	9	0.9990	0.9975	0.9940	0.9865	0.9718	0.9437	0.8926	0.8031	0.6513	0.4013
15	0	0.0000	0.0000	0.0000	0.0000	0.0000	0.0000	0.0000	0.0000	0.0000	0.0000
	1	0.0005	0.0001	0.0000	0.0000	0.0000	0.0000	0.0000	0.0000	0.0000	0.0000
	2	0.0037	0.0011	0.0003	0.0001	0.0000	0.0000	0.0000	0.0000	0.0000	0.0000
	3	0.0176	0.0063	0.0019	0.0005	0.0001	0.0000	0.0000	0.0000	0.0000	0.0000
	4	0.0592	0.0255	0.0093	0.0028	0.0007	0.0001	0.0000	0.0000	0.0000	0.0000
	5	0.1509	0.0769	0.0338	0.0124	0.0037	0.0008	0.0001	0.0000	0.0000	0.0000
	6	0.3036	0.1818	0.0950	0.0422	0.0152	0.0042	0.0008	0.0001	0.0000	0.0000
	7	0.5000	0.3465	0.2131	0.1132	0.0500	0.0173	0.0042	0.0006	0.0000	0.0000
	8	0.6964	0.5478	0.3902	0.2452	0.1311	0.0566	0.0181	0.0036	0.0003	0.0000
	9	0.8491	0.7392	0.5968	0.4357	0.2784	0.1484	0.0611	0.0168	0.0022	0.0001
	10	0.9408	0.8796	0.7827	0.6481	0.4845	0.3135	0.1642	0.0617	0.0127	0.0006
	11	0.9824	0.9576	0.9095	0.8273	0.7031	0.5387	0.3518	0.1773	0.0556	0.0055
	12	0.9963	0.9893	0.9729	0.9383	0.8732	0.7639	0.6020	0.3958	0.1841	0.0362
	13	0.9995	0.9983	0.9948	0.9858	0.9647	0.9198	0.8329	0.6814	0.4510	0.1710
	14	1.0000	0.9999	0.9995	0.9984	0.9953	0.9866	0.9648	0.9126	0.7941	0.5367

n	k	p = 0.05	0.10	0.15	0.20	0.25	0.30	0.35	0.40	0.45
20	0	0.3585	0.1216	0.0388	0.0115	0.0032	0.0008	0.0002	0.0000	0.0000
	1	0.7358	0.3917	0.1756	0.0692	0.0243	0.0076	0.0021	0.0005	0.0001
	2	0.9245	0.6769	0.4049	0.2061	0.0913	0.0355	0.0121	0.0036	0.0009
	3	0.9841	0.8670	0.6477	0.4114	0.2252	0.1071	0.0444	0.0160	0.0049
	4	0.9974	0.9568	0.8298	0.6296	0.4148	0.2375	0.1182	0.0510	0.0189
	5	0.9997	0.9887	0.9327	0.8042	0.6172	0.4164	0.2454	0.1256	0.0553
	6	1.0000	0.9976	0.9781	0.9133	0.7858	0.6080	0.4166	0.2500	0.1299
	7	1.0000	0.9996	0.9941	0.9679	0.8982	0.7723	0.6010	0.4159	0.2520
	8	1.0000	0.9999	0.9987	0.9900	0.9591	0.8867	0.7624	0.5956	0.4143
	9	1.0000	1.0000	0.9998	0.9974	0.9861	0.9520	0.8782	0.7553	0.5914
	10	1.0000	1.0000	1.0000	0.9994	0.9961	0.9829	0.9468	0.8725	0.7507
	11	1.0000	1.0000	1.0000	0.9999	0.9991	0.9949	0.9804	0.9435	0.8692
	12	1.0000	1.0000	1.0000	1.0000	0.9998	0.9987	0.9940	0.9790	0.9420
	13	1.0000	1.0000	1.0000	1.0000	1.0000	0.9997	0.9985	0.9935	0.9786
	14	1.0000	1.0000	1.0000	1.0000	1.0000	1.0000	0.9997	0.9984	0.9936
	15	1.0000	1.0000	1.0000	1.0000	1.0000	1.0000	1.0000	0.9997	0.9985
	16	1.0000	1.0000	1.0000	1.0000	1.0000	1.0000	1.0000	1.0000	0.9997
	17	1.0000	1.0000	1.0000	1.0000	1.0000	1.0000	1.0000	1.0000	1.0000
	18	1.0000	1.0000	1.0000	1.0000	1.0000	1.0000	1.0000	1.0000	1.0000
	19	1.0000	1.0000	1.0000	1.0000	1.0000	1.0000	1.0000	1.0000	1.0000
	20	1.0000	1.0000	1.0000	1.0000	1.0000	1.0000	1.0000	1.0000	1.0000

n	k	p 0.50	0.55	0.60	0.65	0.70	0.75	0.80	0.85	0.90	0.95
20	0	0.0000	0.0000	0.0000	0.0000	0.0000	0.0000	0.0000	0.0000	0.0000	0.0000
	1	0.0000	0.0000	0.0000	0.0000	0.0000	0.0000	0.0000	0.0000	0.0000	0.0000
	2	0.0002	0.0000	0.0000	0.0000	0.0000	0.0000	0.0000	0.0000	0.0000	0.0000
	3	0.0013	0.0003	0.0000	0.0000	0.0000	0.0000	0.0000	0.0000	0.0000	0.0000
	4	0.0059	0.0015	0.0003	0.0000	0.0000	0.0000	0.0000	0.0000	0.0000	0.0000
	5	0.0207	0.0064	0.0016	0.0003	0.0000	0.0000	0.0000	0.0000	0.0000	0.0000
	6	0.0577	0.0214	0.0065	0.0015	0.0003	0.0000	0.0000	0.0000	0.0000	0.0000
	7	0.1316	0.0580	0.0210	0.0060	0.0013	0.0002	0.0000	0.0000	0.0000	0.0000
	8	0.2517	0.1308	0.0565	0.0196	0.0051	0.0009	0.0001	0.0000	0.0000	0.0000
	9	0.4119	0.2493	0.1275	0.0532	0.0171	0.0039	0.0006	0.0000	0.0000	0.0000
	10	0.5881	0.4086	0.2447	0.1218	0.0480	0.0139	0.0026	0.0002	0.0000	0.0000
	11	0.7483	0.5857	0.4044	0.2376	0.1133	0.0409	0.0100	0.0013	0.0001	0.0000
	12	0.8684	0.7480	0.5841	0.3990	0.2277	0.1018	0.0321	0.0059	0.0004	0.0000
	13	0.9423	0.8701	0.7500	0.5834	0.3920	0.2142	0.0867	0.0219	0.0024	0.0000
	14	0.9793	0.9447	0.8744	0.7546	0.5836	0.3828	0.1958	0.0673	0.0113	0.0003
	15	0.9941	0.9811	0.9490	0.8818	0.7625	0.5852	0.3704	0.1702	0.0432	0.0026
	16	0.9987	0.9951	0.9840	0.9556	0.8929	0.7748	0.5886	0.3523	0.1330	0.0159
	17	0.9998	0.9991	0.9964	0.9879	0.9645	0.9087	0.7939	0.5951	0.3231	0.0755
	18	1.0000	0.9999	0.9995	0.9979	0.9924	0.9757	0.9308	0.8244	0.6083	0.2642
	19	1.0000	1.0000	1.0000	0.9998	0.9992	0.9968	0.9885	0.9612	0.8784	0.6415
	20	1.0000	1.0000	1.0000	1.0000	1.0000	1.0000	1.0000	1.0000	1.0000	1.0000

〈표 II〉 표준정규분포

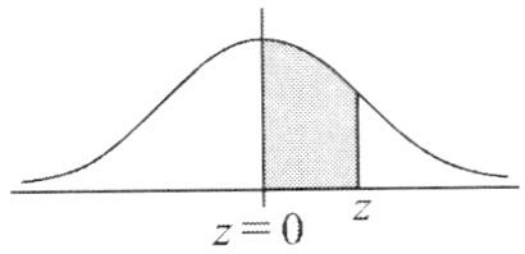

z	A	z	A	z	A	z	A
0.00	0.0000	0.30	0.1179	0.60	0.2258	0.90	0.3159
.01	.0040	.31	.1217	.61	.2291	.91	.3186
.02	.0080	.32	.1255	.62	.2324	.92	.3212
.03	.0120	.33	.1293	.63	.2357	.93	.3238
.04	.0160	.34	.1331	.64	.2389	.94	.3264
.05	.0199	.35	.1368	.65	.2422	.95	.3289
.06	.0239	.36	.1406	.66	.2454	.96	.3315
.07	.0279	.37	.1443	.67	.2486	.97	.3340
.08	.0319	.38	.1480	.68	.2518	.98	.3365
.09	.0359	.39	.1517	.69	.2549	.99	.3389
.10	.0398	.40	.1554	.70	.2580	1.00	.3413
.11	.0438	.41	.1591	.71	.2612	1.01	.3438
.12	.0478	.42	.1628	.72	.2642	1.02	.3461
.13	.0517	.43	.1664	.73	.2673	1.03	.3485
.14	.0557	.44	.1700	.74	.2704	1.04	.3508
.15	.0596	.45	.1736	.75	.2734	1.05	.3531
.16	.0636	.46	.1772	.76	.2764	1.06	.3554
.17	.0675	.47	.1808	.77	.2794	1.07	.3577
.18	.0714	.48	.1844	.78	.2823	1.08	.3599
.19	.0754	.49	.1879	.79	.2852	1.09	.3621
.20	.0793	.50	.1915	.80	.2881	1.10	.3643
.21	.0832	.51	.1950	.81	.2910	1.11	.3665
.22	.0871	.52	.1985	.82	.2939	1.12	.3686
.23	.0910	.53	.2019	.83	.2967	1.13	.3708
.24	.0948	.54	.2054	.84	.2996	1.14	.3729
.25	.0987	.55	.2088	.85	.3023	1.15	.3749
.26	.1026	.56	.2123	.86	.3051	1.16	.3770
.27	.1064	.57	.2157	.87	.3079	1.17	.3790
.28	.1103	.58	.2190	.88	.3106	1.18	.3810
.29	.1141	.59	.2224	.89	.3133	1.19	.3830

z	A	z	A	z	A	z	A
1.20	0.3849	1.55	0.4394	1.90	0.4713	2.25	0.4878
1.21	.3869	1.56	.4406	1.91	.4719	2.26	.4881
1.22	.3888	1.57	.4418	1.92	.4726	2.27	.4884
1.23	.3907	1.58	.4430	1.93	.4732	2.28	.4887
1.24	.3925	1.59	.4441	1.94	.4738	2.29	.4890
1.25	.3944	1.60	.4452	1.95	.4744	2.30	.4893
1.26	.3962	1.61	.4463	1.96	.4750	2.31	.4896
1.27	.3980	1.62	.4474	1.97	.4756	2.32	.4898
1.28	.3997	1.63	.4485	1.98	.4762	2.33	.4901
1.29	.4015	1.64	.4495	1.99	.4767	2.34	.4904
1.30	.4032	1.65	.4505	2.00	.4773	2.35	.4906
1.31	.4049	1.66	.4515	2.01	.4778	2.36	.4909
1.32	.4066	1.67	.4525	2.02	.4783	2.37	.4911
1.33	.4082	1.68	.4535	2.03	.4788	2.38	.4913
1.34	.4099	1.69	.4545	2.04	.4793	2.39	.4916
1.35	.4155	1.70	.4554	2.05	.4798	2.40	.4918
1.36	.4131	1.71	.4564	2.06	.4803	2.41	.4920
1.37	.4147	1.72	.4573	2.07	.4808	2.42	.4922
1.38	.4162	1.73	.4582	2.08	.4812	2.43	.4925
1.39	.4177	1.74	.4591	2.09	.4817	2.44	.4927
1.40	.4192	1.75	.4599	2.10	.4821	2.45	.4929
1.41	.4207	1.76	.4608	2.11	.4826	2.46	.4931
1.42	.4222	1.77	.4616	2.12	.4830	2.47	.4932
1.43	.4236	1.78	.4625	2.13	.4834	2.48	.4934
1.44	.4251	1.79	.4633	2.14	.4838	2.49	.4936
1.45	.4265	1.80	.4641	2.15	.4842	2.50	.4938
1.46	.4279	1.81	.4649	2.16	.4846	2.51	.4940
1.47	.4292	1.82	.4656	2.17	.4850	2.52	.4941
1.48	.4306	1.83	.4664	2.18	.4854	2.53	.4943
1.49	.4319	1.84	.4671	2.19	.4857	2.54	.4945
1.50	.4332	1.85	.4678	2.20	.4861	2.55	.4946
1.51	.4345	1.86	.4686	2.21	.4865	2.56	.4948
1.52	.4357	1.87	.4693	2.22	.4868	2.57	.4949
1.53	.4370	1.88	.4700	2.23	.4871	2.58	.4951
1.54	.4382	1.89	.4706	2.24	.4875	2.59	.4952

z	A	z	A	z	A	z	A
2.60	0.4953	2.95	0.4984	3.30	0.4995	3.65	0.4999
2.61	.4955	2.96	.4985	3.31	.4995	3.66	.4999
2.62	.4956	2.97	.4985	3.32	.4996	3.67	.4999
2.63	.4957	2.98	.4986	3.33	.4996	3.68	.4999
2.64	.4959	2.99	.4986	3.34	.4996	3.69	.4999
2.65	.4960	3.00	.4987	3.35	.4996	3.70	.4999
2.66	.4961	3.01	.4987	3.36	.4996	3.71	.4999
2.67	.4962	3.02	.4987	3.37	.4996	3.72	.4999
2.68	.4963	3.03	.4988	3.38	.4996	3.73	.4999
2.69	.4964	3.04	.4988	3.39	.4997	3.74	.499
2.70	.4965	3.05	.4989	3.40	.4997	3.75	.4999
2.71	.4966	3.06	.4989	3.41	.4997	3.76	.4999
2.72	.4967	3.07	.4989	3.42	.4997	3.77	.4999
2.73	.4968	3.08	.4990	3.43	.4997	3.78	.4999
2.74	.4969	3.09	.4990	3.44	.4997	3.79	.4999
2.75	.4970	3.10	.4990	3.45	.4997	3.80	.4999
2.76	.4971	3.11	.4991	3.46	.4997	3.81	.4999
2.77	.4972	3.12	.4991	3.47	.4997	3.82	.4999
2.78	.4973	3.13	.4991	3.48	.4998	3.83	.4999
2.79	.4974	3.14	.4992	3.49	.4998	3.84	.4999
2.80	.4974	3.15	.4992	3.50	.4998	3.85	.4999
2.81	.4975	3.16	.4992	3.51	.4998	3.86	.4999
2.82	.4976	3.17	.4992	3.52	.4998	3.87	.5000
2.83	.4977	3.18	.4993	3.53	.4998	3.88	.5000
2.84	.4977	3.19	.4993	3.54	.4998	3.89	.5000
2.85	.4978	3.20	.4993	3.55	.4998		
2.86	.4979	3.21	.4993	3.56	.4998		
2.87	.4980	3.22	.4994	3.57	.4998		
2.88	.4980	3.23	.4994	3.58	.4998		
2.89	.4981	3.24	.4994	3.59	.4998		
2.90	.4981	3.25	.4994	3.60	.4998		
2.91	.4982	3.26	.4994	3.61	.4999		
2.92	.4983	3.27	.4995	3.62	.4999		
2.93	.4983	3.28	.4995	3.63	.4999		
2.94	.4984	3.29	.4995	3.64	.4999		

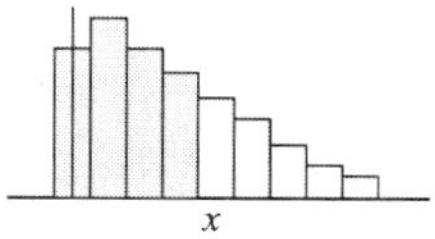

	λ									
x	0.01	0.01	0.02	0.03	0.04	0.05	0.06	0.07	0.08	0.09
0	0.9950	0.9900	0.9802	0.9704	0.9608	0.9512	0.9418	0.9324	0.9231	0.9139
1	1.0000	1.0000	0.9998	0.9996	0.9992	0.9988	0.9983	0.9977	0.9970	0.9962
2	1.0000	1.0000	1.0000	1.0000	1.0000	1.0000	1.0000	0.9999	0.9999	0.9999
3	1.0000	1.0000	1.0000	1.0000	1.0000	1.0000	1.0000	1.0000	1.0000	1.0000

	λ									
x	0.10	0.20	0.30	0.40	0.50	0.60	0.70	0.80	0.90	1.00
0	0.9048	0.8187	0.7408	0.6703	0.6065	0.5488	0.4966	0.4493	0.4066	0.3679
1	0.9953	0.9825	0.9631	0.9384	0.9098	0.8781	0.8442	0.8088	0.7725	0.7358
2	0.9998	0.9989	0.9964	0.9921	0.9856	0.9769	0.9659	0.9526	0.9371	0.9197
3	1.0000	0.9999	0.9997	0.9992	0.9982	0.9966	0.9942	0.9909	0.9865	0.9810
4	1.0000	1.0000	1.0000	0.9999	0.9998	0.9996	0.9992	0.9986	0.9977	0.9963
5	1.0000	1.0000	1.0000	1.0000	1.0000	1.0000	0.9999	0.9998	0.9997	0.9994
6	1.0000	1.0000	1.0000	1.0000	1.0000	1.0000	1.0000	1.0000	1.0000	0.9999
7	1.0000	1.0000	1.0000	1.0000	1.0000	1.0000	1.0000	1.0000	1.0000	1.0000

	λ									
x	1.10	1.20	1.30	1.40	1.50	1.60	1.70	1.80	1.90	2.00
0	0.3329	0.3012	0.2725	0.2466	0.2231	0.2019	0.1827	0.1653	0.1496	0.1353
1	0.6990	0.6626	0.6268	0.5918	0.5578	0.5249	0.4932	0.4628	0.4337	0.4060
2	0.9004	0.8795	0.8571	0.8335	0.8088	0.7834	0.7572	0.7306	0.7037	0.6767
3	0.9743	0.9662	0.9569	0.9463	0.9344	0.9212	0.9068	0.8913	0.8747	0.8571
4	0.9946	0.9923	0.9893	0.9857	0.9814	0.9763	0.9704	0.9636	0.9559	0.9473
5	0.9990	0.9985	0.9978	0.9968	0.9955	0.9940	0.9920	0.9896	0.9868	0.9834
6	0.9999	0.9997	0.9996	0.9994	0.9991	0.9987	0.9981	0.9974	0.9966	0.9955
7	1.0000	1.0000	0.9999	0.9999	0.9998	0.9997	0.9996	0.9994	0.9992	0.9989
8	1.0000	1.0000	1.0000	1.0000	1.0000	1.0000	0.9999	0.9999	0.9998	0.9998
9	1.0000	1.0000	1.0000	1.0000	1.0000	1.0000	1.0000	1.0000	1.0000	1.0000

x	λ 2.10	2.20	2.30	2.40	2.50	2.60	2.70	2.80	2.90	3.00
0	0.1225	0.1108	0.1003	0.0907	0.0821	0.0743	0.0672	0.0608	0.0550	0.0498
1	0.3796	0.3546	0.3309	0.3084	0.2873	0.2674	0.2487	0.2311	0.2146	0.1991
2	0.6496	0.6227	0.5960	0.5697	0.5438	0.5184	0.4936	0.4695	0.4460	0.4232
3	0.8386	0.8194	0.7993	0.7787	0.7576	0.7360	0.7141	0.6919	0.6696	0.6472
4	0.9379	0.9275	0.9162	0.9041	0.8912	0.8774	0.8629	0.8477	0.8318	0.8153
5	0.9796	0.9751	0.9700	0.9643	0.9580	0.9510	0.9433	0.9349	0.9258	0.9161
6	0.9941	0.9925	0.9906	0.9884	0.9858	0.9828	0.9794	0.9756	0.9713	0.9665
7	0.9985	0.9980	0.9974	0.9967	0.9958	0.9947	0.9934	0.9919	0.9901	0.9881
8	0.9997	0.9995	0.9994	0.9991	0.9989	0.9985	0.9981	0.9976	0.9969	0.9962
9	0.9999	0.9999	0.9999	0.9998	0.9997	0.9996	0.9995	0.9993	0.9991	0.9989
10	1.0000	1.0000	1.0000	1.0000	0.9999	0.9999	0.9999	0.9998	0.9998	0.9997
11	1.0000	1.0000	1.0000	1.0000	1.0000	1.0000	1.0000	1.0000	0.9999	0.9999
12	1.0000	1.0000	1.0000	1.0000	1.0000	1.0000	1.0000	1.0000	1.0000	1.0000

x	λ 3.10	3.20	3.30	3.40	3.50	3.60	3.70	3.80	3.90	4.00
0	0.0450	0.0408	0.0369	0.0334	0.0302	0.0273	0.0247	0.0224	0.0202	0.0183
1	0.1847	0.1712	0.1586	0.1468	0.1359	0.1257	0.1162	0.1074	0.0992	0.0916
2	0.4012	0.3799	0.3594	0.3397	0.3208	0.3027	0.2854	0.2689	0.2531	0.2381
3	0.6248	0.6025	0.5803	0.5584	0.5366	0.5152	0.4942	0.4735	0.4532	0.4335
4	0.7982	0.7806	0.7626	0.7442	0.7254	0.7064	0.6872	0.6678	0.6484	0.6288
5	0.9057	0.8946	0.8829	0.8705	0.8576	0.8441	0.8301	0.8156	0.8006	0.7851
6	0.9612	0.9554	0.9490	0.9421	0.9347	0.9267	0.9182	0.9091	0.8995	0.8893
7	0.9858	0.9832	0.9802	0.9769	0.9733	0.9692	0.9648	0.9599	0.9546	0.9489
8	0.9953	0.9943	0.9931	0.9917	0.9901	0.9883	0.9863	0.9840	0.9815	0.9786
9	0.9986	0.9982	0.9978	0.9973	0.9967	0.9960	0.9952	0.9942	0.9931	0.9919
10	0.9996	0.9995	0.9994	0.9992	0.9990	0.9987	0.9984	0.9981	0.9977	0.9972
11	0.9999	0.9999	0.9998	0.9998	0.9997	0.9996	0.9995	0.9994	0.9993	0.9991
12	1.0000	1.0000	1.0000	0.9999	0.9999	0.9999	0.9999	0.9998	0.9998	0.9997
13	1.0000	1.0000	1.0000	1.0000	1.0000	1.0000	1.0000	1.0000	0.9999	0.9999
14	1.0000	1.0000	1.0000	1.0000	1.0000	1.0000	1.0000	1.0000	1.0000	1.0000

x	4.10	4.20	4.30	4.40	4.50	4.60	4.70	4.80	4.90	5.00
0	0.0166	0.0150	0.0136	0.0123	0.0111	0.0101	0.0091	0.0082	0.0074	0.0067
1	0.0845	0.0780	0.0719	0.0663	0.0611	0.0563	0.0518	0.0477	0.0439	0.0404
2	0.2238	0.2102	0.1974	0.1851	0.1736	0.1626	0.1523	0.1425	0.1333	0.1247
3	0.4142	0.3954	0.3772	0.3594	0.3423	0.3257	0.3097	0.2942	0.2793	0.2650
4	0.6093	0.5898	0.5704	0.5512	0.5321	0.5132	0.4946	0.4763	0.4582	0.4405
5	0.7693	0.7531	0.7367	0.7199	0.7029	0.6858	0.6684	0.6510	0.6335	0.6160
6	0.8786	0.8675	0.8558	0.8436	0.8311	0.8180	0.8046	0.7908	0.7767	0.7622
7	0.9427	0.9361	0.9290	0.9214	0.9134	0.9049	0.8960	0.8867	0.8769	0.8666
8	0.9755	0.9721	0.9683	0.9642	0.9597	0.9549	0.9497	0.9442	0.9382	0.9319
9	0.9905	0.9889	0.9871	0.9851	0.9829	0.9805	0.9778	0.9749	0.9717	0.9682
10	0.9966	0.9959	0.9952	0.9943	0.9933	0.9922	0.9910	0.9896	0.9880	0.9863
11	0.9989	0.9986	0.9983	0.9980	0.9976	0.9971	0.9966	0.9960	0.9953	0.9945
12	0.9997	0.9996	0.9995	0.9993	0.9992	0.9990	0.9988	0.9986	0.9983	0.9980
13	0.9999	0.9999	0.9998	0.9998	0.9997	0.9997	0.9996	0.9995	0.9994	0.9993
14	1.0000	1.0000	1.0000	0.9999	0.9999	0.9999	0.9999	0.9999	0.9998	0.9998
15	1.0000	1.0000	1.0000	1.0000	1.0000	1.0000	1.0000	1.0000	0.9999	0.9999
16	1.0000	1.0000	1.0000	1.0000	1.0000	1.0000	1.0000	1.0000	1.0000	1.0000

(λ)

x	5.10	5.20	5.30	5.40	5.50	5.60	5.70	5.80	5.90	6.00
0	0.0061	0.0055	0.0050	0.0045	0.0041	0.0037	0.0033	0.0030	0.0027	0.0025
1	0.0372	0.0342	0.0314	0.0289	0.0266	0.0244	0.0224	0.0206	0.0189	0.0174
2	0.1165	0.1088	0.1016	0.0948	0.0884	0.0824	0.0768	0.0715	0.0666	0.0620
3	0.2513	0.2381	0.2254	0.2133	0.2017	0.1906	0.1800	0.1700	0.1604	0.1512
4	0.4231	0.4061	0.3895	0.3733	0.3575	0.3422	0.3272	0.3127	0.2987	0.2851
5	0.5984	0.5809	0.5635	0.5461	0.5289	0.5119	0.4950	0.4783	0.4619	0.4457
6	0.7474	0.7324	0.7171	0.7017	0.6860	0.6703	0.6544	0.6384	0.6224	0.6063
7	0.8560	0.8449	0.8335	0.8217	0.8095	0.7970	0.7841	0.7710	0.7576	0.7440
8	0.9252	0.9181	0.9106	0.9027	0.8944	0.8857	0.8766	0.8672	0.8574	0.8472
9	0.9644	0.9603	0.9559	0.9512	0.9462	0.9409	0.9352	0.9292	0.9228	0.9161
10	0.9844	0.9823	0.9800	0.9775	0.9747	0.9718	0.9686	0.9651	0.9614	0.9574
11	0.9937	0.9927	0.9916	0.9904	0.9890	0.9875	0.9859	0.9841	0.9821	0.9799
12	0.9976	0.9972	0.9967	0.9962	0.9955	0.9949	0.9941	0.9932	0.9922	0.9912
13	0.9992	0.9990	0.9988	0.9986	0.9983	0.9980	0.9977	0.9973	0.9969	0.9964
14	0.9997	0.9997	0.9996	0.9995	0.9994	0.9993	0.9991	0.9990	0.9988	0.9986
15	0.9999	0.9999	0.9999	0.9998	0.9998	0.9998	0.9997	0.9996	0.9996	0.9995
16	1.0000	1.0000	1.0000	0.9999	0.9999	0.9999	0.9999	0.9999	0.9999	0.9998
17	1.0000	1.0000	1.0000	1.0000	1.0000	1.0000	1.0000	1.0000	1.0000	0.9999
18	1.0000	1.0000	1.0000	1.0000	1.0000	1.0000	1.0000	1.0000	1.0000	1.0000

	λ									
x	6.10	6.20	6.30	6.40	6.50	6.60	6.70	6.80	6.90	7.00
0	0.0022	0.0020	0.0018	0.0017	0.0015	0.0014	0.0012	0.0011	0.0010	0.0009
1	0.0159	0.0146	0.0134	0.0123	0.0113	0.0103	0.0095	0.0087	0.0080	0.0073
2	0.0577	0.0536	0.0498	0.0463	0.0430	0.0400	0.0371	0.0344	0.0320	0.0296
3	0.1425	0.1342	0.1264	0.1189	0.1118	0.1052	0.0988	0.0928	0.0871	0.0818
4	0.2719	0.2592	0.2469	0.2351	0.2237	0.2127	0.2022	0.1920	0.1823	0.1730
5	0.4298	0.4141	0.3988	0.3837	0.3690	0.3547	0.3406	0.3270	0.3137	0.3007
6	0.5902	0.5742	0.5582	0.5423	0.5265	0.5108	0.4953	0.4799	0.4647	0.4497
7	0.7301	0.7160	0.7017	0.6873	0.6728	0.6581	0.6433	0.6285	0.6136	0.5987
8	0.8367	0.8259	0.8148	0.8033	0.7916	0.7796	0.7673	0.7548	0.7420	0.7291
9	0.9090	0.9016	0.8939	0.8858	0.8774	0.8686	0.8596	0.8502	0.8405	0.8305
10	0.9531	0.9486	0.9437	0.9386	0.9332	0.9274	0.9214	0.9151	0.9084	0.9015
11	0.9776	0.9750	0.9723	0.9693	0.9661	0.9627	0.9591	0.9552	0.9510	0.9467
12	0.9900	0.9887	0.9873	0.9857	0.9840	0.9821	0.9801	0.9779	0.9755	0.9730
13	0.9958	0.9952	0.9945	0.9937	0.9929	0.9920	0.9909	0.9898	0.9885	0.9872
14	0.9984	0.9981	0.9978	0.9974	0.9970	0.9966	0.9961	0.9956	0.9950	0.9943
15	0.9994	0.9993	0.9992	0.9990	0.9988	0.9986	0.9984	0.9982	0.9979	0.9976
16	0.9998	0.9997	0.9997	0.9996	0.9996	0.9995	0.9994	0.9993	0.9992	0.9990
17	0.9999	0.9999	0.9999	0.9999	0.9998	0.9998	0.9998	0.9997	0.9997	0.9996
18	1.0000	1.0000	1.0000	1.0000	0.9999	0.9999	0.9999	0.9999	0.9999	0.9999
19	1.0000	1.0000	1.0000	1.0000	1.0000	1.0000	1.0000	1.0000	1.0000	1.0000
20	1.0000	1.0000	1.0000	1.0000	1.0000	1.0000	1.0000	1.0000	1.0000	1.0000

	λ									
x	7.10	7.20	7.30	7.40	7.50	7.60	7.70	7.80	7.90	8.00
0	0.0008	0.0007	0.0007	0.0006	0.0006	0.0005	0.0005	0.0004	0.0004	0.0003
1	0.0067	0.0061	0.0056	0.0051	0.0047	0.0043	0.0039	0.0036	0.0033	0.0030
2	0.0275	0.0255	0.0236	0.0219	0.0203	0.0188	0.0174	0.0161	0.0149	0.0138
3	0.0767	0.0719	0.0674	0.0632	0.0591	0.0554	0.0518	0.0485	0.0453	0.0424
4	0.1641	0.1555	0.1473	0.1395	0.1321	0.1249	0.1181	0.1117	0.1055	0.0996
5	0.2881	0.2759	0.2640	0.2526	0.2414	0.2307	0.2203	0.2103	0.2006	0.1912
6	0.4349	0.4204	0.4060	0.3920	0.3782	0.3646	0.3514	0.3384	0.3257	0.3134
7	0.5838	0.5689	0.5541	0.5393	0.5246	0.5100	0.4956	0.4812	0.4670	0.4530
8	0.7160	0.7027	0.6892	0.6757	0.6620	0.6482	0.6343	0.6204	0.6065	0.5925
9	0.8202	0.8096	0.7988	0.7877	0.7764	0.7649	0.7531	0.7411	0.7290	0.7166
10	0.8942	0.8867	0.8788	0.8707	0.8622	0.8535	0.8445	0.8352	0.8257	0.8159
11	0.9420	0.9371	0.9319	0.9265	0.9208	0.9148	0.9085	0.9020	0.8952	0.8881
12	0.9703	0.9673	0.9642	0.9609	0.9573	0.9536	0.9496	0.9454	0.9409	0.9362
13	0.9857	0.9841	0.9824	0.9805	0.9784	0.9762	0.9739	0.9714	0.9687	0.9658

x	7.10	7.20	7.30	7.40	7.50	7.60	7.70	7.80	7.90	8.00
14	0.9935	0.9927	0.9918	0.9908	0.9897	0.9886	0.9873	0.9859	0.9844	0.9827
15	0.9972	0.9969	0.9964	0.9959	0.9954	0.9948	0.9941	0.9934	0.9926	0.9918
16	0.9989	0.9987	0.9985	0.9983	0.9980	0.9978	0.9974	0.9971	0.9967	0.9963
17	0.9996	0.9995	0.9994	0.9993	0.9992	0.9991	0.9989	0.9988	0.9986	0.9984
18	0.9998	0.9998	0.9998	0.9997	0.9997	0.9996	0.9996	0.9995	0.9994	0.9993
19	0.9999	0.9999	0.9999	0.9999	0.9999	0.9999	0.9998	0.9998	0.9998	0.9997
20	1.0000	1.0000	1.0000	1.0000	1.0000	1.0000	0.9999	0.9999	0.9999	0.9999
21	1.0000	1.0000	1.0000	1.0000	1.0000	1.0000	1.0000	1.0000	1.0000	1.0000

x	8.10	8.20	8.30	8.40	8.50	8.60	8.70	8.80	8.90	9.00
0	0.0003	0.0003	0.0002	0.0002	0.0002	0.0002	0.0002	0.0002	0.0001	0.0001
1	0.0028	0.0025	0.0023	0.0021	0.0019	0.0018	0.0016	0.0015	0.0014	0.0012
2	0.0127	0.0118	0.0109	0.0100	0.0093	0.0086	0.0079	0.0073	0.0068	0.0062
3	0.0396	0.0370	0.0346	0.0323	0.0301	0.0281	0.0262	0.0244	0.0228	0.0212
4	0.0940	0.0887	0.0837	0.0789	0.0744	0.0701	0.0660	0.0621	0.0584	0.0550
5	0.1822	0.1736	0.1653	0.1573	0.1496	0.1422	0.1352	0.1284	0.1219	0.1157
6	0.3013	0.2896	0.2781	0.2670	0.2562	0.2457	0.2355	0.2256	0.2160	0.2068
7	0.4391	0.4254	0.4119	0.3987	0.3856	0.3728	0.3602	0.3478	0.3357	0.3239
8	0.5786	0.5647	0.5507	0.5369	0.5231	0.5094	0.4958	0.4823	0.4689	0.4557
9	0.7041	0.6915	0.6788	0.6659	0.6530	0.6400	0.6269	0.6137	0.6006	0.5874
10	0.8058	0.7955	0.7850	0.7743	0.7634	0.7522	0.7409	0.7294	0.7178	0.7060
11	0.8807	0.8731	0.8652	0.8571	0.8487	0.8400	0.8311	0.8220	0.8126	0.8030
12	0.9313	0.9261	0.9207	0.9150	0.9091	0.9029	0.8965	0.8898	0.8829	0.8758
13	0.9628	0.9595	0.9561	0.9524	0.9486	0.9445	0.9403	0.9358	0.9311	0.9261
14	0.9810	0.9791	0.9771	0.9749	0.9726	0.9701	0.9675	0.9647	0.9617	0.9585
15	0.9908	0.9898	0.9887	0.9875	0.9862	0.9848	0.9832	0.9816	0.9798	0.9780
16	0.9958	0.9953	0.9947	0.9941	0.9934	0.9926	0.9918	0.9909	0.9899	0.9889
17	0.9982	0.9979	0.9977	0.9973	0.9970	0.9966	0.9962	0.9957	0.9952	0.9947
18	0.9992	0.9991	0.9990	0.9989	0.9987	0.9985	0.9983	0.9981	0.9978	0.9976
19	0.9997	0.9997	0.9996	0.9995	0.9995	0.9994	0.9993	0.9992	0.9991	0.9989
20	0.9999	0.9999	0.9998	0.9998	0.9998	0.9998	0.9997	0.9997	0.9996	0.9996
21	1.0000	1.0000	0.9999	0.9999	0.9999	0.9999	0.9999	0.9999	0.9998	0.9998
22	1.0000	1.0000	1.0000	1.0000	1.0000	1.0000	1.0000	1.0000	0.9999	0.9999
23	1.0000	1.0000	1.0000	1.0000	1.0000	1.0000	1.0000	1.0000	1.0000	1.0000

	λ									
x	9.10	9.20	9.30	9.40	9.50	9.60	9.70	9.80	9.90	10.00
0	0.0001	0.0001	0.0001	0.0001	0.0001	0.0001	0.0001	0.0001	0.0001	0.0000
1	0.0011	0.0010	0.0009	0.0009	0.0008	0.0007	0.0007	0.0006	0.0005	0.0005
2	0.0058	0.0053	0.0049	0.0045	0.0042	0.0038	0.0035	0.0033	0.0030	0.0028
3	0.0198	0.0184	0.0172	0.0160	0.0149	0.0138	0.0129	0.0120	0.0111	0.0103
4	0.0517	0.0486	0.0456	0.0429	0.0403	0.0378	0.0355	0.0333	0.0312	0.0293
5	0.1098	0.1041	0.0986	0.0935	0.0885	0.0838	0.0793	0.0750	0.0710	0.0671
6	0.1978	0.1892	0.1808	0.1727	0.1649	0.1574	0.1502	0.1433	0.1366	0.1301
7	0.3123	0.3010	0.2900	0.2792	0.2687	0.2584	0.2485	0.2388	0.2294	0.2202
8	0.4426	0.4296	0.4168	0.4042	0.3918	0.3796	0.3676	0.3558	0.3442	0.3328
9	0.5742	0.5611	0.5479	0.5349	0.5218	0.5089	0.4960	0.4832	0.4705	0.4579
10	0.6941	0.6820	0.6699	0.6576	0.6453	0.6329	0.6205	0.6080	0.5955	0.5830
11	0.7932	0.7832	0.7730	0.7626	0.7520	0.7412	0.7303	0.7193	0.7081	0.6968
12	0.8684	0.8607	0.8529	0.8448	0.8364	0.8279	0.8191	0.8101	0.8009	0.7916
13	0.9210	0.9156	0.9100	0.9042	0.8981	0.8919	0.8853	0.8786	0.8716	0.8645
14	0.9552	0.9517	0.9480	0.9441	0.9400	0.9357	0.9312	0.9265	0.9216	0.9165
15	0.9760	0.9738	0.9715	0.9691	0.9665	0.9638	0.9609	0.9579	0.9546	0.9513
16	0.9878	0.9865	0.9852	0.9838	0.9823	0.9806	0.9789	0.9770	0.9751	0.9730
17	0.9941	0.9934	0.9927	0.9919	0.9911	0.9902	0.9892	0.9881	0.9870	0.9857
18	0.9973	0.9969	0.9966	0.9962	0.9957	0.9952	0.9947	0.9941	0.9935	0.9928
19	0.9988	0.9986	0.9985	0.9983	0.9980	0.9978	0.9975	0.9972	0.9969	0.9965
20	0.9995	0.9994	0.9993	0.9992	0.9991	0.9990	0.9989	0.9987	0.9986	0.9984
21	0.9998	0.9998	0.9997	0.9997	0.9996	0.9996	0.9995	0.9995	0.9994	0.9993
22	0.9999	0.9999	0.9999	0.9999	0.9999	0.9998	0.9998	0.9998	0.9997	0.9997
23	1.0000	1.0000	1.0000	1.0000	0.9999	0.9999	0.9999	0.9999	0.9999	0.9999
24	1.0000	1.0000	1.0000	1.0000	1.0000	1.0000	1.0000	1.0000	1.0000	1.0000

	λ									
x	11.00	12.00	13.00	14.00	15.00	16.00	17.00	18.00	19.00	20.00
0	0.0000	0.0000	0.0000	0.0000	0.0000	0.0000	0.0000	0.0000	0.0000	0.0000
1	0.0002	0.0001	0.0000	0.0000	0.0000	0.0000	0.0000	0.0000	0.0000	0.0000
2	0.0012	0.0005	0.0002	0.0001	0.0000	0.0000	0.0000	0.0000	0.0000	0.0000
3	0.0049	0.0023	0.0011	0.0005	0.0002	0.0001	0.0000	0.0000	0.0000	0.0000
4	0.0151	0.0076	0.0037	0.0018	0.0009	0.0004	0.0002	0.0001	0.0000	0.0000
5	0.0375	0.0203	0.0107	0.0055	0.0028	0.0014	0.0007	0.0003	0.0002	0.0001
6	0.0786	0.0458	0.0259	0.0142	0.0076	0.0040	0.0021	0.0010	0.0005	0.0003
7	0.1432	0.0895	0.0540	0.0316	0.0180	0.0100	0.0054	0.0029	0.0015	0.0008
8	0.2320	0.1550	0.0998	0.0621	0.0374	0.0220	0.0126	0.0071	0.0039	0.0021
9	0.3405	0.2424	0.1658	0.1094	0.0699	0.0433	0.0261	0.0154	0.0089	0.0050
10	0.4599	0.3472	0.2517	0.1757	0.1185	0.0774	0.0491	0.0304	0.0183	0.0108
11	0.5793	0.4616	0.3532	0.2600	0.1848	0.1270	0.0847	0.0549	0.0347	0.0214
12	0.6887	0.5760	0.4631	0.3585	0.2676	0.1931	0.1350	0.0917	0.0606	0.0390
13	0.7813	0.6815	0.5730	0.4644	0.3632	0.2745	0.2009	0.1426	0.0984	0.0661
14	0.8540	0.7720	0.6751	0.5704	0.4657	0.3675	0.2808	0.2081	0.1497	0.1049
15	0.9074	0.8444	0.7636	0.6694	0.5681	0.4667	0.3715	0.2867	0.2148	0.1565
16	0.9441	0.8987	0.8355	0.7559	0.6641	0.5660	0.4677	0.3751	0.2920	0.2211
17	0.9678	0.9370	0.8905	0.8272	0.7489	0.6593	0.5640	0.4686	0.3784	0.2970
18	0.9823	0.9626	0.9302	0.8826	0.8195	0.7423	0.6550	0.5622	0.4695	0.3814
19	0.9907	0.9787	0.9573	0.9235	0.8752	0.8122	0.7363	0.6509	0.5606	0.4703
20	0.9953	0.9884	0.9750	0.9521	0.9170	0.8682	0.8055	0.7307	0.6472	0.5591
21	0.9977	0.9939	0.9859	0.9712	0.9469	0.9108	0.8615	0.7991	0.7255	0.6437
22	0.9990	0.9970	0.9924	0.9833	0.9673	0.9418	0.9047	0.8551	0.7931	0.7206
23	0.9995	0.9985	0.9960	0.9907	0.9805	0.9633	0.9367	0.8989	0.8490	0.7875
24	0.9998	0.9993	0.9980	0.9950	0.9888	0.9777	0.9594	0.9317	0.8933	0.8432
25	0.9999	0.9997	0.9990	0.9974	0.9938	0.9869	0.9748	0.9554	0.9269	0.8878
26	1.0000	0.9999	0.9995	0.9987	0.9967	0.9925	0.9848	0.9718	0.9514	0.9221
27	1.0000	0.9999	0.9998	0.9994	0.9983	0.9959	0.9912	0.9827	0.9687	0.9475
28	1.0000	1.0000	0.9999	0.9997	0.9991	0.9978	0.9950	0.9897	0.9805	0.9657
29	1.0000	1.0000	1.0000	0.9999	0.9996	0.9989	0.9973	0.9941	0.9882	0.9782
30	1.0000	1.0000	1.0000	0.9999	0.9998	0.9994	0.9986	0.9967	0.9930	0.9865
31	1.0000	1.0000	1.0000	1.0000	0.9999	0.9997	0.9993	0.9982	0.9960	0.9919
32	1.0000	1.0000	1.0000	1.0000	1.0000	0.9999	0.9996	0.9990	0.9978	0.9953
33	1.0000	1.0000	1.0000	1.0000	1.0000	0.9999	0.9998	0.9995	0.9988	0.9973
34	1.0000	1.0000	1.0000	1.0000	1.0000	1.0000	0.9999	0.9998	0.9994	0.9985
35	1.0000	1.0000	1.0000	1.0000	1.0000	1.0000	1.0000	0.9999	0.9997	0.9992
36	1.0000	1.0000	1.0000	1.0000	1.0000	1.0000	1.0000	0.9999	0.9998	0.9996
37	1.0000	1.0000	1.0000	1.0000	1.0000	1.0000	1.0000	1.0000	0.9999	0.9998
38	1.0000	1.0000	1.0000	1.0000	1.0000	1.0000	1.0000	1.0000	1.0000	0.9999
39	1.0000	1.0000	1.0000	1.0000	1.0000	1.0000	1.0000	1.0000	1.0000	0.9999
40	1.0000	1.0000	1.0000	1.0000	1.0000	1.0000	1.0000	1.0000	1.0000	1.0000

〈표 IV〉 Student의 t-분포

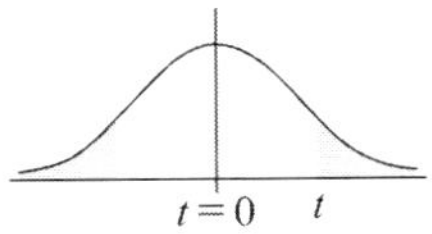

ν or df	$\alpha=0.1$	$\alpha=0.05$	$\alpha=0.02$	$\alpha=0.01$	$\alpha=0.001$
1	6.314	12.706	31.821	63.657	636.619
2	2.920	4.308	6.965	9.925	31.598
3	2.353	3.182	4.541	5.841	12.941
4	2.132	2.776	3.747	4.604	8.610
5	2.015	2.571	3.365	4.032	6.859
6	1.943	2.447	3.143	3.707	5.959
7	1.895	2.365	2.998	3.499	5.405
8	1.860	2306	2.896	3.355	5.041
9	1.833	2.262	2.821	3.250	4.781
10	1.812	2.228	2.764	3.169	4.587
11	1.796	2.201	2.718	3.106	4.437
12	1.782	2.179	2.681	3.055	4.318
13	1.771	2.160	2.650	3.012	4.221
14	1.761	2.145	2.624	2.977	4.140
15	1.753	2.131	2.602	2.947	4.073
16	1.746	2.120	2.583	2.921	4.015
17	1.740	2.110	2.567	2.898	3.965
18	1.734	2.101	2.552	2.878	3.922
19	1.729	2.093	2.539	2.861	3.883
20	1.725	2.086	2.528	2.845	3.850
21	1.721	2.080	2.518	2.831	3.819
22	1.717	2.074	2.508	2.819	3.792
23	1.714	2.069	2.500	2.807	3.767
24	1.711	2.064	2.492	2.797	3.745
25	1.708	2.060	2.485	2.787	3.725
26	1.706	2.056	2.479	2.779	3.707
27	1.703	2.052	2.473	2.771	3.690
28	1.701	2.048	2.467	2.763	3.674
29	1.699	2.045	2.462	2.756	3.659
30	1.697	2.042	2.457	2.750	3.646
40	1.684	2.021	2.423	2.704	3.551
60	1.671	2.000	2.390	2.660	3.460
120	1.658	1.980	2.358	2.617	3.373
∞	1.645	1.960	2.326	2.576	3.192

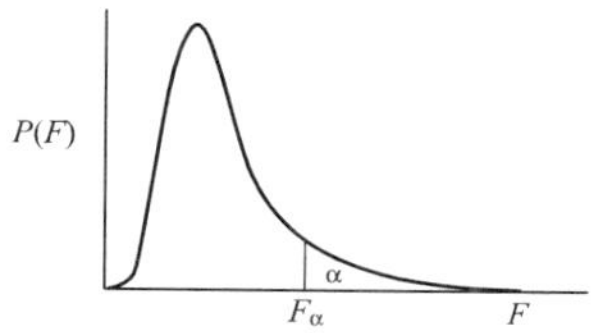

$\alpha = 0.10$

df_1

df_2	1	2	3	4	5	6	7	8	9
1	39.86	49.5	53.59	55.83	57.24	58.2	58.91	59.44	59.86
2	8.53	9.00	9.16	9.24	9.29	9.33	9.35	9.37	9.38
3	5.54	5.46	5.39	5.34	5.31	5.28	5.27	5.25	5.24
4	4.54	4.32	4.19	4.11	4.05	4.01	3.98	3.95	3.94
5	4.06	3.78	3.62	3.52	3.45	3.40	3.37	3.34	3.32
6	3.78	3.46	3.29	3.18	3.11	3.05	3.01	2.98	2.96
7	3.59	3.26	3.07	2.96	2.88	2.83	2.78	2.75	2.72
8	3.46	3.11	2.92	2.81	2.73	2.67	2.62	2.59	2.56
9	3.36	3.01	2.81	2.69	2.61	2.55	2.51	2.47	2.44
10	3.29	2.92	2.73	2.61	2.52	2.46	2.41	2.38	2.35
11	3.23	2.86	2.66	2.54	2.45	2.39	2.34	2.3	2.27
12	3.18	2.81	2.61	2.48	2.39	2.33	2.28	2.24	2.21
13	3.14	2.76	2.56	2.43	2.35	2.28	2.23	2.20	2.16
14	3.10	2.73	2.52	2.39	2.31	2.24	2.19	2.15	2.12
15	3.07	2.70	2.49	2.36	2.27	2.21	2.16	2.12	2.09
16	3.05	2.67	2.46	2.33	2.24	2.18	2.13	2.09	2.06
17	3.03	2.64	2.44	2.31	2.22	2.15	2.10	2.06	2.03
18	3.01	2.62	2.42	2.29	2.20	2.13	2.08	2.04	2.00
19	2.99	2.61	2.40	2.27	2.18	2.11	2.06	2.02	1.98
20	2.97	2.59	2.38	2.25	2.16	2.09	2.04	2.00	1.96
21	2.96	2.57	2.36	2.23	2.14	2.08	2.02	1.98	1.95
22	2.95	2.56	2.35	2.22	2.13	2.06	2.01	1.97	1.93
23	2.94	2.55	2.34	2.21	2.11	2.05	1.99	1.95	1.92
24	2.93	2.54	2.33	2.19	2.10	2.04	1.98	1.94	1.91
25	2.92	2.53	2.32	2.18	2.09	2.02	1.97	1.93	1.89
26	2.91	2.52	2.31	2.17	2.08	2.01	1.96	1.92	1.88
27	2.90	2.51	2.30	2.17	2.07	2.00	1.95	1.91	1.87
28	2.89	2.50	2.29	2.16	2.06	2.00	1.94	1.90	1.87
29	2.89	2.50	2.28	2.15	2.06	1.99	1.93	1.89	1.86
30	2.88	2.49	2.28	2.14	2.05	1.98	1.93	1.88	1.85
40	2.84	2.44	2.23	2.09	2.00	1.93	1.87	1.83	1.79
60	2.79	2.39	2.18	2.04	1.95	1.87	1.82	1.77	1.74
120	2.75	2.35	2.13	1.99	1.90	1.82	1.77	1.72	1.68
inf	2.71	2.30	2.08	1.94	1.85	1.77	1.72	1.67	1.63

					$\alpha = 0.10$					
					df_1					
df_2	10	12	15	20	24	30	40	60	120	inf
1	60.19	60.71	61.22	61.74	62	62.26	62.53	62.79	63.06	63.33
2	9.39	9.41	9.42	9.44	9.45	9.46	9.47	9.47	9.48	9.49
3	5.23	5.22	5.20	5.18	5.18	5.17	5.16	5.15	5.14	5.13
4	3.92	3.90	3.87	3.84	3.83	3.82	3.80	3.79	3.78	3.76
5	3.30	3.27	3.24	3.21	3.19	3.17	3.16	3.14	3.12	3.10
6	2.94	2.90	2.87	2.84	2.82	2.80	2.78	2.76	2.74	2.72
7	2.70	2.67	2.63	2.59	2.58	2.56	2.54	2.51	2.49	2.47
8	2.54	2.50	2.46	2.42	2.40	2.38	2.36	2.34	2.32	2.29
9	2.42	2.38	2.34	2.30	2.28	2.25	2.23	2.21	2.18	2.16
10	2.32	2.28	2.24	2.20	2.18	2.16	2.13	2.11	2.08	2.06
11	2.25	2.21	2.17	2.12	2.10	2.08	2.05	2.03	2.00	1.97
12	2.19	2.15	2.10	2.06	2.04	2.01	1.99	1.96	1.93	1.90
13	2.40	2.10	2.05	2.01	1.98	1.96	1.93	1.90	1.88	1.85
14	2.10	2.05	2.01	1.96	1.94	1.91	1.89	1.86	1.83	1.80
15	2.06	2.02	1.97	1.92	1.90	1.87	1.85	1.82	1.79	1.76
16	2.03	1.99	1.94	1.89	1.87	1.84	1.81	1.78	1.75	1.72
17	2.00	1.96	1.91	1.86	1.84	1.81	1.78	1.75	1.72	1.69
18	1.98	1.93	1.89	1.84	1.81	1.78	1.75	1.72	1.69	1.66
19	1.96	1.91	1.86	1.81	1.79	1.76	1.73	1.70	1.67	1.63
20	1.94	1.89	1.84	1.79	1.77	1.74	1.71	1.68	1.64	1.61
21	1.92	1.87	1.83	1.78	1.75	1.72	1.69	1.66	1.62	1.59
22	1.90	1.86	1.81	1.76	1.73	1.70	1.67	1.64	1.60	1.57
23	1.89	1.84	1.80	1.74	1.72	1.69	1.66	1.62	1.59	1.55
24	1.88	1.83	1.78	1.73	1.70	1.67	1.64	1.61	1.57	1.53
25	1.87	1.82	1.77	1.72	1.69	1.66	1.63	1.59	1.56	1.52
26	1.86	1.81	1.76	1.71	1.80	1.65	1.61	1.58	1.54	1.50
27	1.85	1.80	1.75	1.70	1.67	1.64	1.60	1.57	1.53	1.49
28	1.84	1.79	1.74	1.69	1.66	1.63	1.59	1.56	1.52	1.48
29	1.83	1.78	1.73	1.68	1.65	1.62	1.58	1.55	1.51	1.47
30	1.82	1.77	1.72	1.67	1.64	1.61	1.57	1.54	1.50	1.46
40	1.76	1.71	1.66	1.61	1.57	1.54	1.51	1.47	1.42	1.38
60	1.71	1.66	1.60	1.54	1.51	1.48	1.44	1.40	1.35	1.29
120	1.65	1.60	1.55	1.48	1.45	1.41	1.37	1.32	1.26	1.19
inf	1.60	1.55	1.49	1.42	1.38	1.34	1.30	1.24	1.17	1.00

$\alpha = 0.05$

df_2 \ df_1	1	2	3	4	5	6	7	8	9
1	161.4	199.5	215.7	224.6	230.2	234.0	236.8	238.9	240.5
2	18.51	9.00	19.16	19.25	19.3	19.33	19.35	19.37	19.38
3	10.13	9.55	9.28	9.12	9.01	8.94	8.89	8.85	8.81
4	7.71	6.94	6.59	6.39	6.26	6.16	6.09	6.04	6.00
5	6.61	5.79	5.41	5.19	5.05	4.95	4.88	4.82	4.77
6	5.99	5.14	4.76	4.53	4.39	4.28	4.21	4.15	4.10
7	5.59	4.74	4.35	4.12	3.97	3.87	3.79	3.73	3.68
8	5.32	4.46	4.07	3.84	3.69	3.58	3.50	3.44	3.39
9	5.12	4.26	3.86	3.63	3.48	3.37	3.29	3.23	3.18
10	4.96	4.10	3.71	3.48	3.33	3.22	3.14	3.07	3.02
11	4.84	3.98	3.59	3.36	3.20	3.09	3.01	2.95	2.90
12	4.75	3.89	3.49	3.26	3.11	3.00	2.91	2.85	2.80
13	4.67	3.81	3.41	3.18	3.03	2.92	2.83	2.77	2.71
14	4.60	3.74	3.34	3.11	2.96	2.85	2.76	2.70	2.65
15	4.54	3.68	3.29	3.06	2.90	2.79	2.71	2.64	2.59
16	4.49	3.63	3.24	3.01	2.85	2.74	2.66	2.59	2.54
17	4.45	3.59	3.20	2.96	2.81	2.70	2.61	2.55	2.49
18	4.41	3.55	3.16	2.93	2.77	2.66	2.58	2.51	2.46
19	4.38	3.52	3.13	2.90	2.74	2.63	2.54	2.48	2.42
20	4.35	3.49	3.10	2.87	2.71	2.60	2.51	2.45	2.39
21	4.32	3.47	3.07	2.84	2.68	2.57	2.49	2.42	2.37
22	4.30	3.44	3.05	2.82	2.66	2.55	2.46	2.40	2.34
23	4.28	3.42	3.03	2.80	2.64	2.53	2.44	2.37	2.32
24	4.26	3.40	3.01	2.78	2.62	2.51	2.42	2.36	2.30
25	4.24	3.39	2.99	2.76	2.60	2.49	2.40	2.34	2.28
26	4.23	3.37	2.98	2.74	2.59	2.47	2.39	2.32	2.27
27	4.21	3.35	2.96	2.73	2.57	2.46	2.37	2.31	2.25
28	4.20	3.34	2.95	2.71	2.56	2.45	2.36	2.29	2.24
29	4.18	3.33	2.93	2.70	2.55	2.43	2.35	2.28	2.22
30	4.17	3.32	2.92	2.69	2.53	2.42	2.33	2.27	2.21
40	4.08	3.23	2.84	2.61	2.45	2.34	2.25	2.18	2.12
60	4.00	3.15	2.76	2.53	2.37	2.25	2.17	2.10	2.04
120	3.92	3.07	2.68	2.45	2.29	2.17	2.09	2.02	1.96
inf	3.84	3.00	2.60	2.37	2.21	2.10	2.01	1.94	1.88

$\alpha = 0.05$

df_2	df_1 10	12	15	20	24	30	40	60	120	inf
1	241.9	243.9	245.9	248.0	249.1	250.1	251.1	252.2	253.3	254.3
2	19.4	19.41	19.43	19.45	19.45	19.46	19.47	19.48	19.49	19.5
3	8.79	8.74	8.70	8.66	8.64	8.62	8.59	8.57	8.55	8.53
4	5.96	5.91	5.86	5.80	5.77	5.75	5.72	5.69	5.66	5.63
5	4.74	4.68	4.62	4.56	4.53	4.50	4.46	4.43	4.40	4.36
6	4.06	4.00	3.94	3.87	3.84	3.81	3.77	3.74	3.70	3.67
7	3.64	3.57	3.51	3.44	3.41	3.38	3.34	3.30	3.27	3.23
8	3.35	3.28	3.22	3.15	3.12	3.08	3.04	3.01	2.97	2.93
9	3.14	3.07	3.01	2.94	2.90	2.86	2.83	2.79	2.75	2.71
10	2.98	2.91	2.85	2.77	2.74	2.70	2.66	2.62	2.58	2.54
11	2.85	2.79	2.72	2.65	2.61	2.57	2.53	2.49	2.45	2.40
12	2.75	2.69	2.62	2.54	2.51	2.47	2.43	2.38	2.34	2.30
13	2.67	2.60	2.53	2.46	2.42	2.38	2.34	2.30	2.25	2.21
14	2.60	2.53	2.46	2.39	2.35	2.31	2.27	2.22	2.18	2.13
15	2.54	2.48	2.40	2.33	2.29	2.25	2.20	2.16	2.11	2.07
16	2.49	2.42	2.35	2.28	2.24	2.19	2.15	2.11	2.06	2.01
17	2.45	2.38	2.31	2.23	2.19	2.15	2.10	2.06	2.01	1.96
18	2.41	2.34	2.27	2.19	2.15	2.11	2.06	2.02	1.97	1.92
19	2.38	2.31	2.23	2.16	2.11	2.07	2.03	1.98	1.93	1.88
20	2.35	2.28	2.20	2.12	2.08	2.04	1.99	1.95	1.90	1.84
21	2.32	2.25	2.18	2.10	2.05	2.01	1.96	1.92	1.87	1.81
22	2.30	2.23	2.15	2.07	2.03	1.98	1.94	1.89	1.84	1.78
23	2.27	2.20	2.13	2.05	2.01	1.96	1.91	1.86	1.81	1.76
24	2.25	2.18	2.11	2.03	1.98	1.94	1.89	1.84	1.79	1.73
25	2.24	2.16	2.09	2.01	1.96	1.92	1.87	1.82	1.77	1.71
26	2.22	2.15	2.07	1.99	1.95	1.90	1.85	1.80	1.75	1.69
27	2.20	2.13	2.06	1.97	1.93	1.88	1.84	1.79	1.73	1.67
28	2.19	2.12	2.04	1.96	1.91	1.87	1.82	1.77	1.71	1.65
29	2.18	2.10	2.03	1.94	1.90	1.85	1.81	1.75	1.70	1.64
30	2.16	2.09	2.01	1.93	1.89	1.84	1.79	1.74	1.68	1.62
40	2.08	2.00	1.92	1.84	1.79	1.74	1.69	1.64	1.58	1.51
60	1.99	1.92	1.84	1.75	1.70	1.65	1.59	1.53	1.47	1.39
120	1.91	1.83	1.75	1.66	1.10	1.55	1.50	1.43	1.35	1.25
inf	1.83	1.75	1.67	1.57	1.52	1.46	1.39	1.32	1.22	1.00

df_2	1	2	3	4	5	6	7	8	9
				$\alpha = 0.01$					
				df_1					
1	4052	4999.5	5403	5625	5764	5859	5928	5982	6022
2	98.50	99.00	99.17	99.25	99.30	99.33	99.36	99.37	99.39
3	34.12	30.82	29.46	28.71	28.24	27.91	27.67	27.49	27.35
4	21.20	18.00	16.69	15.98	15.52	15.21	14.98	14.80	14.66
5	16.26	13.27	12.06	1.39	10.97	10.67	10.46	10.29	10.16
6	13.75	10.92	9.78	9.15	8.75	8.47	8.26	8.10	7.98
7	12.25	9.55	8.45	7.85	7.46	7.19	6.99	6.84	6.72
8	11.26	8.65	7.59	7.01	6.63	6.37	6.18	6.03	5.91
9	10.56	8.02	6.99	6.42	6.06	5.80	5.61	5.47	5.35
10	10.04	7.56	6.55	5.99	5.64	5.39	5.2	5.06	4.94
11	9.65	7.21	6.22	5.67	5.32	5.07	4.89	4.74	4.63
12	9.33	6.93	5.95	5.41	5.06	4.82	4.64	4.50	4.39
13	9.07	6.70	5.74	5.21	4.86	4.62	4.44	4.30	4.14
14	8.86	6.51	5.56	5.04	4.69	4.46	4.28	4.14	4.03
15	8.68	6.36	5.42	4.89	4.56	4.32	4.14	4.00	3.89
16	8.53	6.23	5.29	4.77	4.44	4.20	4.03	3.89	3.78
17	8.40	6.11	5.18	4.67	4.34	4.10	3.93	3.79	3.68
18	8.29	6.01	5.09	4.58	4.25	4.01	3.84	3.71	3.60
19	8.18	5.93	5.01	4.50	4.17	3.94	3.77	3.63	3.52
20	8.10	5.85	4.94	4.43	4.10	3.87	3.70	3.56	3.46
21	8.02	5.78	4.87	4.37	4.04	3.81	3.64	3.51	3.40
22	7.95	5.72	4.82	4.31	3.99	3.76	3.59	3.45	3.35
23	7.88	5.66	4.76	4.26	3.94	3.71	3.54	3.41	3.30
24	7.82	5.61	4.72	4.22	3.90	3.67	3.50	3.36	3.26
25	7.77	5.57	4.68	4.18	3.85	3.63	3.46	3.32	3.22
26	7.72	5.53	4.64	4.14	3.82	3.59	3.42	3.29	3.18
27	7.68	5.49	4.60	4.11	3.78	3.56	3.39	3.26	3.15
28	7.64	5.45	4.57	4.07	3.75	3.53	3.36	3.23	3.12
29	7.60	5.42	4.54	4.04	3.73	3.50	3.33	3.20	3.09
30	7.56	5.39	4.51	4.02	3.70	3.47	3.30	3.17	3.07
40	7.31	5.18	4.31	3.83	3.51	3.29	3.12	2.99	2.89
60	7.08	4.98	4.13	3.65	3.34	3.12	2.95	2.82	2.72
120	6.85	4.79	3.95	3.48	3.17	2.96	2.79	2.66	2.56
inf	6.63	4.61	3.78	3.32	3.02	2.80	2.64	2.51	2.41

$\alpha = 0.01$

df_2 \ df_1	10	12	15	20	24	30	40	60	120	inf
1	6056	6106	6157	6209	6235	6261	6287	6313	6339	6366
2	99.40	99.42	99.43	99.45	99.46	99.47	99.47	99.48	99.49	99.50
3	27.23	27.05	26.87	26.69	26.60	26.50	26.41	26.32	26.22	26.13
4	14.55	14.37	14.20	14.02	13.93	13.84	13.75	13.65	13.56	13.46
5	10.05	9.89	9.72	9.55	9.47	9.38	9.29	9.20	9.11	9.02
6	7.87	7.72	7.56	7.40	7.31	7.23	7.14	7.06	6.97	6.88
7	6.62	6.47	6.31	6.16	6.07	5.99	5.91	5.82	5.74	5.65
8	5.81	5.67	5.52	5.36	5.28	5.20	5.12	5.03	4.95	4.86
9	5.26	5.11	4.96	4.81	4.73	4.65	4.57	4.48	4.40	4.31
10	4.85	4.71	4.56	4.41	4.33	4.25	4.17	4.08	4.00	3.91
11	4.54	4.40	4.25	4.10	4.02	3.94	3.86	3.78	3.69	3.60
12	4.30	4.16	4.01	3.86	3.78	3.70	3.62	3.54	3.45	3.36
13	4.10	3.96	3.82	3.66	3.59	3.51	3.43	3.34	3.25	3.17
14	3.94	3.80	3.66	3.51	3.43	3.35	3.27	3.18	3.09	3.00
15	3.80	3.67	3.52	3.37	3.29	3.21	3.13	3.05	2.96	2.87
16	3.69	3.55	3.41	3.26	3.18	3.10	3.02	2.93	2.84	2.75
17	3.59	3.46	3.31	3.16	3.08	3.00	2.92	2.83	2.75	2.65
18	3.51	3.37	3.23	3.08	3.00	2.92	2.84	2.75	2.66	2.57
19	3.43	3.30	3.15	3.00	2.92	2.84	2.76	2.67	2.58	2.49
20	3.37	3.23	3.09	2.94	2.86	2.78	2.69	2.61	2.52	2.42
21	3.31	3.17	3.03	2.88	2.80	2.72	2.64	2.55	2.46	2.36
22	3.26	3.12	2.98	2.83	2.75	2.67	2.58	2.50	2.40	2.31
23	3.21	3.07	2.93	2.78	2.70	2.62	2.54	2.45	2.35	2.26
24	3.17	3.03	2.89	2.74	2.66	2.58	2.49	2.40	2.31	2.21
25	3.13	2.99	2.85	2.70	2.62	2.54	2.45	2.36	2.27	2.17
26	3.09	2.96	2.81	2.66	2.58	2.50	2.42	2.33	2.23	2.13
27	3.06	2.93	2.78	2.63	2.55	2.47	2.38	2.29	2.20	2.10
28	3.03	2.90	2.75	2.60	2.52	2.44	2.35	2.26	2.17	2.06
29	3.00	2.87	2.73	2.57	2.49	2.41	2.33	2.23	2.14	2.03
30	2.98	2.84	2.70	2.55	2.47	2.39	2.30	2.21	2.11	2.01
40	2.80	2.66	2.52	2.37	2.29	2.20	2.11	2.02	1.92	1.80
60	2.63	2.50	2.35	2.20	2.12	2.03	1.94	1.84	1.73	1.60
120	2.47	2.34	2.19	2.03	1.95	1.86	1.76	1.66	1.53	1.38
inf	2.32	2.18	2.04	1.88	1.79	1.70	1.59	1.47	1.32	1.00

SOLUTION

연습문제 풀이

제 1 장

1. ① 모집단은 관심대상이 되는 모든 잠재적 관찰대상의 집합을 말한다.
표본은 통계적 추측을 위해 모집단에서 표집된 모집단의 일부이다.
② 모수는 분포의 평균, 표준편차 등과 같이 모집단의 특성을 나타내는 값이다.
통계량은 시료를 측정해서 얻은 값의 함수. 또는 자료의 특징을 요약한 수이다.
③ 기술통계는 자료를 정리하고 요약하는 통계분석방법을 말한다.
추측통계는 표본의 특성을 파악하여 모집단의 특성을 추론하는 것과 관련된 통계분석 방법이다.
④ 전수조사는 대상이 되는 통계집단의 단위를 하나하나 전부 조사하는 관찰방법이다.
표본조사는 조사하고자 하는 대상 전부를 분석하는 것이 아니라 모집단을 대표한다고 생각되는 표본을 표집하여 그 선택된 표본만을 대상으로 삼아 연구하는 조사방법의 형태이다.

2. 단순무작위 표본추출은 모집단 내의 각 대상이 표본에 뽑힐 확률이 모두 동일한 표본추출 방법을 말한다.
확률표본표집이란 각 숫자가 선택될 확률이 동일하다는 의미는 표본으로 선택될 가능성이 모두 동일하다는 것이다. 따라서 표본이 어느 한쪽의 성질만을 포함하도록 선택되는 것이 아니라 다양한 성질을 가진 표본들이 선택되도록 하는 것이다. 그러므로 이렇게 얻게 된 표본은 전체 모집단을 대표할 수 있게 된다.

3. ① 모집단 : 40대 주부, 모수 : 주당 여가시간
③ 모집단 : 대학생, 모수 : TV 시청시간
⑤ 모집단 : 중소기업, 모수 : 월 전산 비용

5. 모집단 : 대한민국 국민
표본 : 무작위 전화통화로 1,000명의 표본을 선택하는데, 집 전화와 핸드폰 비중을 일정하게 한다.

7. 서울에 거주하는 지역에 따라 월 소득의 차이가 심하므로 이러한 불균형을 해소하

기 위해 적당한 표본을 수집하도록 한다.

9. ④ 체계적 표집방법

제 2 장

1. 자료란 관심 대상의 성격이나 속성을 관측한 결과이며, 측정은 일정한 기준을 가지고 물건의 양을 수치화하는 작업을 말한다. 특히 단위를 정하여 비교한다. 척도는 어떤 성질을 평가 또는 측정하는 기준을 말한다.

2. ② 이산 ④ 연속 ⑥ 이산

3. ① 명목 ③ 비율 ⑤ 비율 ⑦ 비율 ⑨ 명목

4.

직 업	도 수
사무직	8
생산직	16
자영업	12
기타	4
합계	40

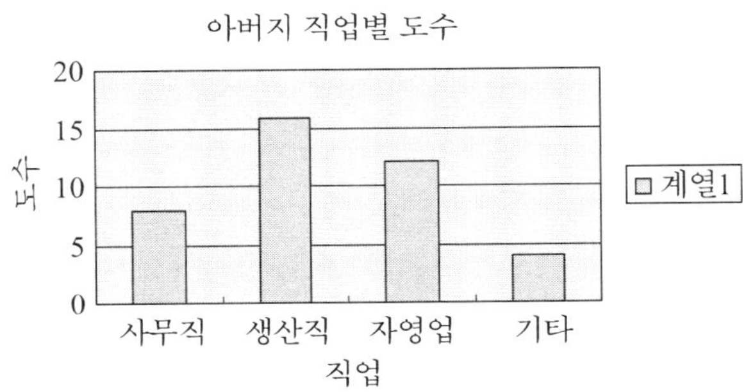

6. ①

계급	1 ~ 2.2	2.2 ~ 3.4	3.4 ~ 4.6	4.6 ~ 5.8	5.8 ~ 7	계
계급값	1.6	2.8	4.0	5.2	6.4	
도수	9	3	2	3	3	20
상대도수	0.45	0.15	0.10	0.15	0.15	1
누적도수	9	12	14	17	20	
누적상대도수	0.45	0.60	0.70	0.85	1.00	1

② 15%

③ 40%

9. (잎의 단위=0.1)

줄기	잎	도수
6	4 8	2
7	1 4 4 7	4
8	2 2 2 5 5 9	6
9	4 5 8	3
10	1 3 4 8	4
11	4	1

제 3 장

1. 10개의 자료를 크기 순서대로 배열해보자.

8 9 10 11 11 12 13 17 19 20

중앙값 : ($\frac{10}{2}=$)5번째와 ($\frac{10}{2}+1=$)6번째 자료의 평균이다.

따라서 11과 12의 평균 $\frac{11+12}{2}=11.5$이 중앙값이다.

최빈값 : 11

평균 $=\frac{1}{10}(17+12+20+9+8+13+11+19+11+10)=13$

3. ① 먼저 자료를 크기 순서대로 나열해보자.

13 14 15 16 16 17 18 18 19 19 21 23

중앙값 :($\frac{12}{2}=$)6번째 17과 ($\frac{12}{2}+1=$)7번째 값 18의 평균이므로

$\frac{17+18}{2}=17.5$이다.

평균 $=\frac{1}{12}(13+14+15+16+16+17+18+18+19+19+21+23)\approx 17.42$

Q3 : 19와 19의 평균이므로 19이다.

② 범위 : $23-13=10$

사분위간 범위 IQR은 $Q3-Q1$이고, $Q1=\frac{15+16}{2}=15.5$, $Q3=19$

$IQR = 19 - 15.5 = 3.5$ 이다.

③ $s^2 = \frac{\sum_{i=1}^{n}(x_i - \mu)^2}{n} = \frac{1}{12}[(13-17.42)2 + (14-17.42)2$

$+(15-17.42)2 + (16-17.42)2 + (16-17.42)2 + (17-17.42)2$

$+(18-17.42)2 + (18-17.42)2 + (19-17.42)2 + (19-17.42)2$

$+(21-17.42)2 + (23-17.42)2]$

$= \frac{1}{12}(19.5364 + 11.6964 + 5.8564 + 2.0164 + 2.0164 + 0.1764 + 0.3364$

$+0.3364 + 2.4964 + 2.4964 + 12.8164 + 31.1364) \approx 7.58$

$s = \sqrt{7.5764} \approx 2.75$

변동계수 $CV = \frac{2.75}{17.42} \times 100(\%) \approx 15.79\%$

④ $\sum(x-\mu) = -4.42 - 3.42 - 2.42 - 1.42 - 1.42 - 0.42 + 0.58 + 0.58$

$+1.58 + 1.58 + 3.58 + 5.58 = 0$

따라서 $\frac{\sum(x-\mu)}{12} = 0$

⑤ $x = 13$일 때 $z = \frac{13-17.42}{2.75} \approx -1.61\cdots$

$x = 23$일 때 $z = \frac{23-17.42}{2.75} \approx 2.03$

따라서 $\mu(z) = 0$, $\sigma(z) = 1$

4. ①

구간	도수	계급값	상대도수	누적도수
0 ~ 2	4	1	$\frac{4}{30}$	4
3 ~ 5	5	4	$\frac{5}{30}$	9
6 ~ 8	6	7	$\frac{6}{30}$	15
9 ~ 11	7	10	$\frac{7}{30}$	22
12 ~ 14	8	13	$\frac{8}{30}$	30
합계	30		1	

② $\overline{x} = \frac{1}{30}\{(1\times4)+(4\times5)+(7\times6)+(10\times7)+(13\times8)\} = \frac{240}{3} = 8$

중앙값 : 총 도수가 30이므로 15번째 자료와 16번째 자료의 평균이다.

따라서 15번째 계급값 7과 16번째 계급값 10의 평균인 8.5가 중앙값이다.

최빈값은 빈도수가 가장 많은 계급값이 해당되므로 13이다.

③ 따라서 평균 < 중앙값 < 최빈값이므로 왼쪽꼬리분포이다.

④ 표본의 분산을 구할 때 (표본의 크기 − 1)로 나누게 됨에 주의하시오.

$$s^2 = \frac{1}{29}\{4(1-8)^2+5(4-8)^2+6(7-8)^2+7(10-8)^2+8(13-8)^2\}$$

$$\approx 17.59$$

$$s = \sqrt{17.59} \approx 4.19$$

5. 먼저 자료의 평균 μ와 표준편차 σ를 구한 후 $z = \frac{x-\mu}{\sigma}$에 의해 z값을 구한다.

6. $n = 200,\ \overline{x} = 500,\ s = 100;$

$$x = 650\ :\ z = \frac{650-500}{100} = 1.5$$

$$x = 700\ :\ z = \frac{700-500}{100} = 2$$

Chebyshev 정리를 이용하자.

$p(-1.5 < z < 1.5) = 0.56$이므로 $p(0 < z < 1.5) = 0.28$이다.

$p(-2 < z < 2) = 0.75$이므로 $p(0 < z < 2) = 0.375$이다.

따라서 $p(1.5 < z < 2) = p(0 < z < 2) - p(0 < z < 1.5)$

$$= 0.375 - 0.28 = 0.095$$

그러므로 200(개)×0.095 = 19개이다.

8. 확률변수 X는 경영학원론 과목점수이고 확률변수 Y는 회계학 과목점수라고 했을 때 각 과목의 z값은 다음과 같다.

$$z = \frac{x-\mu}{\sigma} = \frac{78-70}{15} \approx 0.53, \quad z = \frac{y-\mu}{\sigma} = \frac{66-60}{10} = 0.6$$

그러므로 회계학 성적이 경영학원론 성적보다 우수하다.

제 4 장

1. ② 확률은 불확실성을 측정하는 수학적 방법, 어떤 미래상황이 발생할 가능성을 0과 1 사이의 값으로 나타낸 것이다.

④ 표본공간은 실험에서 나타난 모든 결과들의 집합을 말한다.

⑤ 사건은 표본공간의 부분집합으로 어떤 실험에서 발생 가능한 하나 또는 그 이상의 결과들의 집합이다.

2. ① $\frac{2}{36}$ ② $\frac{6}{36}$ ③ $\frac{21}{36}$

3. ① $P(B)=\dfrac{P(A\cap B)}{P(A\mid B)}=\dfrac{0.8}{0.9}=\dfrac{8}{9}$

② $P(A)=P(A\cup B)-P(B)+P(A\cap B)=0.6-0.2+0.12=0.52,$

$P(B|A)=\dfrac{0.12}{0.52}=0.231$

6. ① 두 사건 A는 대졸 이상의 학력을 가진 구직자, B는 경력이 5년 미만인 구직자이므로

$P(B\mid A)=\dfrac{P(B\cap A)}{P(A)}=\dfrac{55}{80}=\dfrac{11}{16}$

② $P(A\mid B)=\dfrac{P(A\cap B)}{P(B)}=\dfrac{55}{80}=\dfrac{11}{16}$

9. 사건 A를 11번째 동전을 던졌을 때 앞면이 나오는 경우라고 하고, 사건 B를 처음부터 10번까지 모두 앞면이 나오는 경우라고 하자. 직관적으로는 11번째에 앞면이 나올 확률이 $\frac{1}{2}$보다 클 것이다. 그러나 그렇지 않다. 만일 동전이 정상적이며 어떤 속임수를 사용하지 않는다면 11번째 동전이 앞면일 확률은 여전히 $\frac{1}{2}$이다.

10. 주사위를 던졌을 때 눈금에 대한 표본공간 S는 $\{1, 2, 3, 4, 5, 6\}$이다. 이때 눈금이 4 이하인 경우의 집합 A는 $\{1, 2, 3, 4\}$이고, 눈금이 짝수가 나오는 경우의 집합 B는 $\{2, 4, 6\}$이다. 그래서 $P(A)=\dfrac{|A|}{|S|}=\dfrac{4}{6}$이고 $P(B)=\dfrac{|B|}{|S|}=\dfrac{3}{6}$이다. 그

런데 사건 A와 사건 B가 동시에 나타나는 경우의 집합 $A\cap B=\{2, 4\}$이므로 $P(A\cap B)=\dfrac{|A\cap B|}{|S|}=\dfrac{2}{6}$이다. 그러므로 $P(A\cap B)=P(A)P(B)$가 되어 두 사건은 독립이다.

11. 사건 A는 L 회사가 금년에 비슷한 프로그램을 개발할 경우이고 사건 B는 게임용 프로그램으로 K 회사가 금년에 이익을 내는 경우라 하자.

① $P(A\cap B)=P(B|A)P(A)$ 또는 $P(A\cap B)=P(A|B)P(B)$인데 문제 내용에 따라 L 회사가 1년 내에 유사 프로그램을 개발했을 때 K 회사의 이익률이 주어졌으므로 $P(A\cap B)=P(B|A)P(A)$ 이다.
여기서 $P(A)=0.5$이며 $P(B|A)=0.4$이다. 그러므로

$$P(A\cap B)=0.4\times 0.5=0.2$$

이다.

② 가법정리에 의하여, $P(A\cup B)=P(A)+P(B)-P(A\cap B)$이므로 $P(B)$는 L 회사가 1년 내 개발했을 때 K 회사가 이익을 내는 경우와 L사가 1년 내 개발 못했을 때 K 회사가 이익을 내는 경우 두 가지이므로 주변 확률을 이용하면,

$$\begin{aligned} P(B) &= P(B\cap A^c)+P(B\cap A) \\ &= P(B|A^c)P(A^c)+P(B|A)P(A) \\ &= P(B|A^c)(1-P(A))+P(B|A)P(A) \\ &= (0.9)(1-0.5)+(0.4)(0.5) \\ &= 0.45+0.2=0.65 \end{aligned}$$

③ 드모르간의 법칙을 이용하자.

$$P(A^c\cap B^c)=P((A\cup B)^c)=1-P(A\cup B)=1-0.65=0.35$$

④ $P(A\cap B)=P(A)P(B)$가 성립하면 독립사건이 된다. 그러나 $0.2\neq(0.5)(0.65)$이므로, 두 사건 A와 B는 독립이 아니다.

제 5 장

1. ① $\sum_{i=1}^{3}(x_i-5)^2=(x_1-5)^2+(x_2-5)^2+(x_3-5)^2=(1-5)^2$

$$+(2-5)^2+(3-5)^2=16+9+4=29$$

② $\left(\sum_{i=2}^{3}x_i\right)^2=(x_2+x_3)^2=(2+3)^2=25$

5. ${}_{60}C_3=\dfrac{60\times59\times58}{3\times2}=34,220$

8. 첫 번째 뽑히는 사람은 회장으로 그 다음은 부회장으로 그리고 그 다음에 선출된 사람은 사장으로 하면 된다. 따라서 10명 가운데 3명을 선택하는 순열의 수가 된다. 그러므로 ${}_{10}P_3=10\times9\times8=720$이다.

11. ① ${}_{10}C_2-{}_5C_2$　　② ${}_5C_2$

제 6 장

1. 이산확률변수 : 취할 수 있는 값이 0, 1, 2, 3과 같이 정수 값으로 표시되는 확률변수를 뜻한다. 예를 들어 2대의 기계가 있을 때 고장 난 기계의 수를 확률변수로 한다면 그 값은 0, 1, 2의 세 가지로 제한되므로 이러한 확률변수들은 이산확률변수이다.
연속확률변수는 취할 수 있는 값이 연속된 구간내의 모든 실수로 표시되는 확률변수를 의미한다. 몸무게, 온도, 수명 등의 것들은 많은 실수를 가지기 때문에 연속확률변수이다.
확률분포란 표본공간에 나타나는 모든 값들과 그 값에 대응하는 확률을 동시에 표시한 것이다.

2. $E((x-E(X))^2)=E((x-\mu)^2)$

$$=\sum(x-\mu)^2p(x)=\sum(x^2-2x\mu+\mu^2)p(x)$$

$$= \sum x^2 p(x) - 2\mu \sum x p(x) + \mu^2 \sum p(x)$$
$$= E(X^2) - 2\mu^2 + \mu^2 = E(X^2) - (E(X))^2$$

3. ① $\sigma^2(X+Y) = E((X+Y)^2) - (E(X+Y))^2$

$$= E(X^2 + 2XY + Y^2) - (E(X)^2 + 2E(X)E(Y) + E(Y)^2)$$
$$= (E(X^2) - E(X)^2) + (E(Y^2) - E(Y)^2) + 2(E(XY) - E(X)E(Y))$$
$$= \sigma^2(X) + \sigma^2(Y) + 2Cov(X,\ Y)$$

② X와 Y가 서로 독립이면 $E(XY) = E(X)E(Y)$이므로
$\sigma^2(X+Y) = \sigma^2(X) + \sigma^2(Y)$이 성립한다.

9. ① 1
② $0.1 + 0.25 + 0.4 = 0.75$
③ $0.2 + 0.05 = 0.25$
④ $\sum_i p(x_i) = 1.85$

11. ① $p(x \leq 1) = 0.3 + 0.4 = 0.7$

② ③

x	0	1	2	3	계
$p(x)$	0.3	0.4	0.2	0.1	1
$xp(x)$	0	0.4	0.4	0.3	1.1
$x^2p(x)$	0	0.4	0.8	0.9	2.1

$E(X) = \sum_{x=0}^{4} xp(x) = 1.1, \quad E(X^2) = \sum_{x=0}^{4} x^2 p(x) = 2.1,$

$\sigma_{\mathrm{X}}^2 = \mathrm{E}(\mathrm{X}^2) - (\mathrm{E}(\mathrm{X}))^2 = 2.1 - (1.1)^2 = 2.1 - 1.21 = 0.89$

12. ② $\mu = 1.0,\ \sigma^2(X) = 0.80,\ \sigma = 0.894$

③ $\mu - 2\sigma = 1.0 - 2(0.894) = -0.788,\ \mu + 2\sigma = 1.0 + 2(0.894) = 2.788$

$\therefore\ (-0.788,\ 2.788)$

이 구간은 $x = 0,\ 1,\ 2$를 포함한다.

이 구간 안에 놓여 있을 확률은

$$p(0) + p(1) + p(2) = 0.32768 + 0.40960 + 0.20480$$

$$= 0.94208$$

따라서 대략적으로 전체의 95%가 이 구간 안에 놓여 있다.

13. A대안의 기댓값 $= (100 \times 0.6) + (-50 \times 0.4) = 40$

B대안의 기댓값 $= (300 \times 0.4) + (-100 \times 0.6) = 60$

따라서 B대안을 선택하는 하는 것이 좋다.

제 7 장

1.

x	$p(x)$	$xp(x)$	$(x-\mu)^2 p(x)$
0	0.1	0	0.081
1	0.9	0.9	0.009
계	1.0	0.9	0.09

$$\mu = \sum_{x=0}^{1} xp(x) = 0.9, \quad \sigma^2 = \sum_{x=0}^{1} (x-\mu)^2 p(x) = 0.09$$

μ는 언제나 베르누이 확률변수의 성공할 확률과 같다. 그러면 베르누이 확률변수의 기댓값과 분산 및 표준편차를 구하는 공식은 다음과 같다.

확률변수 X가 이항분포 $B(n,\ p)$를 따를 때

$$\mu = E(X) = np = 0.9$$

$$\sigma^2 = npq = 0.9(1-0.9) = 0.09$$

$$\sigma = \sqrt{npq} = 0.3$$

2. 0.8281

3. 0.0008

7. ① $p(x=2) = {}_{20}C_2 (0.01)^2 (0.99)^{18} = 0.016$

② $p(x \leq 1) = p(x=0) + p(x=1)$

$$= {}_{20}C_0(0.01)^0(0.99)^{20} + {}_{20}C_1(0.01)^1(0.99)^{19} = 0.983$$

8. $17.5 \approx 18$명, $s = \sqrt{5.25}$

9. 확률변수 X를 통계학 강의를 듣는 학생들 가운데 수시시험을 선호하는 학생 수라고 정의하자.

$\therefore\ p(x=6) = {}_{10}C_6 \times 0.6^6(1-0.6)^{10-6} = 0.2508$

10. 확률변수 X를 정상적인 엔진의 수라고 정의하면 4개의 엔진을 가진 비행기는 X가 0과 1일 때 불시착하게 된다. 그러므로 $p(x=0)+p(x=1)$을 계산하면 된다. 이때 고장률이 0.01이므로 구하는 식은

$$\begin{aligned}{}_4C_0(0.09)^0(0.01)^4 + {}_4C_1(0.09)^1(0.01)^3 &= (0.01)^4 + 4(0.09)(0.01)^3 \\ &= 3.7\times 10^{-7}\end{aligned}$$

11. $p(x=3) = {}_{15}C_3(0.05)^3(1-0.05)^{12} = 0.03073$

12. ① $p(x=3) = {}_5C_3(0.25)^3(1-0.25)^2 = 0.08789$

② $p(x \geq 4) = 0.014648 + 0.000977 = 0.015625$

③ $E(X) = np = 5\times 0.25 = 1.25$

$\sigma_X^2 = np(1-p) = 1.25\times(1-0.25) = 0.9375$

13. ① $p(3) = \dfrac{{}_3C_3 \times {}_7C_1}{{}_{10}C_4} = \dfrac{1}{30}$

② $p(2) = \dfrac{{}_3C_2 \times {}_7C_2}{{}_{10}C_4} = \dfrac{3}{10}$

$p(x \geq 2) = p(2) + p(3) = \dfrac{1}{30} + \dfrac{3}{10} = \dfrac{1}{3}$

③ $p(0) = \dfrac{{}_3C_0 \times {}_7C_4}{{}_{10}C_4} = \dfrac{1}{6}$, $p(1) = \dfrac{{}_3C_1 \times {}_7C_3}{{}_{10}C_4} = \dfrac{1}{2}$

$p(2)$와 $p(3)$은 ①과 ② 참조.

14. 푸아송분포의 확률함수 $p(x)=\dfrac{e^{-\lambda}\lambda^{x}}{x!}$

($e=2.71828$, $\lambda=$일정단위시간당 평균 발생횟수, $\lambda=0,\ 1,\ 2,\ 3,\ \cdots$)

$\therefore\ p(x=2)=\dfrac{e^{-0.4}0.4^{2}}{2!}=0.0536$

15. 0.9810

16. 0.7218, $\lambda=3.5$명

제8장

1. 확률변수 X를 취업자 수라고 정의하면 $X\sim B(n,\ p)$이다.

$n=150,\quad p=0.6$;

X의 평균 $\bar{x}$와 표준편차 s는 다음과 같이 계산된다.

$\bar{x}=np=150\times0.6=90\ ,\quad s=\sqrt{np(1-p)}=\sqrt{150\times0.6(1-0.6)}=6$

이항분포를 정규분포에 근사시키기 위해서 연속성 조정을 하면 확률 $p(x\le 85.5)$을 구하면 된다.

$x=85.5$일 때 $\quad z=\dfrac{85.5-90}{6}=-0.75$ 이다.

따라서 $p(x\le 85.5)=p(z\le -0.75)=p(z\ge 0.75)$

$=0.5-p(0\le z\le 0.75)=0.5-0.2734=0.2266$

2. ① $p(0\le z\le 1)=0.3413$

② $p(z\le 0.75)=0.7734$

③ $p(-1.96\le z\le -1.5)=0.475-0.4332=0.0418$

〈참고〉 연속성을 위한 조정

이항분포		정규분포
$p(x \le a)$	$\Rightarrow$	$p(x \le a+0.5)$
$p(x \ge a)$	$\Rightarrow$	$p(x \ge a-0.5)$
$p(a \le x \le b)$	$\Rightarrow$	$p(a-0.5 \le x \le b+0.5)$

3. ① $p(505 \le x \le 520) = p\left(\frac{505-600}{100} \le z \le \frac{520-600}{100}\right)$

$= p(-0.95 \le z \le -0.8) = 0.3289 - 0.2881 = 0.04$

② $p(400 \le x \le 530) = p(-2 \le z \le -0.7) = 0.4772 - 0.2580 = 0.2192$

4. 확률변수 X를 B회사 입사시험 성적이라고 정의하자. 그러면 $X \sim N(70,\ 10)$이다.

$p(z \ge z_0) = 0.1$을 만족하는 z_0를 찾는 문제이다.

$p(z \le z_0) = 0.9$이므로 $p(0 \le z \le z_0) = 0.9 - 0.5 = 0.4$이다.

표 II 에서 $p(0 \le z \le z_0) = 0.4$를 만족하는 $z_0 = 1.282$이다. 그러므로

$\frac{x-70}{10} = 1.282,\ x = 12.82 + 70 = 82.82,\ \therefore\ x = 82.82$

5. ① 확률변수 X를 업무회의 시간의 감소비율이라고 정의하자. 이때 22% 이상 업무회의 시간이 감소할 비율은 다음과 같다.

$$p(x > 22) = p(z > \frac{22-15}{4}) = p(z > 1.75)$$

$$\begin{aligned} p(z > 1.75) &= 0.5 - p(0 < z < 1.75) \\ &= 0.5 - 0.4599 \\ &= 0.0401 \end{aligned}$$

② $$\begin{aligned} p(x < 16) &= p\left(z < \frac{16-15}{4}\right) \\ &= p(z < 0.25) \\ &= 0.5 + p(0 < z < 0.25) \\ &= 0.5 + 0.0987 = 0.5987 \end{aligned}$$

6. ① $p(z \ge z_0) = 0.2$일 때, $z_0 = 0.84$

$$\frac{x-70}{10}=0.84,\ x=70+8.4=78.4,\ \therefore\ x=78.4$$

② 평균이 70점이므로 B를 받는 학생은 70점에서 78.4 사이의 점수이다.

③ $p(z \le z_0)=0.1$을 만족하는 z_0는 $z_0=-1.282$이다. 따라서

$$\frac{x-70}{10}=-1.282,\ x=70-10\times 1.283=57.18,\ \therefore\ x=57.18$$

7. 확률변수 X를 IQ라고 정의하고 x_0는 멘사에 가입할 수 있는 최저 IQ라고 하자. 이 문제는 $p(x \ge x_0)=0.02$를 만족하는 x_0를 찾는 것이다.

$p(x < x_0)=p\left(z < \dfrac{x_0-100}{16}\right)=0.98$이고 $p(z<2.05)=0.9798 \doteqdot 0.98$이므로

$\dfrac{x_0-100}{16}=2.05$로부터 $x_0=133$이다.

8. ① $n=1000,\ p=0.45,\ \bar{x}=1000\times 0.45=450$

$s=\sqrt{450\times 0.55}=15.73;$

$$p(x \ge 400)=p\left(z \ge \frac{400-450}{15.73}\right)=p(z \ge -3.17)=0.5+0.4992=0.9992$$

② $n=1000,\ p=0.35,\ \bar{x}=1000\times 0.35=350,\ s=\sqrt{350\times 0.65}=15.08;$

$$p(x \ge 400)=p\left(z \ge \frac{400-350}{15.08}\right)=p(z \ge 3.32)=0.5-0.4993=0.0007$$

10. $E(X)=\displaystyle\int_0^1 x\,3(1-x)^2dx=\frac{1}{4}$

$$\sigma^2(X)=E(X^2)-E(X)^2=\int_0^1 x^2 3(1-x)^2\,dx-\left(\frac{1}{4}\right)^2=\frac{3}{80};$$

$$\therefore\ p\left(\frac{1}{4} \le x \le \frac{3}{4}\right)=p\left(\frac{\frac{1}{4}-\frac{1}{4}}{\sqrt{\frac{3}{80}}} \le z \le \frac{\frac{3}{4}-\frac{1}{4}}{\sqrt{\frac{3}{80}}}\right)$$

$$=p(0 \le z \le 2.58)=0.4951$$

제 9 장

1. 모집단이란 통계적인 관찰의 대상이 되는 집단 전체를 말한다.
표본은 모집단의 일부분을 이루는 집합이다.
무작위표본은 같은 모집단에서 각각 독립적으로 얻은 표본이다.
모수는 모집단의 평균이나 표준편차와 같이 모집단의 수치적 특성을 말한다.
통계량은 표본의 평균이나 표준편차와 같이 표본으로부터 계산된 값이다.

2. $\mu=\dfrac{(4+6+8+10)}{4}=7$

$\sigma^2=\dfrac{1}{4}\{(4-7)^2+(6-7)^2+(8-7)^2+(10-7)^2\}=\dfrac{20}{4}=5$

$\sigma=\sqrt{\sigma^2}=\sqrt{5}=2.24$

5. ① 확률변수를 표준화하면 $z=\dfrac{33-30}{12}=0.25$이다.
$p(0\le z\le 0.25)=0.0987$이므로
$p(x\le 33)=0.5+p(0\le z\le 0.25)=0.5+0.0987=0.5987$
따라서 어획고가 33톤 이하인 어선은 59.87%이다.

② $\mu=30,\quad \sigma=12;$

$\mu_{\overline{X}}=\mu=30,\ \sigma_{\overline{X}}=\sqrt{\dfrac{\sigma^2}{n}}=\dfrac{\sigma}{\sqrt{n}}=6$

③ $\mu_{\overline{X}}=\mu=30,\ \sigma_{\overline{X}}=\sqrt{\dfrac{\sigma^2}{n}}=\dfrac{\sigma}{\sqrt{n}}=6;$

$z=\dfrac{\overline{x}-\mu_{\overline{X}}}{\sigma_{\overline{X}}}=\dfrac{\overline{x}-\mu_{\overline{X}}}{\sigma/\sqrt{n}}=\dfrac{39-30}{6}=1.5$

따라서 $p(x\ge 39)=p(z\ge 1.5)=0.5-0.4332=0.0668$

표본평균의 분포

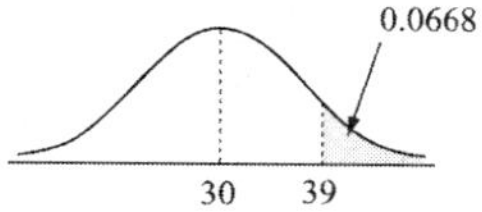

〈참고〉 모집단이 정규분포일 때 표본평균의 분포

$$\mu_{\overline{X}} = \mu$$

$$\sigma^2_{\overline{X}} = \frac{\sigma^2}{n}$$

$$\sigma_{\overline{X}} = \sqrt{\frac{\sigma^2}{n}} = \frac{\sigma}{\sqrt{n}}$$

6. ① $\mu_X = \dfrac{(2+3+4)}{3} = 3$

$\sigma^2_X = \dfrac{1}{3}\{(2-3)^2 + (3-3)^2 + (4-3)^2\} = \dfrac{2}{3} \approx 0.666$

$\sigma_X = \sqrt{\sigma^2_X} = \sqrt{0.666} \approx 0.816$

② $S = \{(2,\ 2),\ (2,\ 3),\ (2,\ 4),\ (3,\ 2),\ (3,\ 3),\ (3,\ 4),\ (4,\ 2),\ (4,\ 3),\ (4,\ 4)\}$

표본평균	2	2.5	3	3.5	4	계
$p(\overline{x})$	$\frac{1}{9}$	$\frac{2}{9}$	$\frac{3}{9}$	$\frac{2}{9}$	$\frac{1}{9}$	1

③ $\mu_{\overline{X}} = \mu_X = 3$, $\sigma^2_{\overline{X}} = \dfrac{\sigma^2_X}{n} = \dfrac{0.666}{2} = 0.333;$

(기댓값을 이용하여 계산할 수도 있다)

$E(\overline{X}) = 3,$

$E(\overline{X}^2) = \left(\dfrac{1}{9} \times 2^2\right) + \left(\dfrac{2}{9} \times 2.5^2\right) + \left(\dfrac{3}{9} \times 3^2\right) + \left(\dfrac{2}{9} \times 3.5^2\right) + \left(\dfrac{1}{9} \times 4^2\right) = 9.333$

$\sigma^2_{\overline{X}} = E(\overline{X}^2) - (E(\overline{X}))^2 = 9.333 - 9 = 0.333$

7. $\mu = 10,\ \sigma^2 = 16,\ n = 100;$

$\mu_{\overline{X}} = 10,\ \sigma_{\overline{X}} = \sqrt{\dfrac{\sigma^2}{n}} = \dfrac{4}{\sqrt{100}} = 0.4$

8. $\mu = 15,\ \sigma = 5;$

① $p(x \geq 20) = p\left(z \geq \dfrac{20-15}{5}\right) = p(z \geq 1) = 0.5 - 0.3413 = 0.1587$

② $n = 4,\ \sigma_{\overline{X}} = \sqrt{\dfrac{\sigma^2}{n}} = \dfrac{5}{\sqrt{4}} = 2.5;$

$p(20 \le x \le 25) = p(2 \le z \le 4) = 0.5 - 0.4772 - 0.0228$

③ X는 연속확률변수이므로 $p(x=20)=0$

9. $X \sim N(67.42, (2.58)^2)$, $n=25$일 때 $p(\overline{x} > 68.00)$을 구하는 것이다.

여기서 모집단이 정규분포를 따른다고 했기에, 표본평균 $\overline{X}$의 분포도 정규분포를 따른다. 즉

$$\overline{X} \sim N\left(67.42, \frac{(2.58)^2}{25}\right)$$

$$p(\overline{x} > 68.00) = p\left(z > \frac{68.00-67.42}{\frac{2.58}{\sqrt{25}}}\right) = p\left(z > \frac{0.58}{\frac{2.58}{5}}\right)$$

$$= p(z > 0.516) = 0.5 - p(0 < z < 0.516) = 0.5 - 0.1985 = 0.3015$$

제 10 장

1. ② 표본의 크기 n이 30보다 크므로 정규분포를 따른다. $\alpha = 0.05$이므로 $z_{\frac{\alpha}{2}} = 1.96$이 된다. 그러므로 95% 신뢰구간은

$$\left(\overline{x} - z_{\frac{\alpha}{2}}\frac{\sigma}{\sqrt{n}},\ \overline{x} + z_{\frac{\alpha}{2}}\frac{\sigma}{\sqrt{n}}\right)$$

$$= \left(159{,}000 - 1.96\frac{28{,}850}{\sqrt{100}},\ 159{,}000 + 1.96\frac{28{,}850}{\sqrt{100}}\right)$$

$$= (159{,}000 - 5{,}655,\ 159{,}000 + 5{,}655) = (153{,}345,\ 164{,}655)$$

3. 54

4. $0.2 \pm 1.96\sqrt{\frac{0.2(1-0.2)}{100}} = (0.1216,\ 0.2784)$

5. 1학년 학생의 평균키 μ에 대한 95% 신뢰구간은

$(\overline{x} - 1.96\sigma_{\overline{X}},\ \overline{x} + 1.96\sigma_{\overline{X}})$이다. 주어진 표본의 크기 $n=64$이므로,

$\sigma_{\overline{X}} = \dfrac{7}{\sqrt{64}} = \dfrac{7}{8}$이고 $\overline{x} = 170.5$이다. 그러므로 95% 신뢰구간은 $\left(170.5 - 1.96\dfrac{7}{8},\ 170.5 + 1.96\dfrac{7}{8}\right) = (168.79,\ 172.22)$이다.

6. $p = 0.45,\ q = 0.55,\ pq = 0.2475;$ 신뢰수준이 0.95이므로 $\alpha = 0.05$이다. 그래서 $z_{\frac{\alpha}{2}} = 1.96;\ \sigma_{\hat{p}} = \sqrt{\dfrac{pq}{n}} = \sqrt{\dfrac{(0.45)(0.55)}{n}} = \sqrt{\dfrac{0.2475}{n}}$; 최대 허용오차 $E = 0.01;\ z_{\frac{\alpha}{2}}\sigma_{\hat{p}} \le E$이므로 $z_{\frac{\alpha}{2}}\sqrt{\dfrac{0.2475}{n}} \le E$ 이고 양변을 제곱하면 $\dfrac{(1.96)^2(0.2475)}{(0.01)^2} \le n,\ \dfrac{(3.842)(0.2475)}{0.0001} = 9{,}509 \le n$, 따라서 9,509명 이상의 표본의 크기를 선택하면 된다.

제 11 장

1. ④

2. ①

5. $H_0 : \mu \ge 1{,}500,\ H_1 : \mu < 1{,}500$

$n = 36,\ \overline{x} = 1{,}420,\ \sigma = 200;$

$\sigma_{\overline{X}} = \dfrac{200}{\sqrt{36}} = 33.3\ ;$

$z = \dfrac{\overline{x} - \mu}{\sigma_{\overline{X}}} = \dfrac{1{,}420 - 1{,}500}{33.3} = -2.40\ ;$

기각영역을 구해보자.

$$p(z < -z_{\alpha}) = 0.05 = p(z > z_{\alpha})$$
$$\therefore p(0 < z < z_{\alpha}) = 0.45$$

위 식을 만족하는 $z_{\alpha} = 1.645,\ -z_{\alpha} = -1.645$을 찾았다.

따라서 기각영역은 $\{z \in R \mid z < -1.645\}$ 또는 $(-\infty, -1.645)$이다.
그러나 검정통계량 $z = -2.40$은 $z \in (-\infty, -1.645)$이므로, 검정통계량이 기각영역에 포함된다.
그러므로 귀무가설을 기각하고 대립가설을 채택한다.
∴ 소비자보호협회의 주장대로 기대에 못 미친다고 말할 수 있다(0.05 유의수준에서 유의하다).

6. ① $H_0 : \mu \leq 50,000$, $H_1 : \mu > 50,000$

$n = 400, \bar{x} = 50,280, \sigma = 3,000$;

$\sigma_{\overline{X}} = \dfrac{3,000}{\sqrt{400}} = 150$;

z값을 구하면 $z = \dfrac{\bar{x} - \mu}{\sigma_{\overline{X}}} = \dfrac{50,280 - 50,000}{150} = 1.87$이다.

따라서 검정통계량은 $z = 1.87$이다.
이제 기각영역을 구해보자.

$$p(z > z_\alpha) = 0.1$$
$$p(0 < z < z_\alpha) = 0.4$$

따라서 $z_\alpha = 1.28$이며 기각영역은 $\{z \in R \mid z > 1.28\}$, 즉 $(1.28, \infty)$이다.
그러나 위에서 계산한 검정통계량은 $z = 1.87$이므로 $z \in (1.28, \infty)$이다.
즉 z는 기각영역에 포함된다.
그러므로 귀무가설을 기각하고, 대립가설을 채택한다.
∴ 회사 측의 주장대로 신제품 타이어의 수명이 50,000km 이상이라고 말할 수 있다(즉 0.1 유의수준에서 유의하다).

7. ① H_0 : 소음이 환경 기준값을 넘는다.
H_1 : 소음이 환경 기준값을 넘지 않는다.

② 0.05의 유의수준 하에서 귀무가설을 기각한다.

제 12 장

1. ① 가정되는 표본평균의 분포

$\mu_{\overline{X}} = 5{,}000,\ s_{\overline{X}} = \sqrt{\dfrac{\sigma^2}{n}} = \dfrac{s}{\sqrt{n}} = 20$, 자유도 $n-1=24$인 t-분포를 이룬다.

i 가설의 설정

$H_0:\ \mu \leq 5{,}000$

$H_1:\ \mu > 5{,}000$

ii 유의수준

유의 수준 $\alpha = 0.10$, 자유도는 $25-1=24$이므로 임계값과 기각영역은 다음과 같다.

iii 임계값과 기각영역

임계값 : $t_{0.10,24} = 1.318$

기각영역 : $t > 1.318$

임계값과 기각영역

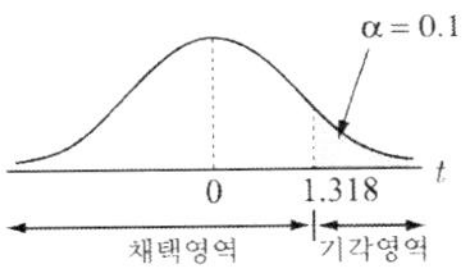

iv (표본)통계량의 계산 및 임계값과의 비교

$\overline{x} = 5{,}031$에 해당되는 t값을 구해보면

$$t_c = \frac{\overline{x} - \mu}{s/\sqrt{n}} = \frac{5{,}031 - 5{,}000}{20} = 1.55$$

계산된 t값이 기각영역 내에 포함되므로 귀무가설은 기각된다. 따라서 국내 성인 남성의 육류 소비량은 5,000 g을 넘는다고 할 수 있다.

② i 가설의 설정

$H_0:\ \mu = 5{,}000$

$H_1:\ \mu \neq 5{,}000$

ii 유의수준

유의수준 $\alpha = 0.10$, 자유도는 $25-1=24$이므로 임계값과 기각영역은 다음과 같다.

iii 임계값과 기각영역

귀무가설이 단순가설이므로 양쪽검정을 해야 한다.

$\frac{\alpha}{2} = 0.05$이고 자유도 $n-1=24$이므로

임계값 : $t_{0.05,24} = 1.711$ 또는 $-t_{0.05,\ 24} = -1.711$

기각영역 : $t > 1.711$ 또는 $t < 1.711$

임계값과 기각영역

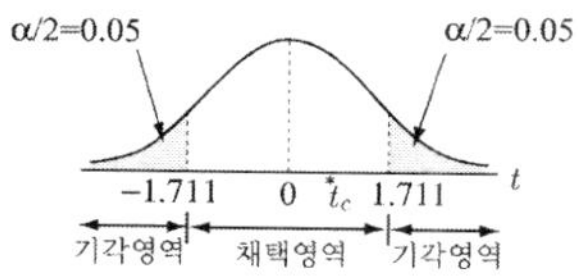

iv (표본)통계량의 계산 및 임계값과의 비교

$\overline{x} = 5{,}031$에 해당되는 t값을 구해보면

$$t_c = \frac{\overline{x} - \mu}{s/\sqrt{n}} = \frac{5{,}031 - 5{,}000}{20} = 1.55$$

계산된 t값이 기각영역 내에 포함되지 않으므로 귀무가설은 기각할 수 없다. 따라서 국내성인 남성의 육류 소비량은 5,000 g이 아니라고 할 수 없다.

2. $H_0:\ \mu \geq 2,\quad H_1:\ \mu < 2$

$-z_{0.05} = 1.645$, 기각영역 $z < -1.645$

$$z_c = \frac{\overline{x} - \mu_{\overline{X}}}{\sigma_{\overline{X}}} = \frac{\overline{x} - \mu}{\sigma/\sqrt{n}} = \frac{199-200}{0.01/\sqrt{50}} = -7.071$$

z_c가 기각영역에 포함되므로 귀무가설 H_0을 기각한다.

3. ① $H_0:\ \mu \geq 0.8,\ H_1:\ \mu < 0.8$

임계값 : $-t_{0.05,\ 17}=-1.740$

기각영역 : $t<-1.740$

$$t_c=\frac{\bar{x}-\mu}{s/\sqrt{n}}=\frac{0.663-0.08}{0.255/\sqrt{18}}=-2.27938$$

$t_c<-1.740$이므로 귀무가설 H_0을 기각한다.

② $H_0:\ \mu\le 0.8,\ H_1:\ \mu>0.8$

임계값 : $t_{0.05,\ 17}=1.740$

기각영역 : $t>1.740$

$$t_c=\frac{\bar{x}-\mu}{s/\sqrt{n}}=\frac{0.663-0.08}{0.255/\sqrt{18}}=-2.27938$$

$t_c<1.740$이므로 귀무가설 H_0을 기각할 수 없다.

4. $H_0:\ p\ge 0.25,\ H_1:\ p<0.25$

임계값 : $-z_{0.05}=-1.645$

기각영역 : $z<-1.645$

$$z_c=\frac{\bar{x}-\mu}{s/\sqrt{n}}=\frac{0.205-0.25}{\sqrt{\frac{0.25(1-0.25)}{200}}}=-1.47$$

$z_c>-1.645$이므로 귀무가설 H_0을 기각할 수 없다.

p값 : $p(z<-1.47)=0.5-0.4292=0.0708$

5. ① $H_0:\ p\ge 0.05,\ H_1:\ p<0.05$

임계값 : $-z_{0.05}=-1.645$

기각영역 : $z<-1.645$

$$z_c=\frac{\bar{x}-\mu}{s/\sqrt{n}}=\frac{0.44-0.5}{\sqrt{\frac{0.5(1-0.5)}{250}}}=-2.7028$$

$z_c<-1.645$이므로 귀무가설 H_0을 기각한다.

② p값 : $p(z<-2.70)=0.5-0.4965=0.0035$

제 13 장

1. $\sum\sum(Y_{ij}-\overline{Y})=\sum(\overline{Y_i}-\overline{Y})+\sum\sum(Y_{ij}-\overline{Y_i})$의 양변을 제곱하면,

$\sum\sum(Y_{ij}-\overline{Y})^2=\sum(\overline{Y_i}-\overline{Y})^2+\sum\sum(Y_{ij}-\overline{Y_i})^2+2\sum\sum(\overline{Y_i}-\overline{Y})(Y_{ij}-\overline{Y_i})$

을 얻는다.

그런데 집단 내 편차들의 합 $\sum(Y_{ij}-\overline{Y_i})=0$이므로

$\sum\sum(Y_{ij}-\overline{Y})^2=\sum(\overline{Y_i}-\overline{Y})^2+\sum\sum(Y_{ij}-\overline{Y_i})^2$을 얻게 된다.

4. $H_0:\mu_1=\mu_2=\mu_3=\mu_4$

H_1: 적어도 두 집단의 평균들이 서로 다르다.

분산분석표

	제곱합	자유도	제곱의 평균	F
집단 간	88.5	3	$\frac{88.5}{3}=29.5$	$F=\frac{29.5}{1.9}=15.5$
집단 내	38	20	$\frac{38}{20}=1.9$	
총	88.5+38=126.5	23		

$F(3,\ 20,\ 0.05)=3.10,\ F=15.5$이다. $F>F(3,\ 20,\ 0.05)$이므로 H_0를 기각한다.

5. $H_0:\mu_1=\mu_2=\mu_3=\mu_4$

H_1: 적어도 두 집단의 평균들이 서로 다르다.

분산분석표

	제곱합	자유도	제곱의 평균	F
집단 간	1826.55	3	$\frac{1826.55}{3}=608.85$	$F=\frac{608.85}{94.25}=6.46$
집단 내	1508.00	16	$\frac{1508}{16}=94.25$	
총	3334.55	19		

$F(3,\ 16,\ 0.05)=3.24,\ F>F(3,\ 16,\ 0.05)$이므로 H_0를 기각한다. 즉 크롬 함유량에 따라 제품의 강도에 유의한 차이가 있다는 결론을 유의수준 0.05에서 내릴

수 있다.

6. $H_0 : \mu_1 = \mu_2 = \mu_3 = \mu_4$

H_1: 적어도 두 집단의 평균들이 서로 다르다.

분산분석표

	제곱합	자유도	제곱의 평균	F
집단 간	0.0392	3	0.013	$F = 76.47$
집단 내	0.0034	20	0.0017	
총	0.0426	23		

$F(3,\ 20,\ 0.05) = 3.10$, $F > F(3,\ 20,\ 0.05)$이므로 H_0을 기각한다. 즉 회사간 기전력에 차이가 있다고 할 수 있다.

7. $H_0 : \mu_1 = \mu_2 = \mu_3$

H_1: 적어도 두 집단의 평균들이 서로 다르다.

$$TTS = \sum\sum x_{ij}^2 - \frac{T^2}{kn} = 969,443.367$$

$$SSB = 198,772.467,\ \ SSW = 770,670.9$$

$$MSB = \frac{SSB}{k-1} = 99,386.234,\ \ MSW = \frac{SSW}{k(n-1)} = 28,543.367$$

$$\therefore\ F = \frac{MSB}{MSW} = \frac{99,386.234}{28,543.367} = 3.48$$

검정통계량 F값은 임계값 $F(2,\ 27,\ 0.05) = 3.35$을 초과하므로 귀무가설을 기각한다. 따라서 유의수준 0.05 하에서 신용카드 고객들의 평균채무액이 세 집단 중에서 적어도 두 집단은 서로 다르다고 결론지을 수 있다.

제 14 장

2. ① $\hat{y}_i = 0.2 + 2.6x_i$, $\bar{y} = 8$

② $SSE = 12.40$, $SST = 80$, $SSR = SST - SSE = 80 - 12.4 = 67.6$

③ $r^2 = \dfrac{SSR}{SST} = \dfrac{67.6}{80} = 0.845$

y값 변동의 84.5%는 독립변수(최소제곱선)에 의해 설명된다.

④ $r = \sqrt{0.845} = 0.9192$

3. ① $\sum_{i=1}^{10} x_i = 99,419.96$;

$\sum_{i=1}^{10} y_i = 3,392.70$;

$$\bar{x} = \frac{\sum_{i=1}^{10} x_i}{10} = \frac{99,419.96}{10} = 9941.996 \ ; \ n = 10$$

$$b = \frac{10\sum_{i=1}^{10} x_i y_i - \sum_{i=1}^{10} x_i \sum_{i=1}^{10} y_i}{10\sum_{i=1}^{10} x_i^2 - (\sum_{i=1}^{10} x_i)^2} = -0.043$$

$$\bar{y} = \frac{\sum_{i=1}^{10} y_i}{10} = 339.27 \ ; \ a = \bar{y} - b\bar{x} = 339.27 - (0.043)(9,941.996) = -91.26$$

∴ 추정회귀방정식 $\hat{y} = -91.26 + 0.043x$

② $SST = 164,540.72$

$SSE = 19,560.75$

$SSR = 164,540.72 - 19,560.75 = 144,979.97$

③ 결정계수 $r^2 = \dfrac{SSR}{SST} = \dfrac{144,979.97}{164,540.72} = 0.881$

∴ 연평균 가솔린 사용량 변동의 88.1%는 1인당 GNP에 의해 설명할 수 있으며, 나머지 11.9%는 1인당 GNP에 의해 설명할 수 없다.

그리고 $r = \sqrt{0.881} = 0.939$이므로 거의 완전한 양의 상관관계가 있다.

④ 회귀방정식의 유의성 검정($\alpha = 0.05$)

$$H_0 : \beta = 0$$

$$H_1 : \beta \neq 0$$

$SST = 164,540.72,\ df = 9$

$SSE = 19,560.75,\ df_2 = 8$

$SSR = 164,540.72 - 19,560.75 = 144,979.97,\ df_1 = 1$

$\Rightarrow\ F$검정통계량$= \dfrac{144,979.97}{2,445.09} = 59.29$;

$F(df_1,\ df_2,\ \alpha) = F(1,8,\ 0.05) = 5.32$;

$\therefore\ F(1,\ 8,\ 0.05) = 5.32 < F$검정통계량이므로 귀무가설 H_0를 기각한다. 즉 회귀선의 기울기 β가 $\beta \neq 0$이라는 대립가설을 채택한다.

참고문헌

- 노부호 외, 통계학의 이해, 법문사, 2000.
- 안상형 외, 경영경제 통계학, 박영사, 2011.
- David R. Anderson, Dennis J. Sweeney and Thomas A. Williams, *Statistics for Business and Economics, 2nd ed,*. South-Western, 2011.
- Henry L. Alder and Edward B. Roessler, *Introduction to Probability and Statistics, 6th ed.,* W.H. Freeman and Company, 1975.
- Richard J. Larsen and Morris L. Marx, *An introduction to Mathematical Statistics and its Applications, 3rd ed.,* Prentice Hall, 2001.
- Terry Sincich, *Business Statisitcs by Example, 3rd ed.*, Maxwell Macmillan International Editions, 1990.

찾아보기

ㅇ

ㅈ

■ 김동건
서울대학교 자연과학대학 수학과 (이학사)
서울대학교 자연과학대학 수학과 (이학석사)
한국과학기술원 수학과 (이학박사)
현재 청운대학교 경영학과 교수
저서 《대학수학》, 경문사, 2003
《경영수학》, 경문사, 2006
《논리학 이해》, 경문사, 2010

생활과 통계

지은이 김동건
펴낸이 조경희
펴낸곳 경문사
펴낸날 2015년 2월 25일 1판 1쇄
등 록 1979년 11월 9일 제313-1979-23호
주 소 121-818, 서울특별시 마포구 와우산로 174
전 화 (02) 332-2004 팩스 (02) 336-5193
이메일 kyungmoon@kyungmoon.com

값 20,000원

ISBN 978-89-6105-852-0